Tim Cole/Gunter Denk

Asien für Profis

Strategien für den globalen Mittelstand

Bibliografische Information der Deutschen Nationalbibliothek
Die Deutsche Nationalbibliothek verzeichnet diese Publikation in der
Deutschen Nationalbibliografie; detaillierte bibliografische Daten
sind im Internet über http://dnb.d-nb.de abrufbar.

1   2   3   4   5   6   15   14   13   12   11

© 2011 Carl Hanser Verlag München
Internet: http://www.hanser.de
Lektorat: Martin Janik
Herstellung: Stefanie König
Umschlaggestaltung: keitel & knoch kommunikationsdesign, münchen
Satz: Presse- und Verlagsservice, Erding
Druck und Bindung: Friedrich Pustet, Regensburg
Printed in Germany
ISBN 978-3-446-42520-0

Tim Cole/Gunter Denk

ASIEN FÜR PROFIS

Strategien für den globalen Mittelstand

Mit Beiträgen von Thomas Brandt, Ramon Brüsseler,
Richard Hoffmann, Hanne Seelmann-Holzmann, Klaus Maier,
Andreas Richter, Jochen Sautter

HANSER

INHALTSVERZEICHNIS

TEIL I ASIEN – GRUNDLAGEN 1

1 Asien – Markt der Märkte 3
Huckepack nach Asien 4
Dorthin gehen, wo das Wachstum ist 5
In Asien gibt es viel Nachholbedarf 6
Der deutsche Perfektionist hat ein Problem in Asien 7
Der globale Mittelstand 8
Der »Exportweltmeister« spielt nur in der Regionalliga 9
Das Märchen vom Export der Arbeitsplätze 11
Fallbeispiel Noventa AG 12

2 Abschied von der langen Werkbank 17
Erfolg in Asien wird kaum gewürdigt 18
Andere Europäer sind in Asien aktiver 19
Rettung aus der Suppenkrise 20
Die EU ist kein Vorbild für Asien 21
Blindflug mit Bauchlandung 22
Produkte dort entwickeln, wo sie verkauft werden 23
Fallbeispiel Häfele 24

3 Die Eiche im Bambuswald 27
Typisch deutsch! 29
Sich anpassen, ohne sich zu verbiegen 30
Über die Gefahr von Billigpreisen 32
Nur Bares ist Wahres 32
Kürzere Amortisationszeiten 33
Kleine Karte, große Wirkung 33
Auf die Kleidung kommt es an 34

Pünktlichkeit wird auch in Asien geschätzt 35
Was der Körper sagt, ist wichtig 36
Fallbeispiel Sudhoff 37

4 »Know-who« ist wichtiger als »Know-how« 41
Familienclans sind fast wie Großkonzerne 42
Vetternwirtschaft auf Asiatisch 43
Eine Ehefrau ist nicht genug 44
Wer nicht mitmacht, hat schon verloren 46
Warum halten Deutsche nicht zusammen? 47

5 Der Wurm muss dem Fisch schmecken 49
Chef ist Chef – und ganz weit oben! 50
Pick-ups mit Luxusausstattung 51
Ganz schön bunt! 53
Weniger ist oft mehr 53
Fallbeispiel RhönSprudel 54

6 Export war gestern, Präsenz ist heute 57
Gefangen in der Todesspirale 58
Gut vorbereitet ist besser als gut verhandelt 59
Zeit nehmen zum Nachdenken 60
In Wissen investieren 61
Präsenz heißt, sich zu präsentieren 62
In Asien ist man Außenseiter 62
Fallbeispiel Siebenwurst 63

7 Mit einem Mausklick nach Asien 67
Alternative zur Geschäftsreise 68
Kunden kaufen lieber bei »grünen« Unternehmen 69
Das chinesische Google heißt Baidu 70
Globalisierung 3.0 71

8 Nicht ohne meinen Berater 73
Fühler ausstrecken in die erweiterte Familie 74
Beziehungsnetze basieren auf Vertrauen 76
Risiko 1: Mit wem geht man in den Dschungel? 76
Risiko 2: Der Berater ist auf eine einzige Region fixiert 77
Risiko 3: Der Berater war nie selbst Unternehmer 78
Wer hilft dem Mittelstand? 78

Verbände mit Praxiserfahrung 79
Nützliche Behörden 81
Papageien im goldenen Käfig 82

TEIL II   ASIEN DER REGIONEN 85

Asien verbindet eine ganze Menge 87

China: Der Weltmarkt 91
1,3 Milliarden Chinesen im Kaufrausch 91

Land & Leute 94
    Erfolg als Lebenseinstellung 94
Chancen & Risiken 97
    Hauptsache Mäuse 97
Geschäftskultur & Arbeitswelt 102
    Quantität ist nicht gleich Qualität 102
Branchen & Märkte 105
    Saubere Geschäfte 105
Wirtschaft & Steuern 112
    Zahlen und Stempel 112

Indien: Der Riese wächst 117
Der Subkontinent ist zum weltweiten Wachstumsführer
    aufgestiegen 117

Land & Leute 119
    Sprungbrett mit Sprengstoff 119
Chancen & Risiken 121
    Löchrige Netze 121
Geschäftskultur & Arbeitswelt 125
    Ein Volk von Händlern 125
Branchen & Märkte 131
    Ein Volk von Dienstleistern 131
Wirtschaft & Steuern 138
    Fallen und Brutkästen 138

ASEAN 143

Die Greater Mekong Region 145

Thailand: Umbruch in eine pluralistische Gesellschaft 147
Vom Musterschüler Asiens zur Mangorepublik? 147

Land & Leute 149
   Von Tomaten und Melonen 149
Chancen & Risiken 152
   Harmonie und Business 152
Geschäftskultur & Arbeitswelt 159
   Geduld ist gefragt 159
Branchen & Märkte 164
   Chancen für Mittelständler 164
Wirtschaft & Steuern 171
   Gesetze, von Geschäftsleuten gemacht 171

Vietnam: Jenseits der Stäbchengrenze 177
Vietnam ist das Preußen Asiens 177

Land & Leute 180
   Stabilität ohne Demokratie 180
Chancen & Risiken 182
   Kein Land für Asienanfänger 182
Geschäftskultur & Arbeitswelt 187
   Charmante Plauderer 187
Branchen & Märkte 191
   Paradies für Zulieferer 191
Wirtschaft & Steuern 195
   Förderung ist Verhandlungssache 195

Kambodscha: Der nächste Tiger 199
Kambodscha fängt bei null an – und kann
deshalb nur wachsen 199

Land & Leute 201
   Zurück zu alter Größe 201
Chancen & Risiken 204
   Kapitalismus pur 204

Geschäftskultur & Arbeitswelt 209
    Der Jugend eine Chance 209
Branchen & Märkte 213
    Industrielles Neuland 213
Wirtschaft & Steuern 216
    Investoren gesucht 216

Laos: Tiger in Lauerstellung 219
Laos wird als Wirtschaftsstandort häufig
    unterschätzt 219

Land & Leute 221
    Aus Kommunisten werden Kapitalisten 221
Chancen & Risiken 223
    Leben wie Gott in Laos 223
Geschäftskultur & Arbeitswelt 227
    »Nein« hört man nicht gerne 227
Branchen & Märkte 232
    Gelebter Mittelstand 232
Wirtschaft & Steuern 237
    Öffnung erfordert Umdenken 237

Malaysia: Asien für Anfänger 239
Malaysia ist für den Mittelstand wie gemacht 239

Land & Leute 241
    Daheim in Asien 241
Chancen & Risiken 244
    Immer im Mittelpunkt 244
Geschäftskultur & Arbeitswelt 247
    Vorteil »Weißnase« 247
Branchen & Märkte 249
    Q-Cells und Kondome 249
Wirtschaft & Steuern 252
    Den Instanzenweg vermeiden 252

Indonesien: Die Vision von Chindonesia 255
Indonesien lebt das integrativste Gesellschafts- und
    Wirtschaftsmodell Asiens 255

Land & Leute 257
  Indonesiens bewegte Geschichte 257
Chancen & Risiken 259
  In der Weltwirtschaftskrise liegt Indonesiens Chance 259
Geschäftskultur & Arbeitswelt 264
  Ein Arbeitstag sagt mehr als tausend Worte 264
Branchen & Märkte 271
  Ein Wirtschaftsvulkan bricht aus 271
Wirtschaft & Steuern 276
  Vorsichtige Öffnung 276

Die Philippinen: Das Land der Jugend 279
  Ein Stück Südamerika in Asien 279

Land & Leute 281
  100 Millionen und kein Ende 281
Chancen & Risiken 282
  Abstieg einer Wirtschaftsmacht 282
Geschäftskultur & Arbeitswelt 288
  »Easy go lucky!« 288
Branchen & Märkte 291
  Investitionen in Intelligenz 291
Wirtschaft & Steuern 294
  Keine Mehrheit für Ausländer 294

Autorenporträts 297
Index 303

TEIL I ASIEN – GRUNDLAGEN

1 ASIEN – MARKT DER MÄRKTE

Die aufstrebenden Länder Asiens sind die einzigen Konsummärkte mit nachhaltigen Wachstumsaussichten. Statt sich in ruinösem Verdrängungswettbewerb zu Hause zu verschleißen, sollten deutsche Mittelständler die Chance nutzen, in neuen Absatzmärkten organisch mitzuwachsen. Exportweltmeister bleibt man nicht, wenn man nur in der Regionalliga spielt.

Bis vor Kurzem galt unter europäischen Asienexperten als ausgemacht: In Asien verkaufen geht nur, wenn man ein Produkt anbieten kann, das kaum ein anderer hat, oder wenn man bereit ist, sehr viel Zeit und Geld in die Vorbereitung zu stecken – etwas, das dem typischen deutschen Mittelständler in der Regel fehlt. Deshalb blieb Asien für ihn im Grunde auf zwei einfache Geschäftsmodelle beschränkt: »preiswerter Einkauf«, nämlich die Beschaffung von Billigware oder von Teilen für die heimische Produktion, oder »verlängerte Werkbank«, also eine billige Quelle von meist ungelernten oder niedrig qualifizierten Arbeitskräften für die Produktion von vergleichsweise simplen Verbrauchsgütern, die dann ebenfalls für den heimischen Markt bestimmt waren.

Das hat sich inzwischen grundlegend verändert. Die Märke Asiens, allen voran China als das bevölkerungsreichste Land der Erde, sind auch in den vergangenen Jahren, in denen das Wirtschaftswachstum in Europa und den USA mehr oder weniger zum Erliegen kam oder sogar Rezession herrschte, weiterhin dynamisch gewachsen, zum Teil mit zweistelligen Raten. Die Menschen in diesen Ländern haben einen Grad an Wohlstand erreicht, der es ihnen erlaubt, auch über die Anschaffung von Dingen nachzudenken, die nicht mit der unmittelbaren Grundversorgung zu tun haben. Gerade die Chinesen haben einen wahren Heißhunger nach Luxusgegenständen entwickelt, die noch vor zehn oder sogar vor fünf Jahren unvorstellbar gewesen wären. Und diese Produkte sollen nach Möglichkeit aus Europa oder den USA stammen. Deutschland genießt im Reich der Mitte ebenso wie in den aufstrebenden Ländern des ASEAN-Wirtschaftsblocks (Association of Southeast Asian Nations), oder in Indien teilweise geradezu Kultstatus. Der Begriff »made in Germany« hat in Asien seinen Wohlklang keineswegs verloren.

Das sind alles gute Gründe für ein deutsches Mittelstandsunternehmen, sich Gedanken über Asien als Absatzmarkt zu machen. Das muss auch heute kein Abenteuer mit ungewissem Ausgang mehr sein, sondern ganz normaler Geschäftsalltag – jedenfalls dann, wenn man seine Hausaufgaben gemacht hat, gut vorbereitet ist, nicht allzu blauäugig auftritt und sich von einigen lieb gewordenen Vorurteilen verabschiedet.

Huckepack nach Asien

Es gibt viele Gründe für einen Mittelständler, nach Asien zu gehen. Einer der häufigsten ist der sogenannte »Piggyback-« oder »Huckepack-Effekt«: Der wichtigste Kunde des Mittelständlers, in der Regel ein großer Konzern, geht nach Asien und erwartet von ihm als seinem Lieferanten, dass er ihm folgt. Der Zulieferer von Volkswagen, der nicht den Hintern hochkriegt und nach Asien mitgeht, der hat natürlich Pech, denn irgendwann wird sich VW in China oder sonst wo im asiatischen Raum zunächst einen zweiten Lieferanten suchen, um kurzfristige Engpässe oder Lieferverzögerungen auf der langen Reise mit dem Frachtschiff bis ans andere Ende der Welt auszugleichen. Und wenn dieser einheimische Lieferant gut genug ist (billiger ist er in der Regel ohnehin), dann ist der langjährige Partner in Deutschland irgendwann einmal ausgebootet – und zwar nicht nur in China, sondern womöglich auch daheim in Deutschland! Ein deutscher Zulieferer wie Hella, ein führender Hersteller von

Lampen für den Automobilbau, ist typisch für diese Gruppe von Unternehmen, die ihren Kunden nach Asien gefolgt sind. Das Familienunternehmen aus Lippstadt schloss bereits 1988 erste Lizenzabkommen mit chinesischen Partnern ab, um die neu eröffneten Werke seines Hauptkunden Volkswagen beliefern zu können. 1993 startete man mit der eigenen Produktion von Scheinwerfern für Audi in Changchun. 2009 machte das Unternehmen mehr als 13 Prozent seines weltweiten Umsatzes von 3,3 Milliarden Euro im Raum Asien/Pazifik. Inzwischen betreibt Hella neun Tochterunternehmen in China, die Licht- und Elektronikprodukte für den dortigen Markt entwickeln und herstellen. Dr. Uwe Trautmann, der die Chinageschäfte des Unternehmens mehr als 14 Jahre lang geleitet hat, ist optimistisch für die Zukunft: »Bis zum Jahre 2012 sollen rund zehn Millionen Fahrzeuge in China produziert und verkauft werden. Daran möchten wir natürlich einen entsprechenden Anteil haben.« Ziel sei es, den Umsatzanteil in Asien in nächster Zeit auf ein Drittel zu erhöhen.

Dorthin gehen, wo das Wachstum ist

Der andere Fall ist der: Ein Mittelständler möchte einen neuen Markt eröffnen, weil seine alten Märkte in Europa ausgeschöpft sind und er dort nicht mehr wachsen kann. In der Vergangenheit beschränkte sich die Suche in aller Regel auf nahe liegende, erreichbare Märkte, nach dem Motto: »Was machen wir eigentlich in Italien?« oder »Wie wär's denn mit Polen?« Das alles hat sich schlagartig verändert mit der Wirtschaftskrise von 2007/2008, die in bestimmten Branchen wie zum Beispiel dem Maschinenbau, einer traditionellen Domäne deutscher Mittelstandsunternehmen, zu dramatischen Umsatz- und Ertragseinbrüchen von 35, 40 oder sogar 50 Prozent innerhalb von einem Jahr geführt hat. Diese Entwicklung hat alle angestammten Wirtschaftsregionen des Mittelstands in Europa und den USA gleichzeitig in den Abgrund mitgerissen, während Asien vergleichsweise glimpflich davonkam – einstellige statt zweistelliger Zuwachsraten, aber immerhin Wachstum. Die asiatischen Länder haben die Krise auch viel schneller überwunden als die Europäer – für sie war es mehr eine kleine Delle in der Kurve, die immer weiter nach oben strebt.

Wie will ein deutscher Maschinenbauer, der gerade die Hälfte seines Umsatzes verloren hat, möglichst rasch wieder auf das Vorkrisenniveau zurückkommen in einer Region, die froh ist, wenn die Wirtschaft dort mit ein oder zwei Prozentpunkten wächst – und das womöglich auf absehbare Zeit? Zumal Deutschland und Europa empfindlicher geworden sind, was das Wachstum anbetrifft. Es genügt, wie wir gesehen haben, schon eine kleine Erschütterung, die uns ruck, zuck in zweistellige Minuszahlen katapultieren kann, von denen sich die Unternehmen hierzulande nur mühsam, wenn überhaupt, erholen können. In einem Land wie Thailand lag das Wachstum in den letzten Jahren im Durchschnitt bei sieben bis acht Prozent, und Thailand bildet keineswegs eine Ausnahme. Da steckt man natürlich eine kleine Schwächeperiode – und mehr war die sogenannte »Weltwirtschaftskrise« von 2007/2008 für diese Länder nicht – relativ mühelos weg.

Natürlich muss man dieses Thema differenzierter sehen. Auch wenn eine Branche wie der Maschinenbau um 40 oder 50 Prozent abgesackt ist, so ist die Wirtschaft insgesamt ja nur um drei bis vier Prozent geschrumpft. Die Chancen für Deutschland, makroökonomisch die Delle auszugleichen, stehen nicht schlecht, auch mit ein oder zwei Prozent Wachstum. Und gerade Maschinen nutzen sich schnell ab und müssen irgendwann ersetzt werden. Die bisherigen Abnehmer existieren in der Regel auch noch (wenn sie die Krise heil überstanden haben). Es wäre also nicht ganz ehrlich zu sagen, der mittelständische Maschinenbauer muss nach China gehen, weil er sonst nicht überlebt.

In Asien gibt es viel Nachholbedarf

Eines ist aber durch die Krise deutlich geworden, nämlich dass nachhaltiges Wachstum und eine gewisse Krisenunabhängigkeit nur in Regionen zu erzielen sind, in denen noch Nachholbedarf herrscht und die Wachstumsraten auf absehbare Zeit hoch bleiben werden – eben in den sogenannten »Emerging Markets«. In Ländern wie Vietnam fehlen häufig noch Dinge, die zur industriellen Grundausstattung gehören wie Lagerkisten oder Gabelstapler. Das alles ist nicht vorhanden und muss importiert werden. Für einen deutschen Mittelständler, der die Technik perfekt beherrscht und das entsprechende Know-how über Jahrzehnte hinweg aufgebaut hat, ist es ein Leichtes, in Vietnam zu Kosten zu produzieren, die seine Produkte auch für den dortigen Binnenmarkt attraktiv machen. Der Autor dieser Zeilen hat mehrere Projekte deutscher Unternehmen in Vietnam begleitet und dabei die Beobachtung gemacht, dass deutsche Unternehmen nicht etwa nur deshalb in der Region so erfolgreich sind, weil sie über eine überlegene Hochtechnik verfügen, sondern weil sie die Prozesse und die Grundlagen beherrschen, die notwendige Voraussetzungen sind für erfolgreiches Wirtschaften, egal wo auf der Welt man sich betätigt. Ginge eine russische Firma nach Vietnam, um dort zu produzieren, wäre es unserer Meinung nach äußerst fraglich, ob sie ähnlich erfolgreich wäre, denn da ist die Frage erlaubt, ob sie ihre eigenen Prozesse so gut im Griff hat wie ein vergleichbarer Betrieb aus Mitteleuropa.

Für einen deutschen Maschinenbauer ist es kein Problem, einen einfachen Gabelstapler in vernünftiger Qualität zu produzieren, da muss er nicht auf wenige ausgewählte Partnerfirmen zurückgreifen, das ist für ihn das kleine Einmaleins. Das, was in einem Land wie Vietnam an Fachwissen benötigt wird, beherrscht – etwas salopp gesprochen – bei uns jeder bessere Vorarbeiter. Was übrigens, nebenbei bemerkt, auch der Grund dafür sein mag, dass man in Südostasien so viele deutsche Vorarbeiter antrifft, die es in den dortigen Fabriken oder Webereien zu verantwortungsvollen Führungsposten gebracht haben. Sie leben dort in einem vergleichsweise angenehmen Klima, verdienen für dortige Verhältnisse überdurchschnittlich, können sich eine Villa mit Personal leisten und denken nicht daran, wieder zurück nach Wanne-Eickel oder Castrop-Rauxel zu ziehen, wo die Produktionsbänder, die sie in ihrer Jugend betreut haben, ohnehin meist abgestellt sind und die jungen Herren Diplom-Ingenieure, die frisch von der Uni kommen, verächtlich auf sie herabblicken und sie hinter ihrem Rücken als »alte Schlachtrösser« bezeichnen.

Der deutsche Perfektionist hat ein Problem in Asien

Allerdings eilt den Deutschen nicht nur in Asien der Ruf voraus, Perfektionisten zu sein. Ihre Produkte gelten gerade in den weniger entwickelten Ländern als zu kompliziert, zu teuer, zu schwer zu bedienen. Technisch ist es ja sicher leichter, von einem höheren Niveau auf ein niedrigeres herunterzugehen als umgekehrt. Aber da ist eben noch der Mensch. Erzählen Sie mal einem deutschen Werkzeugbauer, der gewohnt ist, hochkomplexe Werkzeuge für deutsche Unternehmen zu bauen, dass er auf Parameter wie händische Nacharbeit oder Produktionszeit der Teile aus dem Werkzeug nicht achten muss. Er würde sich die Haare raufen und bei Angebotsabgabe auf eine solche Idee gar nicht kommen. Um neue Märkte zu erschließen, muss man das technologische Rad manchmal auch etwas zurückdrehen. Manches Feature, das in Deutschland als unerlässlich gilt, kann (und muss) gestrichen werden, wenn das Produkt in Laos, in Malaysia und auch in China verkaufbar sein soll. Aber weglassen ist einfacher, als dazuerfinden.

Das heißt nicht, dass deutsche Unternehmen schon deshalb mithalten können, wenn sie darauf bestehen, nicht in Deutschland zu produzieren. Aber ein deutscher Ingenieur kann eine vereinfachte Ausgabe seines Produktes so planen, dass es sich relativ einfach – und natürlich deutlich billiger – in einem asiatischen Land produzieren lässt, wo es dann zu konkurrenzfähigen Preisen angeboten werden kann.

Wie bereit sind deutsche Mittelständler, überhaupt über den eigenen Tellerrand hinauszuschauen? Die Frage ist entscheidend, wenn es darum geht, den Schritt in Richtung globaler Mittelstand zu gehen. Es gibt Unternehmen bei uns, die unglaublich systematisch, zielstrebig und gut organisiert den Gang nach Asien antreten und dort auch sehr erfolgreich sind. Und es gibt solche, die lieber zu Hause bleiben und hoffen, dass bessere Zeiten kommen.

Der globale Mittelstand

Es mag eine Plattitüde sein, aber in der Krise verändern sich Dinge, und zwar schneller als sonst. Das heißt: Man ist entweder sehr schnell Gewinner oder aber Verlierer. Wenn man sich in der Krise richtig verhält, stellt sich der Erfolg sehr schnell ein. Die gerade zu Ende gehende Weltwirtschaftskrise wird viele Langzeitfolgen haben. Die Erkenntnis, dass es vielleicht eine gute Idee wäre, nach Asien zu gehen, ist davon nur eine. Viel wichtiger ist, dass sich jetzt daheim in Deutschland mehr denn je die Spreu vom Weizen trennen wird. Gerade jetzt ist es also entscheidend, den Schritt zum globalen Mittelständler zu gehen, sich nach außen zu orientieren und zu sagen:

Wir haben unsere Basis noch hier in Deutschland, aber wir werden notfalls unser Heil in den boomenden Wachstumsmärkten Asiens suchen.

Der globale Mittelstand ist ein Krisengewinnler. Es ist derjenige, der sich nach neuen Märkten umschaut, weil seine etablierten Märkte in Gefahr sind, und der verstanden hat, dass es durchaus anderswo Abnehmer für seine Waren gibt, nämlich dort, wo tatsächlich Wirtschaftswachstum stattfindet, nämlich in Asien, und nicht in den gesättigten oder stagnierenden Märkten des Westens.

Ohne Anpassung wird das aber nicht gehen. Es geht zum einen darum, einen Markt zu finden, der zu den bestehenden Produkten des Unternehmens passt. Es kann aber auch bedeuten, dass es für das deutsche Unternehmen nötig sein wird, vor Ort zu gehen und in Asien für den asiatischen Markt zu produzieren.

Indem er sich dorthin begibt, wo die Musik spielt, wird das Unternehmen sozusagen automatisch zum globalen Mittelständler. Das ist etwas ganz anderes als zu Hause zu sitzen und zu sagen, wenn einer was von mir will, dann schicke ich es ihm hin. Diese Vorstellung ist heute überholt, und wer das noch macht und aktiv Export betreibt, der zählt zur alten Garde der international denkenden Firmen. Aber es gibt natürlich auch die ganz Schlimmen, die sagen, ich brauche den Export ja gar nicht, das ist mir alles viel zu kompliziert, und die Asiaten sind sowieso zu billig, meine Kunden sind hier und die bediene ich gut, es wird schon alles beim Alten bleiben.

Der »Exportweltmeister« spielt nur in der Regionalliga

Die Deutschen nennen sich immer noch ein bisschen großspurig »Exportweltmeister«, weil sie die meisten Tore schießen. Nur leider schießen sie ihre Tore in der Regionalliga. Es gibt andere Ligen, in denen auch Tore geschossen werden – nur sind das die wichtigeren Tore. Und dort spielen diese Unternehmen gar nicht erst mit.

Das Problem des deutschen Exports ist, dass ihre Stammmärkte empfindlich geworden sind. 70 bis 80 Prozent der deutschen Exporte gehen in den Dollar- oder Euroraum. Der Anteil der gesamten asiatischen Region an den deutschen Exporten wächst allerdings sprunghaft, von 9,8 Prozent im Jahre 2008 auf 11,4 Prozent 2009. Mehr noch: Während die deutschen Exporte insgesamt 2009 einen Einbruch um 17,9 Prozent hinnehmen mussten, fiel der Rückgang in der asiatisch-pazifischen Region mit 4,5 Prozent vergleichsweise moderat aus. Treiber war nach Auskunft der German Asia-Pacific Business Association (OAV) die Nachfrage aus China. Der Zuwachs der deutschen Lieferungen um sieben Prozent auf 36,5 Milliarden Euro wurde vor allem vom vierten Quartal getrieben, das mit einem Plus von 20 Prozent an die Zahlen der Vorkrisenzeiten anschloss. »Das Gewicht Asiens für die deutsche Exportwirtschaft hat 2009 deutlich zugenommen, vor allem natürlich wegen der negativen Entwicklung in anderen Weltregionen«, sagte 2010 die damalige OAV-Geschäftsführerin Monika Stärk. Diese Entwicklung wird sich ihrer Meinung nach in den nächsten Jahren fortsetzen.

Dennoch wird das Potenzial Asiens als Absatzmarkt noch immer von der mittelständischen deutschen Wirtschaft nur vereinzelt erkannt. Nehmen wir zum Beispiel Thailand. Wie viele Investitionen gibt es hier von Deutschen, Schweizern und Niederländern? Die Niederländer machen mehr als wir, die Schweizer machen zumindest relativ mehr als wir.

Die Deutschen sind in der Regel sehr zurückhaltend bei Auslandsinvestitionen, und wenn sie investieren, dann oft nicht rational, sondern sie rennen der Mode hinterher. Als alle nach China rannten, da rannten sie eben auch nach China. Und sie wundern sich, wenn sie dort keinen Erfolg haben. Zwischen 60 und 80 Prozent der Mittelständler, die nach China gegangen sind, haben dort noch kein Geld verdient. Die restlichen 20 bis 40 Prozent, so meinen Spötter, sind Anwaltsbüros und Berater, die das Ganze wieder ein bisschen ausgleichen.

In Krisenzeiten kann man sich solche Verlustbringer als Mittelständler nicht mehr erlauben, denn das schlägt irgendwann durch bis ins Mutterunternehmen. Dann ziehen hier die teuren Unternehmensberater der Banken ein und sollen es richten.

Das Märchen vom Export der Arbeitsplätze

Der Vorwurf, dem sich ein globaler Mittelständler ausgesetzt sehen könnte, entweder von seinem Betriebsrat oder von seinen Freunden abends am Stammtisch, ist, dass er deutsche Arbeitsplätze nach Asien exportiert. Das ist bis auf wenige Ausnahmen blanker Unsinn. Ein wachsendes Unternehmen wird fast immer auch eine wachsende Zahl von Mitarbeitern haben. Dezentralisierung bedeutet aber auch, dass auf die Belegschaft des Unternehmens neue Aufgaben zukommen, die meist auch eine höhere Qualifikation voraussetzen. Das kann zum Beispiel die Qualitätssicherung betreffen, denn wenn an mehreren weit voneinander entfernten Standorten produziert wird, kann sich das Unternehmen nicht leisten, damit bis zur Auslieferung zu warten: Die Qualitätssicherung muss dort erfolgen, wo produziert wird. Das erfordert mehr Menschen, die entsprechend höher qualifiziert als bisher und natürlich auch reisebereit sein müssen. Wem die regelmäßige Teilnahme am Vereinsstammtisch mehr wert ist als die Reise zum Tochterunternehmen in Malaysia, dessen Arbeitsplatz könnte in der Tat gefährdet sein.

Die Logistik wird im globalen Mittelstand eine ganz zentrale Rolle spielen, sodass auch hier der Bedarf nach Fachkräften steigen wird, damit »just in time« auch über eine Entfernung von 8.000 Kilometern oder mehr reibungslos funktioniert, was völlig neue Anforderungen an die Planung bedeutet. Absatzplanung heißt nicht mehr: Ich greife ins Regal und es ist nichts mehr da, also wird es schnell mal nachproduziert. Der globale Mittelstand muss viel stärker in der Prognose sein. Ich muss im Frühjahr schon mit einem hohen Grad Sicherheit sagen können, was ich im Herbst in Bangkok, Hanoi oder Schanghai benötigen werde. Das heißt: Der Vertrieb muss sich neu organisieren. Da wird es viel mehr auf Steuerung ankommen, damit der Kunde weiß, dass im September der Container mit seiner Ware kommt und er sich entsprechend darauf einstellen muss.

Im Idealfall wie bei der Schweizer Noventa AG führt diese Neuausrichtung des Unternehmens dazu, dass der Mittelständler plötzlich aus der Nische tritt und für Kunden wie Nestlé, die weltweit aufgestellt sind, zum globalen Strategiepartner wird und damit nicht nur Arbeitsplätze im Ausland schafft, sondern vor allem daheim, wie das folgende Fallbeispiel zeigt.

FALLBEISPIEL NOVENTA AG

»Going Global« mit Schweizer Präzision

Wer an das Dreiländereck zwischen Liechtenstein, Österreich und der Schweiz denkt, dem fallen ganz natürlich Bilder von beschaulichen Bergen und Tälern, Wanderwegen und unberührter Natur ein. Genau dort liegt Diepoldsau, Heimat und erste Produktionsstätte eines modernen globalen Mittelständlers und Produzenten für namhafte Marken, der Noventa AG.

Dabei war das 1994 gegründete Unternehmen zunächst einmal »nur« ein Hersteller von Spritzgussprodukten. Allerdings wuchs das Unternehmen schnell, und zwar nicht nur im Umsatz, sondern auch im Angebot an Dienstleistungen. Zur Kunststofftechnik kamen Produktdesign, Produktentwicklung, Werkzeugbau und die Montage kompletter Serien hinzu. Selbst eine Beratungsgesellschaft für Lean Production gehört inzwischen zur Noventa Gruppe.

Regionalität als Standortfrage

Aber das alleine machte Noventa noch nicht zu etwas Besonderem. Es gibt eine ganze Reihe erfolgreicher Unternehmen in Produktnischen oder eben auch regionalen Nischen. Diese Regionalität, also die Standortfrage, war allerdings bei Noventa bereits ein Thema, als 2004 Patrick Besserer, Dieter Marxer und Reinhard Maurer im Rahmen eines Management-Buy-out (MBO) als Gesellschafter einstiegen.

Damals war man in der ganzen Industrie gerade der Meinung, alles sei ohnehin zu teuer und nicht wettbewerbsfähig, was nicht in Osteuropa produziert würde. Auch Noventa hatte begonnen, im Rahmen der strategischen Abklärungen einen kleinen Teil der Produktion versuchsweise und befristet auf Partner in der Tschechischen Republik zu übertragen.

Schweizer Unternehmer sind allerdings bekannt dafür, dass sie nur ungern ohne Prüfung einem Trend folgen. Also rechnete man nach in Diepoldsau. Und das Ergebnis war überraschend. Wenn man alle Chancen einer effizienten Logistik und Fertigung nutzen würde, wäre man im Hinblick auf die Kosten durchaus wettbewerbsfähig mit der Konkurrenz aus

Osteuropa. Hier also lag nicht der Knackpunkt der Zukunfts-
entwicklung.

Viel entscheidender wäre der Effizienzgewinn, den man durch
Wachstum und mehr Produktion gewinnen könnte. Es ging
also darum, die Nischenrolle eines Schweizer OEM-Herstel-
lers (Original Equipment Manufacturer) zu verlassen und
stattdessen die kritische Größe für einen Effizienzsprung zu
erreichen.

Klein zu bleiben war zudem mit Risiken verbunden, denen
man nur mit Wachstum begegnen könnte. Ein größeres Kun-
denportfolio würde Abhängigkeiten von wenigen Kunden auf
Dauer mindern. Ein erweitertes Produktportfolio würde das
Unternehmen attraktiver für neue Kunden und Märkte machen. Und die Stückkosten der Produktion würden mit größeren Losgrößen fallen.

Wachstum und Internationalisierung waren also kein Selbst-
zweck, sondern klares Ergebnis eines unternehmerischen
Entscheidungsprozesses. Die Richtung der Expansion sollte
Asien sein, so entschieden die drei Manager.

Für die Entwicklung einer Strategie stand natürlich China im
Mittelpunkt der Überlegungen. Thailand, in Europa weniger
als Industriemacht denn als Urlaubsort bekannt, war zu-
nächst nicht auf der Landkarte möglicher Expansionspläne.
Mit Bernina trat dann allerdings ein Kunde in die strate-
gischen Planungen ein, der in Thailand semiprofessionelle
Nähmaschinen produziert und diese weltweit exportiert.
Noventa stellte bereits diverse Kunststoffteile für diese
Maschinen her. Der Wunsch des Kunden nach mehr Nähe
seiner Lieferanten zur Produktion verstärkte so Noventas
Asientrend und brachte Thailand erstmals in die Diskussion.

Mit Nestlé meldete sich dann 2007 ein weiterer potenzieller
Kunde bei Noventa. Der Weltkonzern fragte komplette Ge-
tränkeautomaten an und gab damit den entscheidenden
Anlass, ernst zu machen mit der Internationalisierungsstra-
tegie. Eines nämlich war klar erkennbar: Die Internationa-
lität war wichtiges Kriterium für die Auftragsvergabe des
Weltkonzerns. Der Zeitpunkt zum Handeln war gekommen.
Und Nestlé erteilte den erhofften Auftrag.

Raus aus der Nische

Damit und mit der Verbindung zu Bernina war der Schritt aus der Nische heraus getan und die kritische Größe für ein Werk in Asien in Reichweite. Was folgte, war Schweizer Präzision in Planung und Vorbereitung des weiteren Vorgehens. Mit Sanet bezog man ein Beratungsunternehmen in das Projekt ein, das in verschiedenen Regionen vertreten war und ergebnisoffen beraten konnte. Die Nähe zum Kunden Bernina, die Investitionssicherheit, das Kostenniveau, der Schutz des Know-hows und die Fördermaßnahmen vor Ort gaben schließlich den Ausschlag für Thailand. Eine Standortevaluierung wog ab zwischen Nähe zu Kunden, Lieferanten und Häfen. Nichts blieb ungeprüft: Industriepark oder grüne Wiese, fertige Halle oder Neubau, Stromkosten, Logistikkosten, Verfügbarkeit von Arbeitskräften, die Nähe zu Schulen und Krankenhäusern und der Einfluss des Standorts auf Investitionsförderung. Alles wurde abgewogen.

Noch ehe der Standort endgültig feststand, war ein örtlich erfahrener Manager, also der eigene Mann in Asien, gefunden. Von nun an wurde die Beratung Zug um Zug durch eigene, operative Führung ersetzt. Beide arbeiteten Hand in Hand an dem Ziel, vor Ort die Entscheidungen des Managements zügig und störungsfrei umzusetzen.

Die eigenen Mitarbeiter in der Schweiz waren früh und umfassend über das Projekt informiert. Es ging nicht um Verlagerung, sondern um Wachstum und Ausweitung des Leistungsangebots. Gerüchte ließ man im Haus gar nicht erst zu. Für sie war kein Platz, wo faire und offene Information gegeben wurde. Und so kam es dann auch, dass sich – vom Mittelmanagement bis hin zum »shop floor« – Mitarbeiter anboten, das Projekt aktiv zu unterstützen. Die Berater und das Management vor Ort übernahmen es gemeinsam, rund 40 Mitarbeiter auf die spannende Aufgabe in Asien vorzubereiten. Es wurde erzählt und trainiert, gewarnt und angeleitet. Im Ergebnis arbeiteten so Manager und Mitarbeiter, Externe und Interne, Thais und Schweizer in positiver Absicht zusammen für den Erfolg.

»Die einzige Überraschung im Projekt«, so beantwortet Vorstand Dieter Marxer nach einigem Nachdenken die Frage nach unvorhergesehenen Situationen, »war die, dass es während der gesamten Umsetzungsphase des Projekts bis hin zum Go-live kaum kritische Situationen, Krisen oder Zeitverzögerungen gab.«

Alles lief relativ »smooth«, so konstatiert er heute. Im April 2008 vergab man den Auftrag für die Standortevaluierung und im Dezember 2009 lief die erste Produktion in Thailand vom Band.

Heute, ein gutes Jahr später, ist Noventa zweifelsfrei ein globaler Mittelständler geworden. Bei Nestlé hat man den Status eines »Global Suppliers« und wird heute zu Ausschreibungen für Aufträge in unterschiedlichen Konzerndivisionen eingeladen. Als zwar vielleicht hervorragender Lieferant, aber versehen mit dem Manko eines Standorts »nur« in Diepoldsau, wäre man wohl nur schwerlich zu diesem Status gekommen. Die Kundenverbindung zu Bernina wurde deutlich enger: Die Geschäftsführer beider Unternehmen in Thailand treffen sich regelmäßig und arbeiten eng zusammen. In Thailand selbst produziert man inzwischen Spritzgussteile für Kühlschränke und hat Geschäftsbeziehungen mit gut einem Dutzend koreanischer, chinesischer und sogar japanischer Konzerne angebahnt.

Klare Nachteile sehen weder Patrick Besserer noch Dieter Marxer aus ihrer Sicht als Produktions- und Vertriebsvorstände. Eine große Herausforderung allerdings war für sie und ihren Finanzkollegen Reinhard Maurer die Anpassung des eigenen Managementverhaltens. Managen, so wurde im Zuge des Projekts deutlich, bedeutet, das Unternehmen in die strategisch als richtig erkannte Richtung zu bewegen. »Wir arbeiten heute mindestens so intensiv am Unternehmen, wie wir im Unternehmen arbeiten.« So wurde die Managementkapazität insgesamt auch ausgeweitet. Wo es nötig war, wurde unmittelbar in eigenes Personal investiert. Wenn es darum ging, Spezialwissen oder zum Beispiel örtliche Verbindungen aufzubauen, greift man auf bewährte, externe Unterstützung zurück. Von besonderer Bedeutung war und ist es, Schlüsselfunktionen bei der thailändischen Tochter so schnell wie möglich durch örtliche Mitarbeiter zu besetzen. Unterstützung aus der Schweiz ist stets Hilfe zur Selbständigkeit und nie auf Dauer ausgerichtet.

Und so stehen die Signale für die Fortentwicklung des globalen Mittelständlers Noventa in Asien insgesamt auf Grün: Das Unternehmen ist zunehmend kulturell in die Region integriert, und neue Geschäftsverbindungen werden systematisch, mit Geduld und langfristiger Ausrichtung aufgebaut. Die Stabilität der Fertigungsprozesse steht im Vordergrund, sie werden dabei aber in tausend kleinen Schritten stetig weiter verfeinert. Die Schlüsselfunktionen sind lokal besetzt und Unterschiede im Denken werden akzeptiert. Nach dem Prinzip »look and feel« werden Manager und Mitarbeiter aber auch angehalten, sich insgesamt in eine gemeinsame Noventa-Kultur zu integrieren. Beide, die Teams in Thailand und in der Schweiz, sind dabei in gleichem Maße gefordert.

Noventa ging den »Königsweg« zum globalen Mittelständler: Man ist nahe an den Märkten und Kunden dieser Welt mit allen Funktionen, auch mit der Produktion. ∎

2 ABSCHIED VON DER LANGEN WERKBANK

Zu lange haben deutsche Unternehmen in Ländern wie China, Indien und den »kleinen Tigerstaaten« Südostasiens ausschließlich Bezugsquellen für Billigprodukte oder verlängerte Werkbänke gesehen. Die aktuelle Wirtschaftskrise hat jedoch gezeigt, dass nennenswerte Zuwächse nicht mehr in den volatilen und gesättigten Wirtschaftsräumen des Westens zu finden sein werden. Wer wachsen will, muss nach Osten!

Der neue globale Mittelstand besteht aus Entscheidern, die nach Chancen suchen und sich dabei zunehmend den Anforderungen der globalen Märkte anpassen. Der alte Mittelstand dagegen hatte ja seine Produkte und sein Preissystem, und wenn er ins Ausland ging, dann hatte er eine lange Liste dabei von »Musts«, die er seinem Gesprächspartner vorlegte: Du *musst* den Preis akzeptieren, du *musst* das so und so verkaufen, du *musst* den Kunden bestimmte Dinge erzählen, zum Beispiel wie zuverlässig und umweltfreundlich das Produkt ist – egal, ob das den Kunden vor Ort interessiert oder nicht.

Mit dieser Vorgehensweise ist so mancher deutsche Mittelständler gescheitert, weil er es in Rom nicht so getan hat, wie es die Römer tun, sondern er verlangte von den Kunden, dass sie seine Produkte so sehen und so kaufen, wie er das will. Das ist bis heute immer noch so bei einem Großteil der Unternehmen aus Deutschland, die im Ausland und besonders in Asien ins Geschäft einsteigen wollen.

Der globale Mittelständler sagt dagegen: Ich weiß, wie man produziert, ich habe clevere Ingenieure, und ich habe vor Ort in Asien einen, der mir sagt, welche Produkte ich bauen und wie ich sie verkaufen muss. Das heißt: Er muss seine Produkte, seine Produktion und seinen Vertrieb den Märkten anpassen und nicht umgekehrt.

Erfolg in Asien wird kaum gewürdigt

Diese Erkenntnis spricht sich langsam in Unternehmerkreisen herum: Der Trend geht eindeutig in Richtung globaler Mittelstand. Doch davon ist leider bislang auf wirtschaftspolitischer Ebene nicht viel zu spüren. Zwar forderte der ehemalige Umweltminister Sigmar Gabriel unlängst auf dem 89. Ostasiatischen Liebesmahl des OAV die 350 Gäste im vornehm eingedeckten Schuppen 52 des Hamburger Freihafens den Mut zu schnellem Handeln und kurzfristigen Investitionen, und er ging sogar so weit, zuzugeben, dass die EU womöglich einiges von der ASEAN lernen könnte.

Doch von solchen Sonntagsreden abgesehen hält sich die Unterstützung des globalen Mittelstands bei uns doch sehr in Grenzen. In Deutschland werden Auslandsinvestitionen nicht gefördert. Dagegen gibt der Bund jedes Jahr viele Millionen aus, um prestigeträchtige Exportprojekte wie den U-Bahn-Bau in Vietnam zu fördern. Und Kanzlerin Angela Merkel erscheint auch mal zur Unterzeichnung des Kaufvertrags für ein Dutzend Airbus-Jets, besonders dann, wenn die arabischen Käufer dies wünschen.

Die Eroberung ausländischer Märkte durch globale Mittelständler steht dagegen nicht im Fokus der Regierung. Wer im Ausland investiert, steht eher im Verdacht, Mitarbeitern den Arbeitsplatz und dem Finanzminister die Steuern zu nehmen. Das ist volkswirtschaftlich gesehen ein Riesenfehler, denn die Zukunft deutscher Unternehmer wird vor allem über Investitionen in aufstrebenden Märkten gesichert. Investitionen in Asien sichern Arbeitsplätze in Deutschland! Diese Erkenntnis muss sich endlich auch in den Parteizentralen und Ministerbüros durchsetzen.

Dabei wäre genügend Bedarf nach Fördermitteln vor allem für Aufklärung und Information, von der direkten Förderung von Auslandsinvestitionen ganz zu schweigen. Warum, so fragt man sich als außenstehender Beobachter, gibt es in Deutschland eigentlich keine staatlichen Bürgschaften für Investitionsprojekte von Mittelständlern in Asien? Investitionsschutzabkommen sind gut und schön – aber sie sind nicht genug.

Praktische Förderung für den globalen Mittelstand kommt heute fast nur von den großen deutschen Konzernen, allerdings nur indirekt: Durch ihre Leittechnik bereiten Siemens, Bosch, Daimler oder VW den Boden für den nachfolgenden Mittelstand. Diese Pionierarbeit sollte besser gewürdigt werden. Stattdessen wirft man der Industrie mehr oder weniger offen vor, die Internationalisierung nur für Steuerverschiebung zu nutzen.

Warum werden wirtschaftliche Leistungen in Deutschland immer nur als unmoralisch hinterfragt, anstatt dass man sie in Politik und Öffentlichkeit als Erfolge im internationalen Wettbewerb würdigt?

Andere Europäer sind in Asien aktiver

Dieser Passivität verdanken wir auch, dass der deutsche Mittelstand in Asien weniger aktiv ist als zum Beispiel die sehr viel kleineren Niederlande oder andere europäische Nachbarn. Hinzu kommt, dass der durchschnittliche deutsche Manager kaum über Länderkenntnisse in Asien verfügt, obwohl sich die Deutschen selbst bekanntlich nicht nur als Export-, sondern sogar als »Reiseweltmeister« titulieren. Das macht sich regelmäßig auf Delegationsreisen bemerkbar, die von den meisten Teilnehmern als ausgedehnte Kaffeefahrt verstanden werden, mit einem Besuch von Freimärkten, wo man sich mit gefälschten Louis-Vuitton-Handtaschen für die Dame und Lacoste-Hemden für die heimische Golfrunde eindeckt, statt Nähereien oder Autofabriken anzusehen. Die Organisatoren vor Ort für solche Reisen und auch die Regierungsvertreter in den Ländern selbst klagen häufig, aber nur hinter vorgehaltener Hand, über die vergnügungssüchtigen deutschen Manager. Briten und Franzosen seien da anders, heißt es immer wieder. Sie kommen gut vorbereitet und mit realem wirtschaftlichem Interesse.

Doch das könnte sich ändern. Die 2009 von der Krise gebeutelten Mittelständler scheinen jetzt aufzuwachen und zu kapieren, dass es einfacher ist, dort zu wachsen, wo wirklich Wachstum stattfindet –

nämlich in den riesigen und boomenden Verbrauchermärkten Asiens. Eine Umfrage des Deutschen Industrie- und Handelskammertags (DIHK) vom Frühjahr 2010 unter 9.000 Unternehmen des verarbeitenden Gewerbes spricht Bände: 44 Prozent der deutschen Industrieunternehmen möchten im laufenden Jahr im Ausland investieren. In den Krisenjahren 2008 und 2009 war der Anteil auf zuletzt 40 Prozent gesunken. Vor allem China und Asien werden für die Unternehmen immer wichtiger. 37 Prozent der Unternehmen wollen in China investieren. Im Vorjahr hatten das nur 32 Prozent vor. Der Anteil der Unternehmen, die Investitionen in anderen Ländern Asiens planen, stieg von 22 auf 26 Prozent.

Interessant sind die Gründe: Während in früheren Jahren vor allem das Erreichen von Kostenvorteilen durch billigen Einkauf oder Lohnfertigung (die viel zitierte »verlängerte Werkbank«) im Vordergrund stand, geht es denjenigen, die den Weg nach Asien suchen, heute vor allem darum, auch außerhalb des Heimatmarktes Kundendienste und Vertriebsstellen aufzubauen, und so bestehende Märkte zu sichern. Mehr als die Hälfte aller Unternehmen (56 Prozent) gaben das als Motiv an; Sparen stand nur bei 28 Prozent im Vordergrund.

Ein weiteres Problem für den globalen Mittelstand in Deutschland ist die scheinbare Allgegenwart der Amerikaner. Mit ihren aufgekrempelten Hemdsärmeln und ihrer zupackenden Art tingeln die US-Boys schon seit vielen Jahren durch Südostasien und lassen dort alles von Turnschuhen bis Transistoren fertigen. Sie stoßen dabei bei ihren asiatischen Geschäftspartnern auf offene Türen, denn im Grunde ist der Asiate selbst ein halber Amerikaner – oder er wäre es gerne. Asiaten bewundern den Mut, mit dem Amerikaner ins Risiko gehen, sie bewundern die Ausdauer, mit der sie selbst nach einem wirtschaftlichen Tiefschlag oder einer durchlittenen Firmenpleite wieder aufstehen und weitermachen. Der Europäer mit seiner vorsichtigen, zurückhaltenden Art wird von ihnen oft als Memme gesehen, als überempfindlich und ängstlich eben.

Rettung aus der Suppenkrise

Andererseits haben die Asiaten gerade den Amerikanern eine Menge zu verdanken, und das wissen sie auch. Um das zu verstehen, ist es wichtig, sich an die große Asienkrise von 1997/98 zu erinnern, die in der Region auch als »Tom Yam Gung«-Krise bekannt ist (benannt nach der scharfen Krabbensuppe und dem Nationalgericht Thailands, dem Ausgangspunkt der Krise). Dr. Surin Pitsuwan, der Generalsekretär des Verbandes Südostasiatischer Nationen (ASEAN), sagte bei einem Besuch in Frankfurt sinngemäß: 1997 war Asien am Boden. Die Blasen waren geplatzt, die Spekulanten haben unsere Währungen geplündert. Die Amerikaner haben uns aus der Tom Yam Gung-Krise rausgeholfen mit ihren Banken und ihrem Geld. Das zahlen ihnen heute die Asiaten im positiven Sinne zurück, sozusagen ein Dankeschön an die Amerikaner, dass man sie in der Krise gerettet hat. Nach der Krise von 2007/2008 haben die asiatischen Volkswirtschaften, denen es vergleichsweise gut ging, durch ihre Nachfrage nach amerikanischen Waren mit dafür gesorgt, dass Amerika nicht vollends in die Depression abgesackt ist. Das geschieht nicht alles aus purem Altruismus, sonder aus wohlverstandenem Eigeninteresse. Wenn mein größter Kunde kaputtgeht, geht es mir auch schlecht.

Dazu kommt: Der gewöhnliche Asiate möchte im Grunde gerne Amerikaner sein. Er fragt nicht nach Menschenrechten oder Bürgerrechten, sondern er will ein schönes Auto haben, genau wie der Amerikaner, er will ein großes Haus, genau wie der Amerikaner, er will reisen dürfen und auch mal so selbstsicher auftreten können wie ein Amerikaner. Die Europäer bieten ihnen das alles nicht. Europäer strahlen nicht diesen Optimismus, diese Aufbruchstimmung aus. Zu einem Europäer sagt der Asiate: Okay, ihr seid eine uralte Kultur – aber was habe ich davon? Beim Chinesen kommt noch die Arroganz dazu, die sie aus ihrer jahrtausendealten Kultur schöpfen, gegen die selbst ein Mitteleuropäer sich ausmacht wie ein neureicher Emporkömmling, dessen Ahnen in Bärenfellen herumliefen, als das Reich der Mitte schon eine Hochzivilisation war. Die heutigen Europäer gelten in Asien als eher zögerlich und negativ.

Die EU ist kein Vorbild für Asien

2006 fragte ein Teilnehmer der Asien-Pazifik-Konferenz der Deutschen Wirtschaft (APK), der wichtigsten Veranstaltung für die deutsche Asienwirtschaft, den damaligen thailändischen Premierminister Thaksin Shinawatra, ob ASEAN so etwas Ähnliches werden wolle wie die Europäische Union. Thaksin überlegte eine Weile und lächelte dabei asiatisch-weise. Dann sagte er:»Ach, wissen Sie, das ist ein interessantes Modell, das Sie hier in Europa haben, und wir beobachten das mit großem Interesse. Aber ob wir die EU als Vorbild sehen sollen, da sind wir uns noch nicht einig. Zum Beispiel: In Brüssel sitzen 24.000 Mitarbeiter, die sich mit allen möglichen Regelungen für den EU-Raum beschäftigen, und oft kommt dabei nichts Nachhaltiges heraus. Bei uns setzen sich einmal im Jahr die Regierungschefs der ASEAN-Gruppe zusammen und überlegen, was sie wollen, und sie setzen das dann auch mit unseren 56 Mitarbeitern um. Sollen wir die EU als Vorbild nehmen und lieber das Brüsseler Modell einführen?« Und im Saal gab es lautes Gelächter ...

Der größte Unterschied zwischen Europa und Asien ist in einem Satz gesagt: Europa ist nicht schnell. Dass jemand, der schnell ist, auch schnell mal Fehler macht, stimmt natürlich. Nur: Unterm Strich passiert mehr. Europa hat jahrelang darauf bestanden, Handelsabkommen nur gemeinsam als Gesamtunion zu treffen. Den Asiaten hingegen geht es um schnelle Regelungen. Auch die deutschen Autohersteller hätten gerne ein bilaterales Abkommen zum Beispiel mit Thailand gehabt, um 85 Prozent Einfuhrzoll zu vermeiden. Die deutsche Regierung aber wartet bis heute auf EU-Abkommen, die seit Jahren an unterschiedlichen Interessenlagen innerhalb Europas scheitern. Also haben die Thailänder bilaterale Abkommen zum Beispiel mit Japan ausgehandelt und die deutschen Firmen haben das Nachsehen. Verhandlungen über Wirtschaftsverträge mit Europäern ziehen sich über Jahre hin, aber die Asiaten haben dafür keine Geduld: Für sie muss alles ganz schnell gehen.

Blindflug mit Bauchlandung

Ein deutscher Ingenieur, der in Deutschland sitzt und nicht sieht, wie sein Produkt vor Ort verwendet wird, kann nicht das richtige Produkt entwickeln. Wenn ein Automobilingenieur Asien überhaupt nicht kennt, nicht hier gewohnt hat und auch mal mit dem Auto einen Sonntagsausflug ans Meer gemacht hat, dann wird er nicht verstehen, warum keiner in Asien ein Auto mit Tempomat haben will. Wo soll er ihn überhaupt einschalten? Der Asiate braucht ein Auto, mit dem er auch mal durch ein Schlagloch donnern kann, ohne dass sich das Fahrwerk verbiegt. Ohne Kenntnisse des Zielmarkts sitzt der Ingenieur im Grunde in einer schwarzen Kammer, in der ihn ab und zu Vertriebsleute aufsuchen, um ihm zu sagen, was er für Autos konstruieren soll. Das ist wirtschaftlicher Blindflug.

Produkte dort entwickeln, wo sie verkauft werden

Die Globalisierung wird den Mittelstand zunehmend dazu zwingen, seine Produkte dort zu entwickeln, wo sie verkauft werden. Und wenn er schon so weit ist, dann macht es Sinn, gleich vor Ort zu produzieren. Der globale Mittelständler wird also zwar seinen Sitz in Deutschland haben, aber Teile seiner Entwicklung und Produktion nach Osten verlagern, um die dort produzierten Waren beispielsweise in China verkaufen zu können.

Wäre es dann nicht sinnvoller, gleich mit Sack und Pack nach Asien umzuziehen? Abgesehen davon, dass der deutsche Mittelständler in der Regel keineswegs bereit sein wird, seinen Lebensmittelpunkt aus Deutschland weg nach Asien zu verlegen, sprechen auch durchaus rationale Gründe dafür, weiterhin Entwicklungs- und Produktionskapazität in der alten Heimat vorzuhalten. Erstens will er ja weiterhin daheim in Deutschland und Europa verkaufen. Zweitens sind Schlüsseltechnologien zu Hause weit besser zu schützen als irgendwo sonst in der Welt. Und dieser Schutz ist wichtig, selbst wenn es deshalb manchmal Redundanzen gibt. Redundanz kann im Zweifel immer noch billiger sein, als blauäugig die eigene Kernkompetenz zu riskieren.

Als der Autor dieser Zeilen seine eigene Fabrik für Gartenbedarfsprodukte betrieb, kostete ein Werkzeug für die Produktion eines Schlüsselprodukts in Deutschland, sagen wir, 500.000 Mark (das ist schon eine Weile her). Also sind wir nach China gegangen, da kostete dieses Werkzeug – mit gewissen qualitativen Abstrichen – nur noch 150.000 Mark. Also bestellten wir ab sofort unsere Werkzeuge nur noch dort. Nach einem Jahr kam der chinesische Produktionspartner und wollte für die aus dem Werkzeug hergestellten Teile plötzlich eine Preiserhöhung von 60 Prozent. Auch die Werkzeuge wollte er nicht ohne Weiteres herausgeben. Was der nicht wusste, war, dass wir vorsichtshalber einen zweiten Satz Werkzeuge gebaut und nach

Deutschland gelegt hatten. Gut, haben wir gesagt, dann spritzen wir die Sachen wieder in Deutschland, und konnten deshalb schmunzelnd gegen die Preiserhöhung argumentieren. Daraufhin bekam der »clevere« Chinese, der sein vermeintliches Monopol mit dem Werkzeug nutzen wollte, das Muffensausen und ging wieder auf seinen alten Preis zurück.

Unabhängigkeit und Risikovorsorge gehören also auch zur Strategie eines globalen Mittelständlers. Der richtige Mix aus Dezentralisierung, also Präsenz vor Ort in den Märkten, und Sicherung der Schlüsseltechnologie unterscheidet zwischen Eroberungs- und Abenteuerreisen nach Asien.

 FALLBEISPIEL HÄFELE

Mit Umlaut zum Erfolg

Kennen Sie Häfele? Wenn nicht, dann sind Sie vielleicht aus Deutschland und waren noch nie in Asien. Dabei gibt es dieses schwäbische Unternehmen aus Nagold schon seit 1923. Als Markenhersteller ist man gleichzeitig OEM-Lieferant für so ziemlich die ganze Bau- und Möbelbranche. Der Mann auf der Straße weiß davon allerdings wenig – zumindest nicht in Deutschland!

Anders sieht das draußen in der Welt aus. Es gibt wohl keinen Flughafen in Südostasien, keinen Baumarkt und kein Möbelgeschäft, an denen nicht riesige Werbeflächen, große Tafeln mit Markenreferenzen, Displays und Regalblenden mit dem auffällig herausgeputzten, deutschen »Ä« ins Auge springen.

Dabei ist Häfele auf den ersten Blick der lebende Gegenbeweis für die These, dass Verkauf in Asien nur funktioniert, wenn man dort auch produziert. Aber eben nur auf den ersten Blick. Zwar hat Häfele auch heute noch kein einziges eigenes Produktionswerk außerhalb Deutschlands, das Engagement in den fernen Märkten war aber schon immer ein entschlossenes. Wenn Häfele heute 70 Prozent seiner Umsätze im Ausland macht, dann hängt dies genau mit jener Entschlossenheit und dem Engagement in Asiens Märkten zusammen. Es »einmal zu probieren« und sich bei

Schwierigkeiten schnell wieder aus dem Staub zu machen kam nicht infrage.

Das beste Beispiel war die Asienkrise um 1997. Volker Hellstern hatte gerade einmal zwei oder drei Jahre zuvor mit seinem Zweimitarbeiterbüro angefangen, den Markt zu erschließen, da brach dieser Markt auch schon zusammen. Der thailändische Baht verlor radikal an Wert, die Kunden starben finanziell reihenweise dahin, ausländische Ware konnte keiner mehr bezahlen und die westlichen Firmen packten die Koffer und verließen das Land.

Auch Volker Hellstern rief zu Hause bei seiner Geschäftsleitung an. Er war besorgt. »Was soll ich tun?«, wollte er einen Rat. Die Antwort war schwäbisch konkret und typisch für die Unternehmerfamilie: »I woiss es ned«, wurde ihm gesagt, »aber halten Sie durch! Krisen kommen und Krisen gehen.«

»Mach's halt, aber sag's niemandem«

Damit war die entscheidende Grundlage für eine deutsche Erfolgsgeschichte in Südostasien gelegt. Häfele hielt durch und es zahlte sich aus. Ein Jahrzehnt mit Zuwachsraten über 20 Prozent folgte.

Alleine der Markt bestimmte die Strategie. Zwar wurden natürlich auch die heimischen Türbeschläge verkauft, aber von heute nicht weniger als 300 Lieferanten aus allen Teilen der Region wurden rund 20.000 ergänzende Artikel ins Sortiment aufgenommen. Für die Marke »Häfele« bedeuteten sie eine Stärkung. Und der örtliche Manager weiß am besten, was der Markt verlangt.

»Wenn ich morgen Schweinehälften verkaufen wollte«, schmunzelt Volker Hellstern, würde ihm Frau Thierer, die heutige Chefin und Enkelin des Gründers Adolf Häfele, wohl aus dem Schwarzwald schreiben: »Dann mach's halt, aber sag's niemandem!«

Der Häfele-Katalog in Thailand ist etwa so dick wie das amtliche Telefonbuch von Berlin. Es gibt nichts für Küche, Büro, Architekten oder Hersteller von Möbeln aller Art, was man nicht bei Häfele findet. Man kauft »Häfele«-Produkte, oder halt »irgendetwas« anderes. Eine Marke mit ähnlich gutem Ruf gibt es nicht in der Region.

Das Bekenntnis zu Thailand und die schwäbische Zähigkeit brachten dem Unternehmen in der Folge die Marktführerschaft in ganz Südostasien. Auf den Philippinen gibt es Zentralen in Manila und Cebu. In Indonesien sind gleich fünf »Häfele-Branches« über den Inselstaat verteilt, und selbst in Vietnam, wo der Beitritt zur World Trade Organization (WTO) erst seit 2006/2007 Handelsunternehmen in zu 100 Prozent ausländischem Eigentum erlaubt, bereitete sich Häfele schon kurz nach der Jahrtausendwende durch eine Niederlassung auf die künftige Marktbearbeitung vor. Seit 2006 wächst das Unternehmen rasant und es gibt bereits vier Designcenter über das Land verteilt. Insgesamt sind 35 Vertriebsgesellschaften auf fünf Kontinenten der Ausdruck dieser globalen Strategie.

Das Zauberwort heißt »Commitment«

Es gibt also auch andere Wege, als zu produzieren, um zum globalen Mittelständler zu werden. Bloßer »Export« allerdings ist ein Konzept von gestern. Auch wenn man kurzfristig mit Partnern oder Agenten beginnt, der systematische Aufbau des eigenen Unternehmens wird häufig bald folgen. Die Auslandsunternehmen brauchen freie Hand, die internen Verrechnungspreise müssen so günstig sein, dass die Endpreise dem Wettbewerb standhalten. Gewinne muss man zumindest zum großen Teil dort reinvestieren, wo sie entstanden sind, denn wie sollten sie sonst weiter wachsen? Sortimente orientieren sich am lokalen Markt und nicht an den Wunschvorstellungen der Controller und Entwickler in der fernen Heimat. Das Management eines Unternehmens mit Commitment zum globalen Mittelständler mag durchaus deutsch bleiben, aber es bleibt auch dem Gastland langjährig verbunden und bleibt für viele Jahre. Und die Leistungsträger dahinter sind Einheimische. Commitment, an dieser Stelle wohl am besten übersetzt als »Hingabe«, heißt das Zauberwort. Beides macht den globalen Mittelständler aus, mit oder eben auch einmal ohne die Produktion vor Ort.

3 DIE EICHE IM BAMBUSWALD

Für den deutschen Unternehmer kann der Gang nach Asien im Desaster enden, wenn er mit seinen eigenen Maßstäben und Erfahrungen an die neuen und für ihn fremden Märkte herangeht. Dieses Kapitel soll eine erste Einführung in die Geschäftskultur Asiens sein und beschreibt Regeln und Herangehensweisen, die zum Erfolg führen.

So mancher Unternehmer, der nach Asien ging, kann es bestätigen: Der größte Risikofaktor für unsere Asienstrategie sind oft wir selbst. Was nämlich nützen die beste Planung, der ideale Standort und Steuernachlass auf zehn Jahre, wenn wir selbst mit den Menschen und Märkten nicht zurechtkommen?

Was ein Asienteam in Monaten aufgebaut hat, können Führungskräfte bei ersten persönlichen Treffen mit den neuen Partnern wieder einreißen. Die so hoffnungsvoll vereinbarte Partnerschaft kann bei der ersten Krise im Desaster enden. Der »Faktor Mensch« ist ein unberechenbares Risiko.

Manche suchen die Lösung, indem sie Seminare über asiatische Verhaltensweisen mit dem Ergebnis besuchen, dass sie danach jedem Taxifahrer in Thailand einen perfekten »Wai« gewähren oder ihren japanischen Gesprächspartner ungelenk mit einer Verbeugung bis kurz vor dem »Hexenschuss« begrüßen. Sie machen sich damit ähnlich lächerlich wie ein Japaner, der in Lederhosen der Toilettenfrau im

Hofbräuhaus einen Handkuss gibt. Nichts gegen Seminare über Verhaltensweisen, wenn sie dazu dienen, Empfindsamkeiten anderer Kulturen kennenzulernen. Es ist aber nicht nötig, Indianertänze zu erlernen, um nach Amerika zu verkaufen. Jedenfalls hört man in China wenig über Seminare für deren Geschäftsleute, wie man mit westlichen »Langnasen« umgeht.

Worum es in Wirklichkeit geht, ist, Verständnis und Fingerspitzengefühl im Umgang mit Mitgliedern anderer Kulturen zu entwickeln – nicht etwa aus dem vagen Wunsch nach Völkerverständigung und Multikulti, sondern aus knallhartem Geschäftsinteresse. In ihrem Buch *Cultural Intelligence* beschreibt die von uns sehr geschätzte Chinaexpertin Hanne Seelmann-Holzmann (die übrigens auch Koautorin des Chinabeitrags in Teil II dieses Buchs ist) die Verschiebung der Kräfteverhältnisse, die sich schon vor dem Beginn der Weltwirtschaftskrise 2007 abzuzeichnen begannen, seitdem aber zunehmend offen zutage treten: Der asiatische Wirtschaftsraum will sich nicht mehr mit dem Status des »junior partner« abfinden, sondern demonstriert Selbstbewusstsein. Und er kann es sich leisten: China mit seinen gigantischen Währungsreserven ist heute schon größter Gläubiger der USA.

Das bedeutet, dass westliche Industrienationen und Großkonzerne ihre Geschäftsmodelle nicht mehr unreflektiert auf den Rest der Welt übertragen können: »Das ist auch das Ende der Deutungshoheit des Westens.«

Seelmann-Holzmann rät Unternehmen und Managern, sich möglichst rasch in dieser neuen Welt, die sie als »bipolar« beschreibt, zurechtzufinden. Dazu gehört für sie der Aufbau von »interkultureller Kompetenz« sowie von Dingen wie »Frusttoleranz«, »Empathievermögen« und »Know-why«, das sie als Basiswissen über die kulturellen Wurzeln eines anderen Denkens beschreibt. Gleichzeitig plaudert sie aus der Praxis, wenn sie sagt: »In Asien sind Geschäftsbeziehungen zuallererst Personenbeziehungen. Deshalb ist es wichtig, mit den Geschäftspartnern oft und gut essen zu gehen und bei Bedarf auch exzessiv zu trinken.«

Typisch deutsch!

Ebenso wichtig, wie den anderen zu kennen und zu verstehen, ist es auch, zu wissen, wie man selbst gesehen wird. Der Ruf deutscher Geschäftsleute in Asien ist zum Glück ziemlich einfach und übersichtlich:

▪ Deutsche gelten als Entwickler und Hersteller technischer Produkte»vom Feinsten«. Sogar die zu Recht selbstbewussten indischen Ingenieure schauen noch immer fasziniert auf die deutsche Perfektion! Sie freuen sich über jedes Lob, das sie für ihre oft erfolgreichen Versuche, deutsche Technik fortzuentwickeln, von ihren Vorbildern erhalten. Dies gilt nicht weniger für die meisten Länder Südostasiens.

▪ Deutsche gelten als nicht gerade höflich, weil viel zu direkt. Freundliche Umschreibung von Kritik und Umwege zum Verhandlungsziel gelten nicht gerade als deutsche Stärken.

▪ Dabei hält man den Deutschen aber zugute, dass sie nicht über ihre Absichten täuschen, offen und bedingungslos zuverlässig sind. Sie sind»gut zu lesen«, wie es Asiaten gerne ausdrücken.

▪ Die Qualität deutscher Produkte ist über jeden Zweifel erhaben; Nachrichten über solche Mängel bei Daimler-Benz oder auch einem Mittelständler werden als amüsante Ausnahmen aufgenommen.

▪ Deutsche gelten als nicht so geschäftstüchtig, weil weniger flexibel in Preis- und Produktanpassungen als Japaner, Amerikaner oder Engländer.

Dafür unterstellt man ihnen aber praktisch nie»wirtschaftshegemoniale« Ziele. Das schützt vor Anfeindung, bringt eben nur häufig Erfolgsdefizite gegenüber den sehr auf Eigeninteresse ausgerichteten Geschäftsleuten und Wirtschaftspolitikern anderer Industriemächte.

Vielleicht ist ja an der Einschätzung anderer über uns etwas dran, ein Quäntchen Wahrheit jedenfalls. Was unsere Schwächen betrifft, stimmen wir ohnehin anderen gerne zu. Aber bekennen wir uns doch auch einmal unkompliziert zu den Stärken unserer Mentalität, wie andere sie sehen.

Sich anpassen, ohne sich zu verbiegen

Vom Bambus weiß man, dass er sich nicht dem Wind entgegenstemmt, sondern sich vor ihm duckt, um anschließend wieder aufzustehen und auf den nächsten Windstoß zu warten. Eine ordentliche deutsche Eiche hingegen steht aufrecht und gerade da und bietet dem Sturm trotzig die Stirn. Stellen wir uns eine Eiche in einem fiktiven Bambuswald vor, die versucht, es ebenso wie der Bambus zu machen und sich zu verbiegen. Sie kann es nicht – und zerbricht.

Der deutsche Geschäftsmann sollte sich zwar bemühen, seinem Gegenüber entgegenzukommen – aber verbiegen lassen muss er sich deshalb lange nicht. Von einem Inder weiß man, dass es ihm fast schon körperliche Schmerzen bereitet, wenn er bei einem Geschäftsabschluss keinen Preisnachlass heraushandeln kann. Also geben wir ihn ihm doch – nur vielleicht nicht 60 Prozent, wie er es gerne hätte, sondern 15 oder 20 Prozent. Die muss man eben von vornherein im Preis mit einkalkulieren.

Die Mentalität und die Gepflogenheiten anderer zu kennen heißt, weder sie anzunehmen noch sich ihnen zu beugen. Es ist einfach nur schlau! Dabei gibt es Gemeinsamkeiten in fast ganz Asien, die wir respektieren, und andere, von denen wir sogar lernen sollten. Beginnen wir mit dem Respektieren, da dies leichter fällt:

- In vielen noch religiös geprägten Ländern sind traditionelle Sitten und Werte von großer Bedeutung. Diese zu respektieren schafft gegenseitiges Vertrauen. Man sollte sich hüten, religiöse Überzeugungen oder auch andere Riten zu kritisieren oder sogar erkennbar zu belächeln. Dies gilt auch dann, wenn in Indien Autos – wie übrigens auch in Thailand – zur Segnung und Markierung mit diversen Segenszeichen in den Tempel gebracht werden. Auch Produktionsmaschinen erhalten vor ihrer Inbetriebnahme ihren religiösen Segen. Gerne sehen es die Menschen, wenn man sich für diese Riten interessiert, sie näher erläutert haben möchte und darüber hinaus respektiert.
- In Thailand ein kritisches oder sogar spöttisches Wort über die allgegenwärtige Verehrung des seit 60 Jahren regierenden Königs zu äußern, ist nicht nur unklug, sondern auch unfair. Unklug deshalb, weil man damit ganz gewiss die Sympathie eines jeden Thai verliert. Unfair, weil die Achtung dieses ungewöhnlich klugen und ausgleichenden Staatsführers sehr zu Recht besteht.

- Vorsicht mit Witzen; Asiaten verstehen keine Ironie und nehmen das gesprochene Wort ernst. Schnell ist die Grenze überschritten, den anderen lächerlich zu machen, gerade wenn der Übersetzer den Sinn des Witzes nicht versteht! Auch Selbstironie birgt Risiken. Den ironischen Satz »Das verstehe ich nicht; dazu bin ich wohl zu dumm!« fassen asiatische Verhandlungspartner sehr wörtlich als Eingeständnis mangelnder Intelligenz auf. Dies trägt nicht dazu bei, unser Ansehen bei der anderen Seite zu erhöhen.
- Chinesen verwechseln scheinbar oft Millionen, Milliarden und Hunderttausende. Zu schmunzeln, wenn der Vertragspartner laufend andere Zahlen nennt und sich ständig korrigiert, zeigt nur die eigene Unkenntnis. Die chinesische Zählweise ist eine andere als unsere. So sind »zehn Millionen« in chinesischer Zählweise zum Beispiel »1.000 Zehntausender«. Wir hätten umgekehrt auch unsere Probleme, unsere Umsätze in solchen »Zehntausendern« auszudrücken, wenn wir es nicht gewohnt sind. Richtig ist, dies nicht zu belächeln, aber besprochene Zahlen und Einkaufsplanungen in ihrer wirklichen Größenordnung genau abzusichern!
- Englisch ist nur so erfolgreich, weil es in der ganzen Welt weiter vereinfacht wird. Asiaten haben ihr eigenes Englisch entwickelt. »Next time much more better!«, »Same same but different« oder »Long time no see« sind längst informelles Geschäftsenglisch geworden! Geschliffenes Englisch mit sprachlichen Feinheiten und bester Grammatik setzt den anderen herab, wirkt arrogant und wird schlicht nicht verstanden. Sprechen Sie die Sprache mit Infinitiven und einfachen Vokabeln, dies bringt weiter!

Von asiatischem Geschäftsgebaren können wir aber auch lernen. Gerade mancher Mittelständler würde solche Prinzipien gerne (wieder) in Europa einführen. Asiaten machen keine Geschäfte nur um des Geschäftes willen. Westler sind schnell bereit, Umsätze und Listungen, an denen nichts mehr verdient wird, zu rechtfertigen. Viele deutsche Hersteller verkaufen zu Preisen, die nicht einmal die Kosten decken, um auf diese Weise Marktanteile zu »kaufen«. Dabei vergessen sie oft, dass schwaches Eigenkapital und Basel II ihre Finanzdecke ohnehin verkürzen.

Über die Gefahr von Billigpreisen

Ganz anders der typische Asiate, wie folgender kleine Fall aus der Praxis zeigt: Über Jahre hatte ein deutscher Importeur Keramikschalen aus Thailand bezogen, rund 2.000 Stück im Jahr zu einem Preis von fünf Dollar. Eines Tages bestellte ein Großkunde 30.000 Stück. Was tat der Importeur als guter deutscher Geschäftsmann? Er verlangte einen Mengenrabatt.

Der Asiate überlegte eine Weile, dann nannte er einen Preis, der um rund zwölf Prozent höher lag als vorher!

Er konnte das auch erklären. Um einen solchen Großauftrag zu bewältigen, müsste er ja viel mehr arbeiten. Neue Mitarbeiter einstellen wolle er nicht, also müsste seine bestehende Mannschaft Überstunden machen, das sei teuer. Außerdem müsse er andere Kunden vertrösten, die dann womöglich zu einem anderen Lieferanten abwandern würden. Das alles mache ihm Sorgen, und deshalb müsse er eben auch einen höheren Stückpreis verlangen – basta!

Der Grundsatz, dass man in Asien niemals ein Geschäft macht, bei dem kein Gewinn herausspringt, gilt also auch bei Preisverhandlungen. Der asiatische Partner, der von seinem westlichen Kunden unter Druck gesetzt wird, kann den Nachlass in aller Regel nicht einfach an seine eigenen Lieferanten weiterreichen. Geht er auf den Deal ein, wird er andere Mittel und Wege finden, sich schadlos zu halten. Qualitätsmängel sind ein solches Mittel, Einschränkungen in der Ausstattung, beim Liefertermin oder bei der Liefertreue sind andere. Es kommt sogar vor, dass unter Preisdruck angenommene Aufträge einfach liegen bleiben, wenn ein anderer Kunde mit einem Auftrag kommt, der mehr Ertrag verspricht.

Nur Bares ist Wahres

In vielen Gegenden Asiens gilt der Grundsatz »Cash auf die Hand« selbst bei relativ großen Geschäften. Kreditkäufe und Zahlungsziele sind die Ausnahme und werden ausschließlich langjährigen Geschäftspartnern eingeräumt. Wer davon ausgehen muss, dass er kaum eine Chance hat, einen säumigen Kunden erfolgreich zu verklagen, weil das Gerichtssystem marode ist, oder weil der Gläubiger ohnehin nichts draufhat, lebt nach dem Motto »In cash we trust«.

Nichts also bewegt sich, ehe nicht eine Anzahlung geleistet oder die Zahlung abgesichert ist. Zumindest der eigene Materialaufwand muss finanziert sein, ehe ein Produzent die Arbeit aufnimmt. Ein erster Schritt des Entgegenkommens sind Teilzahlungen mit vordatierten Schecks. Aber Vorsicht: In manchen Ländern sind diese Verfahren verboten und damit die Schecks zumindest nicht einklagbar. Es bedarf einer langen Zusammenarbeit und großen Vertrauens, um in Asien Lieferungen gegen offene Rechnung zu erhalten.

Kürzere Amortisationszeiten

Asiaten erwarten, dass sich ihre Investition innerhalb von relativ kurzer Zeit bezahlt macht. Inder denken dabei in Zeiträumen von fünf Jahren, Chinesen häufig noch kurzfristiger. Gerade für deutsche Investitionsgüter stellt dies nicht selten ein Problem dar. Eine garantierte Lebensdauer von 20 Jahren für eine Maschine ist in solchen Ländern kein wirklich gutes Verkaufsargument. In 20 Jahren, so denken viele asiatische Geschäftsleute, habe ich vielleicht mit dieser Industrie und dieser Branche überhaupt nichts mehr zu tun, oder ich bin schon tot. Störungsfreie Technik, guter Service und niedrige Betriebskosten sind für ihn sehr viel überzeugender.

Das Leben in Asien verläuft häufig nach anderen Spielregeln als im Westen. Wer sich mit einem asiatischen Geschäftspartner gut stellen will, sollte sich vorher darum bemühen, die speziellen Usancen seines Landes kennenzulernen, um wenigstens die gröbsten Fauxpas vermeiden zu können. Sich anzupassen, wo andere verletzt sein könnten, hat nichts mit Prinzipien, sondern nur mit Höflichkeit zu tun. Das geht schon beim ersten Kennenlernen los.

Kleine Karte, große Wirkung

Die Visitenkarte hat überall in Asien eine besonders große Bedeutung. Wer seine Visitenkarten vergessen oder zu wenige dabei hat, sinkt automatisch in den Augen seiner asiatischen Gastgeber. In China sollte die Karte unbedingt auf je einer Seite chinesisch und englisch bedruckt sein. Wer eine Karte ohne chinesische Beschriftung überreicht, will entweder das Land beleidigen, oder er ist kein richtiger internationaler Geschäftsmann, sondern ein Trottel. Fast überall in Asien wird die Karte feierlich mit beiden Händen übergeben. Ausnahme: In Thailand übergibt man sie mit der rechten Hand, während die linke den rechten Arm stützt. In islamischen Ländern darf man weder die Visitenkarte noch sonst irgendein Dokument mit der linken Hand übergeben, denn die gilt als unrein. Die Karte des Gegenübers sollte immer kurz studiert werden, weil man damit sein Interesse an der Person des Überreichenden demonstriert. Ganz schlimm wäre es, wenn man eine übergebene Karte achtlos liegen lassen oder gar bekritzeln würde – das würde er Ihnen nie verzeihen.

Auf die Kleidung kommt es an

In vielen Ländern Asiens kleidet man sich tagsüber stets formell: Schlips und lange Ärmel sind selbst bei der größten Hitze ein Muss. Bei Treffen mit Geschäftspartnern und in Behörden sollte die Regel lauten:»Eher overdressed als underdressed.« Nach dem ersten Kontakt sieht man ja, ob sich der andere auch mal etwas zwangloser anzieht, und man findet auch ganz schnell heraus, ob es unter Umständen auch weniger formell geht. Jeans, Shorts, offene Schuhe und kurzärmlige Hemden sind überall in Asien unter seriösen Geschäftsleuten streng tabu.

Da die meisten Geschäftsverhandlungen in Asien irgendwann am Restauranttisch enden, ist es gut, wenn man nicht nur die Tischmanieren des jeweiligen Landes kennt, sondern auch die subtilen kleinen Signale, die sich beispielsweise aus der Platzordnung ergeben. In China sitzt der Gastgeber beispielsweise immer mit dem Gesicht zur Tür, sein wichtigster Gast zu seiner Rechten, der nächste zu seiner Linken. Ganz unten am Tisch sitzen dann die niederen Chargen. Wenn Sie sich also beim nächsten Geschäftsessen neben dem Chauffeur wiederfinden, wissen Sie: Wahrscheinlich wird nichts aus dem Geschäft ...

Getränke nimmt man erst zu sich, wenn der Gastgeber sein Glas erhoben hat. Rechnen Sie als Ehrengast damit, dass er Ihnen immer wieder zuprostet und Ihnen vor allem selbst nachschenkt – das gilt in Asien als Ehrensache und Geste der Gastlichkeit. Wer beim Anblick des Essens das Gesicht verzieht oder sogar offene Kritik an der Kochkunst des Lokals übt, hat schlechte Karten. Wenn man partout keinen Quallensalat oder Käfersülze essen mag, dann sollte man sich möglichst mit religiösen oder gesundheitlichen Gründen herausreden und nicht einfach herausplatzen mit einem »Das schmeckt mir nicht!«.

Der Gastgeber fragt im Lokal zwar gelegentlich pro forma nach den persönlichen Vorlieben seines Gasts, bestellt aber in der Regel, was er will. Bezahlen lässt er übrigens einen Mitarbeiter. Mit solchen Details befasst sich ein so wichtiger Mensch wie er nicht vor den Augen eines Gasts.

Häufiges Anstoßen und Toasts sind in Asien fast überall üblich, außer in den islamischen Regionen. Wundern Sie sich nicht, wenn Weißwein, Rotwein, Tee, Cognac und Bier gleichzeitig vor Ihnen aufgetischt und von den anderen am Tisch durcheinandergetrunken werden. Dem typischen Asiaten ist der Preis einer Flasche meistens wichtiger als das, was drin ist.

Pünktlichkeit wird auch in Asien geschätzt

Zu spät zu kommen gilt fast überall in Asien als äußerst unhöflich. Eine Ausnahme bildet Indonesien, wo die Uhren manchmal etwas anders gehen. Dafür hat man den Begriff der »Rubber Time« erfunden. Die bedeutet: Der Europäer hat pünktlich zu sein, der Indonesier kommt dann etwas später.

Der verabredete Zeitpunkt eines Meetings ist fast nie zufällig. Selbst Karaoke-Einladungen bis in die Morgenstunden des Verhandlungstags gehören häufig zu einer wohlgeplanten Ermüdungsstrategie. Gerade in China werden wichtige Besprechungen oft so gelegt, dass der andere befürchten muss, seinen Flieger zu verpassen. Damit möchte man Verhandlungsdruck aufbauen und das Gegenüber zu Konzessionen bewegen. Es empfiehlt sich deshalb, sich nie die Entscheidung über Ort und Zeit einer Verhandlungsrunde aus der Hand nehmen zu lassen.

Dafür darf man gerade in China auch mal kurzzeitig aus der Haut fahren, ohne dass man dadurch wie bei uns das Gesicht verlieren würde. Im Gegenteil: Ein kleiner kontrollierter Wutausbruch kann zweckdienlich sein. Jedenfalls ist es erlaubte Verhandlungstaktik. Genervt zu wirken ist hingegen schlecht. Schon auffälliges Augenreiben oder stöhnendes Durchatmen werden als Schwäche und Zeichen dafür gewertet, dass man bald Fehler machen wird.

Was der Körper sagt, ist wichtig

Missverständnisse im Kommunikationsverhalten und in der Körpersprache führen oft zu Enttäuschung und Frustration, gerade auf westlicher Seite. Ein paar Dinge sollten man sich deshalb merken:

- In China und anderen asiatischen Ländern ist Nicken keinesfalls Zustimmung, sondern gerade mal ein Zeichen des Verstehens. In Indien ist selbst die verbale Zustimmung durch ein »Yes« nichts anderes als Ausdruck des Verstehens. Wirkliche Zustimmung sollte ausdrücklich abgefragt werden.
- In Indien bedeutet Nicken sogar Ablehnung! Auch »Kopfschütteln« und »mit dem Kopf wackeln« bedeuten nicht dasselbe: »Wackeln« ist Zeichen des Zuhörens und der Aufmerksamkeit, »Schütteln« hingegen Zustimmung.
- Dass Asiaten häufig nicht »Nein« sagen können, haben wir mehrfach erwähnt. Gerade in Thailand und Indien bedeutet daher auch ein »Ja« keinesfalls eine Zustimmung oder Zusage.
- Will man in Verhandlungen etwas zeigen und dazu die Partner zu einem bestimmten Ort rufen, sollte man dies niemals tun, indem man sie, wie etwa in Europa üblich, mit der Hand nach oben zu sich winkt. Dies wird als grob respektlos verstanden. Ein eher zurückhaltendes Winken zum Boden hin lässt den anderen erkennen, dass man ihn um Annäherung bittet.

»Asiaten sind Meister im Spiegeln von Verhalten«, schreibt Hanne Seelmann-Holzmann in ihrem Buch und behauptet: »Dadurch reduzieren sie bei ihrem Gegenüber das Gefühl der kulturellen Distanz, sie schaffen Nähe und erzeugen eine Scheinsicherheit.« Im Bambuswald Asiens hat man es deshalb als »deutsche Eiche« naturgemäß oft schwer. Ein bisschen mit dem Wind gehen kann da helfen. Man sollte sich nur nicht so weit verbiegen, dass man bricht.

FALLBEISPIEL SUDHOFF

Ein »asiatischer Mittelständler deutscher Nation«

Der Deutsche Claus Sudhoff verstand es sehr früh, sich der asiatischen Umwelt anzupassen, ohne sich jemals als deutscher Unternehmer aufzugeben. Als er sich 1990 mit einer Hemdenfabrik in den Philippinen selbständig machte, hatte er schon einige Erfahrung als angestellter Manager in der Textilbranche in Asien gemacht. Einkaufen oder produzieren lassen war sein Tagesgeschäft.

Aber er wollte Unternehmer werden, und zwar als Deutscher in Asien. Der Weg, den er ging, war außergewöhnlich und pionierhaft. Jeder andere mit seinem persönlichen Hintergrund hätte eine Handelsagentur aufgemacht. Seine Einkaufserfahrungen in Asien mit den Marktkenntnissen in Deutschland zu verbinden lag eigentlich als Erfolgskonzept einer Selbständigkeit auf der Hand.

Aber das reichte Claus Sudhoff nicht. »Unternehmer zu sein hatte für mich immer etwas mit Produktion, mit Menschen und mit direkter Verantwortung für beide zu tun«, behauptet er. Also gründete er eine Hemdenfabrik in Rosario nahe der philippinischen Hauptstadt Manila und wurde mit der Zeit zu einem der ersten globalen Mittelständler. 45 Mitarbeiter waren es anfangs, die auf 400 Quadratmetern Hemden nähten.

»Natürlich waren es auch die Kosten«, die seine Entscheidung für den Standort Asien mit beeinflussten, gibt er zu. Vor Ort in den Beschaffungsmärkten als Unternehmer präsent zu sein brachte ihm aber einen deutlichen und zusätzlichen Vorsprung. Während andere begannen, von Deutschland aus »ferngesteuert« in Asien einzukaufen, war er selbst vor Ort und konnte sein Unternehmen schnell und flexibel steuern.

Qualität erfordert Nähe

Und während die meisten deutschen Konkurrenten, um ihre eigene Produktion im Lande zu schützen, sich auf den Bezug von ergänzender Billigware aus Asien konzentrierten, produzierte Claus Sudhoff dort selbst die Spitzenqualitäten. Die Agenten und Händler konnten da nicht mithalten, denn »wirklich gute Qualität erfordert eben auch immer Nähe des

Unternehmers zur Produktion«, weiß Claus Sudhoff. Nach wie vor konzentriert sich CS Garment damit auf die traditionellen und neuen Topmarken des deutschen Hemdengeschäfts wie Hilfinger, Olymp, Seidensticker, Hatico oder Einhorn.

Als während und nach der Asienkrise immer mehr europäische Produzenten auf die Dumpingangebote der damals noch kommunistischen Ostblockländer eingingen, reagierte Sudhoff so schnell, wie eben nur ein Unternehmer vor Ort in Asien reagieren kann: Er gründete eine Fabrik in Myanmar (dem ehemaligen Burma), wo sich gerade eine Öffnung für marktwirtschaftliche Aktivitäten abzeichnete. So konnte er auch Preisangriffe der Osteuropäer flexibel abwehren.

Heute produziert das deutsch-philippinische Unternehmerehepaar – Frau Sudhoff ist selbst vom Fach, war 15 Jahre Far-East-Managerin von Olymp und hat das Unternehmen von Anfang an mit aufgebaut – allein in Rosario mit 400 Mitarbeitern auf 4.000 Quadratmetern voll klimatisierter Produktionsfläche bis zu 75.000 Hemden im Monat. Dazu kommen noch 300 Näherinnen in Rangun mit 50.000 Hemden je Monat.

Ein Unternehmen Asiens

CS Garment ist also kein deutsches Unternehmen mit asiatischer Präsenz. Es ist ein Unternehmen Asiens geworden, das aber in vielen seiner Grundsätze deutsch geblieben ist: Fluktuation der Mitarbeiter, und darauf ist CS Garment besonders stolz, gibt es kaum, denn die »geht immer zulasten der Qualität«. Die Augen des fast 70-jährigen deutschen Unternehmers strahlen denn auch wie die eines jungen Abenteurers, wenn er von seiner Verantwortung für letztlich fast »10.000 Familienangehörige« spricht, die landestypisch von seinen 700 Arbeitsplätzen leben. Er tut viel für sie. Über 1.000 Lehrlinge hat er über die Jahre nach dem deutschen dualen System zu Fachnähern ausgebildet. Die Schulbücher hat er selbst verfasst. Eine Ausbildungsurkunde von CS Garment zählt mehr im Lande als mancher Schulabschluss. Stirbt der Ehemann einer bei ihm beschäftigten Näherin, springt er ein und übernimmt das Schulgeld für die Kinder. Dafür kontrolliert er persönlich die Zeugnisse, lobt, wie stolz der Vater jetzt wäre, oder spornt an, wenn die Kinder einmal zu viel anderes als die Schule im Kopf haben.

Der »Patriarch« im besten Sinne, wie er sich schmunzelnd selbst betitelt, hat dafür unzählige Ehrungen und Auszeichnungen eingefahren: Er wurde Vizepräsident des philippinischen Arbeitgeberverbandes, Präsident der Handelskammer und persönlicher Freund von Helmut Kohl, zu dessen 80. Geburtstag das Ehepaar Sudhoff nach Deutschland reiste. Der ganze Schrank an Auszeichnungen, eine der wichtigsten ist ihm die für sein Unternehmen als »Child Friendly Company« durch die UN, steht unauffällig in seinem Vorzimmer in Rosario.

Claus Sudhoff ging als »Eiche in den Bambuswald«, passte sich an, wo nötig, und blieb standhaft deutsch, wo dies angezeigt erschien, seinen Prinzipien entsprach und damit Erfolg brachte. Er ist »asiatischer Mittelständler deutscher Nation«.

■

4 »KNOW-WHO« IST WICHTIGER ALS »KNOW-HOW«

Asiens Märkte werden weitgehend von Netzwerken beherrscht. Man ist entweder ein Teil von ihnen oder steht draußen vor der Tür. Wer glaubt, Know-how sei alles, der irrt: Es kommt vielmehr auf das Know-who an. Das Kapitel zeigt, wie man auch als deutscher Mittelständler Eingang – oder zumindest Akzeptanz – bei den Netzwerken Asiens erhält.

Überall auf der Welt ist es gut, jemanden zu kennen. Das ist auch in Deutschland nicht anders. Aber in Asien spielen Beziehungen und Netzwerke immer eine Schlüsselrolle in der Wirtschaft. Darauf muss man sich als Unternehmer, der nach Asien will, von Anfang an einstellen.

Hierzulande gibt es natürlich auch Beziehungsnetze: Rotarier, Lions, Alumni-Vereinigungen, Wirtschaftsklubs und selbst der simple Fußballverein auf dem Land sind Stätten, an denen sich auch Geschäftsleute treffen, austauschen und sich gegenseitig auch mal helfen. Nur arbeiten solche Netzwerke bei uns mehr nach dem Prinzip Zufall. Die Mitglieder definieren sich über die Mitgliedschaft im Netzwerk und weniger über direkte persönliche Beziehungen.»Er ist einer von uns, also muss er ein netter Kerl sein«, so könnte man diese Mentalität vielleicht zusammenfassend beschreiben.

Der Autor dieser Zeilen traf einmal in der Heidelberger Altstadt einen alten Freund aus gemeinsamen Schulzeiten. Er und sein Begleiter trugen vollen Wichs und Farben: Barett mit langer Feder, Flaus, Büchsen, Reiterstiefel, Schärpe über die Brust, die sie als Korpsstudenten auswiesen. Ich wurde dem anderen vorgestellt, der daraufhin die Hacken zusammenschlug, mir die Hand reichte und sagte: »Ein Freund von Tassilo ist auch mein Freund. Gehen wir einen trinken!«

Familienclans sind fast wie Großkonzerne

In Asien ist das anders. Netzwerke sind dort straff durchorganisiert, und es bekommt auch nicht jeder einfach so Zutritt. Und sie basieren nicht auf Verbindungen zwischen Personengruppen oder Institutionen, sondern fast immer auf Beziehungen zwischen einzelnen Personen. Chinesen beispielsweise teilen sehr genau nach Verwandten, Freunden oder Fremden ein, um den Grad des gegenseitigen Vertrauens und der gegenseitigen Hilfe abschätzen zu können. Sie haben auch einen Begriff dafür erfunden: »Guanxi« (»persönliche Beziehung«). Er beschreibt ein weitverzweigtes Geflecht von Unternehmen, die man sich auch als erweiterten Familienclan vorstellen kann, und das in seiner internen Organisation durchaus mit einem großen multinationalen Konzern vergleichbar ist.

In den letzten Jahren ist der Begriff des Guanxi in den Köpfen vieler Westler mit Korruption gleichgesetzt worden, was aber falsch ist und womöglich auf einer Verwechslung mit den Triaden beruht, der »Chinesen-Mafia«, die in der Tat eine Vereinigung im Bereich der organisierten Kriminalität ist und ihren Ursprung in China hat. Im Gegensatz dazu ist ein Guanxi ein Geschäftsnetzwerk, das aus vielen, oft sehr komplizierten gegenseitigen Beziehungen und Verbindlichkeiten besteht, und deren Mitglieder das gemeinsame Ziel haben, nachhaltiges und ungestörtes Wachstum aller Verbundmitglieder zu sichern.

Guanxi ist zum Beispiel: Der Sohn meines chinesischen Geschäftspartners will in Deutschland studieren, und die Familie eines Kommilitonen nimmt ihn auf, kümmert sich zwei oder drei Jahre um ihn und sorgt dafür, dass der Junge in Deutschland sicher ist. Damit ist keine automatische Gegenleistung verbunden – aber der Kommilitone könnte jederzeit mit einem Problem oder einer Bitte auf die anderen, denen er einen Gefallen getan hat, zukommen und wird von diesen selbstverständlich eine bevorzugte Behandlung bekommen. Der Vater des Studiosus und der Studiosus selber werden sich zerreißen, um dem Freund, in dessen Schuld sie zu stehen glauben, ihrerseits helfen zu können. Beziehungsnetzwerke dieser Art gibt es in allen asiatischen Ländern: in Japan die »Keiretsu«, in Indonesien die »Pribumi«, in Malaysia die »Bumiputera« und in Indien die großen Familiendynastien wie Tata und Birla oder die relativen »Newcomer« wie Mittal oder Premji. In Kambodscha spielt die Religionszugehörigkeit eine große Rolle: Buddhisten kaufen bei Buddhisten. In Indonesien sind es eher ethnische Gemeinsamkeiten, die zusammenschweißen. Überall aber steht das Familiennetzwerk an allererster Stelle.

Vetternwirtschaft auf Asiatisch

Es handelt sich stets um geschlossene Gruppen von Leuten, die sich fast alle von der Schule her kennen, von der Universität, vom Wehrdienst oder über gemeinsame Bekannte. Sie sind in der Regel auch familiär verbunden, verschwägert oder verschwistert. Sie haben oft einen gemeinsamen ethnischen Hintergrund: Auslandschinesen, Thais, Malayen, Javaner. Oder vielleicht kamen die Großeltern einmal aus dem gleichen Dorf, das verbindet auch noch nach Generationen. Trifft ein Thailänder jemanden aus seiner Heimatstadt, dann stellt er ihn einem Dritten vor als »my cousin«. Das hat nichts mit Vetternwirtschaft im klassischen Sinn zu tun: Man fühlt sich wirklich wie durch Blutsbande miteinander verbunden, und man hilft sich gegenseitig, so wie sich das für die Mitglieder einer erweiterten Familie nach asiatischem Verständnis eben auch gehört.

Dieses Denken in vernetzten Strukturen (statt in linearen Mustern wie ein Westler) ist in der breiten Bevölkerung Asiens durchgehend verbreitet, und es setzt sich nach oben fort. Auf der Ebene des Unternehmens wird es dann geschäftsrelevant: Man bleibt in seinem Kreis, soweit es geht, vor allem in Dingen wie Beschaffung, Vertrieb oder bei Firmenkooperationen. Wer da keinen Zugang hat, der kann sein Know-how wie Sauerbier andienen, es wird ihm niemand etwas davon abnehmen. Das heißt: Anschauen wird man es schon – aber nur um zu schauen, was man davon vielleicht verwerten oder selber machen könnte. Denn einer guten Idee ist es bekanntlich egal, wer sie hat.

Es genügt nicht, den asiatischen Vertriebsmann anzugehen und ihm von einem tollen Produkt zu erzählen. Das interessiert ihn nicht, oder höchstens insoweit, als er rausfinden will, ob er es vielleicht woanders billiger bekommen kann, am besten innerhalb seiner eigenen Gruppe. Verkaufen in Asien geht anders. Ich muss meinem Gegenüber meinen Respekt bekunden, ihn erkennen lassen, welche Bedeutung der für mich hat. Aus diesem Respekt heraus kann man sich dann vorsichtig annähern und fragen, ob es vielleicht vorstellbar wäre, dass wir miteinander ins Geschäft kommen. Oder gibt es vielleicht eine andere Gelegenheit, wo wir uns unterhalten können, vielleicht nicht im Büro, sondern beim Essen oder an der Pferderennbahn. Der Europäer sollte dem Asiaten das Gefühl geben, dass er ein Stück weit auch seine Hilfe sucht.

Eine Ehefrau ist nicht genug

Diesen Arbeitsstil mag folgendes Fallbeispiel verdeutlichen: Ein bayerisches Unternehmen, das Textilzubehör herstellt und damit in Europa und den USA sehr erfolgreich war, hatte Probleme mit seinem Vertrieb in Thailand. Nachdem sie bereits drei oder vier Jahre im Land tätig gewesen waren, kamen sie auf unser Beratungsunternehmen zu und baten um eine Analyse mit anschließender Strategieempfehlung.

Es stellte sich heraus, dass der Vertrieb bislang von einem nach Thailand entsandten technischen Mitarbeiter des Unternehmens gemacht wurde, der zufällig mit einer Thailänderin verheiratet war. Die Unternehmensleitung hatte etwas blauäugig zu ihm gesagt:»Du kennst ja unsere Produkte, und du hast ja deine Frau, die zeigt dir schon, wo's im Land langgeht.«

Dem Mann muss man zugutehalten, dass er selbst irgendwann zur Erkenntnis kam, dass es so nicht geht, und er war es auch, der letztlich den Berater einschaltete und fragte:»Was machen wir denn falsch?« Nur erwies er sich leider als völlig beratungsresistent.»Wir haben zwar keinen Erfolg, aber es gibt auch keinen Weg, Erfolg zu haben, denn wir machen alles richtig.« Etwa so lässt sich seine Haltung in den folgenden Strategiegesprächen beschreiben.

Er bestand darauf, dass die Produkte des Unternehmens nur über Know-how zu verkaufen seien. Die Ware selbst wäre ja am Ende austauschbar, das könne ein Chinese so gut herstellen wie ein Deutscher. Der Mehrwert seines Unternehmens bestehe in der Entwicklungserfahrung und in der weltweit einzigartigen Labortechnik, also in dem Wissen darum, wie man die richtige Mischung für jeden einzelnen Kunden hinbekommt. »Das ist unser Know-how, und das holen wir uns über den höheren Preis unserer Produkte wieder rein«, sagte er.

Was er nicht wusste, war, dass man in Deutschland durchaus qualifizierte Beratung anbieten und damit höhere Preise rechtfertigen kann. Sie wird sozusagen in das Produkt hineingerührt. Der europäische Kunde ist damit einverstanden, denn er ist es gewohnt, ein Produktpaket zu kaufen, zu dem auch qualifizierte Dienstleistungen wie Service und Beratung gehören.

In Asien funktioniert das leider nicht, denn die Asiaten denken anders. Für sie hat eine Ware ihren Preis, und der sollte möglichst genauso niedrig oder niedriger sein als der des chinesischen Konkurrenten. Unser Rat lautete also, beides voneinander zu trennen: Biete das nackte Produkt zu einem Preis an, wie er auf dem Weltmarkt üblich ist, und verlange extra für die Zusatzleistungen, auf die das Unternehmen so stolz ist.

Was der Mann außerdem nicht verstanden hatte, war, dass ihm sein ganzes Know-how nicht nutzte in einem Land, in dem es mehr auf das Know-who ankommt. Er war entrüstet über diese Unterstellung. Schließlich kenne er jeden einzelnen Kunden in Thailand und habe sie auch einzeln besucht. Trotzdem wollten sie nicht von ihm kaufen.

Die Saha-Gruppe ist eine der größten Firmenkomplexe in Thailand. Sie beschäftigt sich mit Herstellung, Verarbeitung und Vertrieb von Textilwaren. Ein alter Spruch in Thailand lautet: »Was du trägst, von Kopf bis Fuß, das kommt von Saha.« Die Gruppe investiert auch in Dinge wie Infrastruktur oder Industrieparks – und über alles wacht der alte Familiengründer höchstpersönlich.

Wir haben das schwäbische Unternehmen mit der Saha-Firmenleitung in Verbindung gebracht. Zu den Verhandlungen, die zwischen Vertretern des deutschen Unternehmens und der Betreiberfirma angesetzt waren, erschien ein älterer Herr, der im Gegensatz zu den anderen keine Visitenkarten anbot und sich auch gleich still in eine Ecke setzte. Es war natürlich der Firmenpatriarch, der lange zuhörte und nichts sagte. Erst als eigentlich alles besprochen war, meldete sich der Alte zu Wort und sagte:»Das klingt sehr interessant für uns. Wir würden uns gerne an der Firma beteiligen. Nicht mit viel, nur zehn oder 20 Prozent. Wir werden uns niemals operativ bei Ihnen einmischen. Sie bekommen das Land sogar etwas günstiger. Und wenn irgendein Unternehmen aus unserer Gruppe etwas benötigt, das Sie anzubieten haben, dann werden wir eine Empfehlung geben. Das ist gut für alle Beteiligten.«

Wer nicht mitmacht, hat schon verloren

Der Deutsche lehnte das Ansinnen nach kurzem Überlegen ab. Die Vorstellung, einem asiatischen Partner tiefen Einblick in seine Firmeninterna zu geben, war ihm zuwider. Dafür entging ihm die Chance, mit einem Schlag in eines der wichtigsten Beziehungsnetzwerke Thailands Eintritt zu bekommen – das Asienabenteuer wurde denn auch nach wenigen Jahren erfolglos beendet. Natürlich muss jeder Unternehmer eine solche Entscheidung genau abwägen. Aber das ändert nichts daran, dass Beziehungen gerade im Asiengeschäft das Wichtigste überhaupt sind.

Für das Unternehmen aus Bayern endete der Gang nach Thailand mit einem Fiasko. Man schleppte sich noch eine Weile weiter, besuchte fleißig potenzielle Kunden, erzählte ihnen lang und breit von dem wunderbaren Know-how, für das sie die kräftig überhöhten Preise bezahlen sollten, holte sich eine Abfuhr nach der anderen und zog sich zum Schluss enttäuscht zurück. Der Vertriebsleiter und seine hübsche thailändische Frau zogen wieder zurück ins kühle Deutschland und träumen vermutlich bis heute von tropischen Palmen, ewigem Sommer und der exotischen Küche im Land des Lächelns, das sie auch ab und zu noch besuchen – aber nur als Touristen.

Als globaler Mittelständler muss man jede sich bietende Gelegenheit am Schopf packen, um Teil eines Beziehungsnetzwerks zu werden. Szenen wie die soeben beschriebene spielen sich in Asien täglich ab, und in vielen Fällen bleibt dem globalen Mittelständler auch gar nichts anderes übrig, als sich auf solche Deals einzulassen. Viele Europäer tun sich schwer damit – weil sie aus einer anderen Welt kommen, in der »jeder für sich und Gott für uns alle« das Wirkungsprinzip ist. Die Asiaten sind da anders. Wer mit ihnen mitspielen will, muss sich anpassen. Der typische deutsche Mittelständler möchte nicht, dass ihm jemand reinreden kann – er hat einen unbändigen Willen zur Selbständigkeit. Die Frage ist aber, ob er damit in Asien sehr weit kommt. Dort kann es wichtiger sein, den Anschluss an ein Netzwerk zu suchen, um die erste große Hürde nehmen zu können, nämlich den Eintritt in den Binnenmarkt. Man sollte das vielleicht weniger als ein Joint Venture und mehr als eine Art Provisionsgeschäft verstehen: Verschaffe mir den Markt und dafür bekommst du Prozente an meiner Firma. Wobei der asiatische Partner in der Regel kein Interesse an der Mutterfirma in Deutschland hat, sondern lediglich an der Tochter vor Ort. So etwas lässt sich doch leicht verschmerzen.

Wenn man nicht versteht, dass der Partner diese Bereitschaft unter Umständen als entscheidend ansieht, dann wird man es in Asien wahrscheinlich schwer haben, gerade als kleines oder mittleres Unternehmen.

Anders sieht es natürlich aus, wenn man ohnehin nur in dem Land für den Export produzieren möchte, also gar kein Interesse an dem jeweiligen Binnenmarkt hat. Wer jedoch in einem Land vertreiben will, wie im Fall des hier beschriebenen Beratungskunden, wer also mit dem strategischen Ziel ansetzt, ein Vertriebsbüro zu eröffnen und in diesem Land die Kunden mit seinen Produkten zu erreichen, der darf das Know-who niemals unterschätzen – die Notwendigkeit, in die bestehenden Netzwerke einzudringen und sich persönliche Verbindungen zu verschaffen, von denen alles abhängt im innerasiatischen Geschäft.

Warum halten Deutsche nicht zusammen?

Deutsche in Asien denken da leider häufig anders. Neben Neid ist oft vor allem Schadenfreude unter den Mitgliedern der deutschen Gemeinden zu beobachten, nach dem Motto: Jeder gönnt dem anderen den Misserfolg von Herzen, weil man dann sagen kann: Der ist hier gescheitert und ich war erfolgreich. Andere Volksgruppen treten da anders auf. Chinesen in Thailand oder Malaysia kaufen nach Möglichkeit nur von anderen Japanern oder schustern sich gegenseitig Aufträge zu, weil sie wissen: Beim nächsten Mal bin ich dran!

Know-who statt Know-how erfordert ganz andere Kompetenzen und Vorgehensweisen. Das können sehr einfach Dinge sein: Sich ab und zu mit dem richtigen Einkäufer zu treffen, sich mit ihm über die Probleme seines Unternehmens zu unterhalten und die eine oder andere Lösung aufzeigen. Das muss nichts mit dem Produkt zu tun haben, um das es geht, sondern können ganze banale Dinge sein: ein organisatorisches Problem oder eine unangenehme Personalentscheidung, bei der man vielleicht irgendwie helfen kann. Es könnte auch ein persönliches Problem sein, zum Beispiel seiner Tochter zu helfen, ein Studentenvisum für Deutschland zu bekommen, oder ein guter Tipp für die Urlaubsreise nach Europa. Es sind Kleinigkeiten, aus denen gerade in Asien dichte Beziehungsnetze geknüpft werden. Natürlich muss man auch Know-how mitbringen, um verkaufen zu können. Aber das alleine genügt nicht.

Natürlich könnte ein deutscher Mittelständler versuchen, auf eigene Faust Kontakt zu den Netzwerken in seinem Zielland aufzubauen. Es ist nicht einmal besonders schwer herauszufinden, welche Netzwerke es gibt und wer an den entscheidenden Schlüsselstellen sitzt. Es ist nur schwer bis unmöglich, alleine reinzukommen. Man braucht jemanden, der einen empfiehlt. Man kann mit dem betreffenden Einkäufer reden, aber das führt in der Regel nicht weiter, weil die betreffenden Entscheidungen einige Hierarchiestufen höher fallen.

Deshalb genügt es nicht einfach, einfach mal beim Einkäufer eines asiatischen Unternehmens aufzukreuzen und zu glauben, dass man sofort mit ihm ins Geschäft kommt, nur weil man zufällig das richtige Produkt hat. Der Einkäufer muss sich nämlich mit seinem Chef besprechen, und der hat ganz andere Dinge, die ihn beschäftigen. Er will sein Netzwerk stärken, und er kauft deshalb bei Freunden. Er ist vielleicht bereits eingebunden in ein Guanxi und handelt deshalb stets nach dem Prinzip: Ich gebe dir heute was, dafür bekomme ich morgen etwas von dir. Einander helfen, aufeinander angewiesen sein – so funktionieren asiatische Netzwerke. Und wer nicht ein Teil davon ist, hat keine Chance, zum Zug zu kommen.

5 DER WURM MUSS DEM FISCH SCHMECKEN

Deutsche Produkte sind nicht überall auf der Welt verkäuflich: Ihnen eilt der Ruf voraus, zu teuer oder zu kompliziert zu sein. Aber was wollen Konsumenten in Asien wirklich? Und wie finde ich das als deutscher Unternehmer heraus? Wir spannen den Bogen von klassischer Marktforschung über konventionelle Messeauftritte bis zu modernem Social Marketing.

Der globale Mittelstand muss auch seine Grenzen und seine Möglichkeiten kennen. Er lebt nicht in erster Linie davon, Märkte zu machen, sondern davon, dass er in der Lage ist, Märkte zu erkennen. Großunternehmen wie Daimler oder Siemens können Märkte machen: Sie können mit ihrer Marketing-Power beim Kunden Bedarf wecken und sogar Trends auslösen. Der Mittelstand kann das nicht.

Umso mehr ist der Mittelständler darauf angewiesen, herauszubekommen, was die Kunden wirklich wollen. Die große Aufgabe für ein Unternehmen, das sich in Richtung globaler Mittelstand verändern und aufstellen möchte, besteht darin, zu versuchen, genau die Produkte und Dienstleistungen zur Verfügung zu stellen, die verlangt und benötigt werden. Andererseits: Wer am Markt vorbei produziert und anbietet, der darf sich auch nicht wundern, wenn ihn asiatische Kunden mit Missachtung strafen.

Deutsche Mittelklasseautos sind ein gutes Beispiel. Sie verkaufen sich in Asien durch die Bank ziemlich schlecht, während andererseits die teuren Luxuslimousinen von Mercedes, BMW oder Audi weggehen wie warme Semmeln. Warum?

Chef ist Chef – und ganz weit oben!

Dazu muss man wissen, dass Prestigedenken in Asien sehr viel weiter verbreitet ist als bei uns in Deutschland. Die Vorstellung eines »Primus inter Pares« – alle sind gleich, aber einer ist ein bisschen gleicher – ist ausgesprochen europäisch: Der Chef ist einer von uns, nur sitzt er ein bisschen höher und gibt den anderen Anweisungen, so wie der Fußballtrainer es mit seiner Mannschaft tut.

In Asien ist die Position des Chefs kulturell ganz anders besetzt. Er ist derjenige, der ganz weit oben sitzt und den man auf gar keinen Fall verärgern will, sondern den man ganz im Gegenteil schamlos hofiert in der Hoffnung, dass etwas für einen selber abfällt: kleine Gefälligkeiten, eine Beförderung, mehr Gehalt, was auch immer.

Das erklärt auch, warum deutsche Nobelfahrzeuge gerade in Asien solchen Anklang finden, obwohl sie bisweilen denkbar ungeeignet sind für den dichten Straßenverkehr und die von Schlaglöchern übersäten Landstraßen, wo man wahrscheinlich mit einem Geländewagen viel problemloser und komfortabler unterwegs wäre. Aber der Chef fährt Benz, so wie früher in Deutschland. In Thailand heißen die Autos aus Untertürkheim »Rod Ben« und sind damit zu einem festen Begriff geworden: »Rod« heißt Auto, und »Ben« ist die Abkürzung von Daimler-Benz. Zusammen bilden sie ein Synonym für das Beste vom Besten, was man als Auto kaufen kann. Deshalb kann ein solches Auto auch in einem vergleichsweise armen Land so erfolgreich sein, weil es bestimmte Ansprüche in dem Land hervorragend bedient. Der Besitzer möchte seine Stellung innerhalb der Hierarchie durch etwas Außergewöhnliches zur Schau stellen, und man nimmt ihm das nicht nur nicht übel, man lässt sich davon sogar beeindrucken. In dem Zusammenhang ist es interessant zu sehen, dass fast alle Autos, die in Bangkok durch die Straßen fahren, verdunkelte Scheiben haben, weil diese die stechenden Strahlen der tropischen Sonne abhält. Nur die Fahrzeuge von Mercedes sind grundsätzlich mit Klarglas ausgestattet. Schließlich sollen die anderen ja sehen, wer drin sitzt.

Weniger Erfolg haben dagegen Wagen der gehobenen deutschen Mittelklasse. Warum? Weil sie dieses Bedürfnis nach Prestige und Selbstdarstellung nicht wirklich befriedigen können, auf der anderen Seite aber für das normale Bedürfnis des Autofahrens in Thailand denkbar ungeeignet sind – sie sind zu groß, zu kompliziert zu bedienen und letztlich auch zu teuer. Sie stecken voll Elektronik, die erschütterungsempfindlich ist und deshalb ungeeignet für eine Fahrt über Land in irgendeinem südostasiatischen Land. Deutsche Mittelklassewagen sind in Asien oft mit Tempomaten ausgestattet, die aber niemand in Asien braucht, weil es nirgendwo eine Möglichkeit gibt, länger als ein paar Minuten am Stück schnell zu fahren, bevor es den nächsten Stau gibt und ich erst einmal stehe.

Pick-ups mit Luxusausstattung

Was der Asiate von seinem Auto verlangt, ist, dass er damit vom Highway runter über den Acker zur nächsten Landstraße fahren kann, wenn es mal nicht weitergeht. Da ist deutsche Technologie einfach überfordert, da ist stattdessen der Pick-up von Toyota gefragt. Warum haben solche Kleintransporter in Südostasien einen Marktanteil von weit mehr als 50 Prozent? Nicht weil die Leute damit etwas transportieren wollen, sondern weil die Dinger unverwüstlich sind und universell eingesetzt werden können. Selbst der Unternehmer fährt einen Pick-up – aber nur privat. Zum Geschäftstermin lässt er sich in seinem Rod Ben mit Chauffeur kutschieren.

Wenn man mal einen Blick in einen dieser Pick-ups wirft, dann wird man häufig zu seiner Überraschung feststellen, dass sie sehr, sehr luxuriös ausgestattet sein können mit Ledersitzen und Fernseher. Das ist für den Asiaten wichtig – wichtiger als hoch entwickelte Technik, die er als überflüssige Spielerei empfindet (und wer weiß, vielleicht hat er in vielen Fällen sogar recht …).

Das Beispiel ist stellvertretend für viele, die alle letztlich auf das Gleiche hinauslaufen: Deutsche Hersteller haben ein Problem damit, zu vereinfachen. Einer unserer Partner im Sanet-Beraternetzwerk, der Werkzeuge für zahlreiche deutsche Unternehmen herstellt, sagte kürzlich im Gespräch:»Wenn ich daran denke, mit welchen Ansprüchen deutsche Ingenieure selbst bei einfacher Aufgabenstellung an Werkzeugkonstruktionen herangehen, dann wird mir ganz schwindelig. Aber wenn ich zu ihnen gehe und sie bitte, es ein bisschen einfacher zu machen, dann winken sie mich weg und sagen, das geht gar nicht, das ist Stand der Technik.«

Nehmen wir zum Beispiel an, ein deutscher Ingenieur will ein Werkzeug konstruieren, dessen Funktionen eigentlich ganz einfach sind: Es soll auseinanderfahren, zusammenfahren, das Teil fällt raus, es muss nicht mehr nachgearbeitet werden, es gleitet auf ein Band, wird hinten automatisch verpackt und verschickt. Dafür kostet das Werkzeug 500.000 Euro. Der Asiate macht ein Werkzeug, das kostet 200.000. Wenn das Teil rausfällt, muss einer nebendran stehen und es auffangen, entgraten, polieren und in den Karton setzen. Das ist viel weniger effektiv – aber beim Lohnniveau in Asien würde es Jahrzehnte dauern, bis sich die Preisdifferenz amortisiert. Bis dahin ist das Werkzeug längst ausgemustert und durch ein neues ersetzt.

Die Konsequenz aus dem Gesagten kann natürlich nicht sein, dass wir unsere Ingenieure künftig schlechter ausbilden müssen, damit sie schlechtere Produkte entwickeln. Sie lautet vielmehr: Wir müssen unsere Intelligenz und unser Fachwissen dazu nutzen, zu sagen, wo man vielleicht Ansprüche herunterfahren kann, um sie dem tatsächlichen Bedarf im Zielland anzupassen. Wo müssen wir Dinge vereinfachen, und wo sind Anwendungen nicht für den Markt angemessen, in dem ich bin? Es ist unerheblich, ob es dem Ingenieur gefällt, wenn alles schön ins Töpfchen fällt und von dort per Fließband weitergeleitet wird. Wenn es aber billiger ist, das Ganze von ungelernten vietnamesischen oder malaysischen Arbeitern nach alter Väter Sitte von Hand machen zu lassen, dann bitte sehr: Baut Maschinen, mit denen die dort umgehen können! Es ist schön, wenn ein deutscher Mittelklassewagen mit Antischlupfregelung ausgestattet ist und die Räder deshalb auf Glatteis nicht durchdrehen, aber wenn ich das Auto in einem Land verkaufen will, in dem es niemals Eis und Schnee gibt, dann könnte man doch auch daran denken, es wegzulassen, wenn das Auto billiger und dadurch auch wettbewerbsfähiger wäre. Ich brauche Räder und Achsen, die so stabil sind, dass ich keine Angst haben muss, damit durch das nächste Schlagloch auf einer thailändischen Landstraße zu donnern. Die Anpassung an die Märkte kann zumindest in bestimmten Märkten immer noch heißen: vereinfachen. Dann schmeckt der Wurm – sprich das Produkt – auch dem Fisch – und nicht unbedingt dem Angler. Und darauf kommt es an, wenn man als globaler Mittelständler Erfolg in Asien haben will.

Ganz schön bunt!

Immer wieder findet man Broschüren deutscher Unternehmen, die vornehm und zurückhaltend gestaltet und getextet sind. »Nicht zu bunt«, hat der Chef wohl zu seinem Grafiker gesagt, und der hat sich daran gehalten. Aber Asiaten mögen es nun mal bunt! Mit einer grafisch sauberen Broschüre in deutschem Stil lockt man in Bangkok, Bangalore oder Bandung keinen Hund hinter dem Ofen hervor. Asiaten wollen Golddruck sehen, viele Bilder und Schriften und auch mal eine knallrote Unterstreichung. Wenn wir Zentraleuropäer drauf schauen, kommt uns das kalte Grausen, aber darauf kommt es nicht an: Der Wurm muss eben dem Fisch schmecken!

Das vergessen wir viel zu oft. Wir wollen am liebsten uns selbst so zurückhaltend und vornehm darstellen, wie wir uns sehen, und unsere Produkte finden wir ohnehin hervorragend, und das muss einer doch sehen, ohne dass wir ihn marktschreierisch darauf aufmerksam machen müssen. Aber wir fragen nicht: Was kommt bei denen da drüben an und was brauchen die wirklich? Das hat natürlich auch mit Marktnähe zu tun, und die kann ich nur haben, wenn ich vor Ort bin und mich auskenne.

Wenn ich nicht mit den Entscheidern in Kontakt bin, die meine Produkte kaufen sollen, wie soll ich sie dann verstehen? Dagegen helfen nur zwei Dinge: unsere viel zitierte »Cultural Intelligence« sowie eine direkte Präsenz vor Ort. Beides ist durch nichts zu ersetzen, und beides sind kritische Erfolgsfaktoren im globalen Mittelstand.

Weniger ist oft mehr

Zur Präsenz gehört auch, dass man sein Produkt in der Umgebung erlebt, in der es eingesetzt werden soll. Es wäre für einen Manager bei BMW sicher nützlich, wenn er mal mit einem seiner Autos selbst im Land herumfährt und erlebt, wie es ist, sich im dichten Getümmel der Straßen einer chinesischen Großstadt oder über eine Landstraße zweiter Ordnung im vietnamesischen Hochland zu bewegen. Das wird ihn womöglich die Kunst des Weglassens lehren, denn in Asien gilt oft das alte Motto: Weniger ist mehr!

Nehmen wir zum Beispiel einen deutschen Spezialisten für Lagertechnik, der nach Asien will. Der ist es gewohnt, komplizierte Automatisierung, Picking-Systeme, redundante, retrograde und Gott weiß welche anderen Systeme zu verkaufen. Aber solche Produkte lassen sich nun mal nur in Ländern absetzen, die über eine hoch entwickelte Wirtschaft verfügen. Das mag beispielsweise in Thailand noch der Fall sein, wo man es häufig mit wirklich hochmodernen Unternehmen zu tun hat, die sich an internationalen Maßstäben messen lassen. Aber wenn ich nach Vietnam oder Laos gehe, brauche ich Paletten, Ameisen, Steinböcke – alles stinknormale Dinge, die bei uns längst selbstverständlich sind. Dort hat man es aber mit einem Land zu tun, bei dem die Wirtschaft erst im Aufbau ist und wo noch einfachste Grundausstattung fehlt. Teure Importe kann man sich dort nicht leisten. Aber warum sollte ein deutscher Mittelständler nicht gerade dort investieren, den lokalen Markt bedienen und das eine oder andere einfache Gerät sogar nach Hause verkaufen? Dort wird so etwas auch noch gebraucht, und wenn es im Handwerk ist. Diese Dinge muss ich herausfinden: Wo sind die echten Bedürfnisse und wie kann ich sie befriedigen?

 FALLBEISPIEL RHÖNSPRUDEL

Mit Halal-Cola zum Erfolg

Daraus können sich plötzlich riesige Geschäftschancen ergeben, wie etwa das Beispiel der Firma RhönSprudel aus Ebersburg-Weyhers, ein familiengeführtes Mineralbrunnenunternehmen, das seit 1781 stolz auf seine Innovationskraft ist. Dort hatte man eine wunderbare Idee, die man gleich mit einem Partner verwirklichte: Halal-Cola! Dazu muss man wissen, dass es strenggläubigen Moslems nur gestattet ist, Lebensmittel zu sich zu nehmen, die nach dem islamischen Reinheitsgebot, der sogenannten »Halal«, hergestellt sind, ähnlich wie die Juden, deren Essen »koscher« sein muss. Erfrischungstränke, die mit Rohr- oder Rübenzucker hergestellt werden, sind nach Halal verboten. Also kam man bei RhönSprudel gemeinsam mit einem Partner auf die Idee, Feigenzucker statt Zuckersirup als Süßstoff zu nehmen – und die Imame in den muslimischen Ländern werden es zu schätzen wissen. Jetzt laufen die Geschäfte dort blendend. Kein Wunder bei 25 Millionen muslimischen Cola-Trinkern zum Beispiel in Malaysia oder gar 250 Millionen in Indonesien. Da sieht man, welche Gelegenheiten sich durch eine Mischung aus Präsenz und Kreativität auch für einen mittelständischen Traditionsbetrieb aus dem hessischen Mittelgebirge bieten können.

Die erste Investition muss in Wissen und Verstehen des Marktes gehen. Erst wenn man genug darüber weiß, kann man in Maschinen oder Vertrieb oder sonst etwas investieren. Ohne Verstehen von Markt, Menschen und Bedürfnissen ist jede Investition am Ende ein Lotteriespiel. Und dann kann ich mir eben auch wieder ein Los kaufen in der Hoffnung auf wirtschaftlichen Erfolg. ∎

6 EXPORT WAR GESTERN, PRÄSENZ IST HEUTE

Ohne Präsenz gibt es keinen globalen Erfolg. Der deutsche Mittelstand muss wissen, dass vom Schreibtisch der Schwäbischen Alb aus Weltmärkte nicht mehr zu erobern sind. Aber wie baue ich Präsenz auf? Wie werde ich durch Partner präsent und mit welchen Produkten oder Dienstleistungen wird meine Präsenz auch wertvoll für die neuen Märkte? Nur professionelles Vorgehen schützt vor dem Scheitern.

Dass erfolgreich sein in Asien auch mit Präsenz vor Ort verbunden ist, versteht sich von selbst. Die Frage ist: Wie viel Präsenz und was für eine? Und wie bereite ich sie professionell vor?

Zwischen Berlin und Beijing liegen nicht nur Welten, sondern auch, ganz praktisch, rund 12.000 Kilometer. Die Flugzeit beträgt jedes Mal rund zehn Stunden, da überlegt man sich als Mittelständler schon, ob es nicht auch eine Alternative zur Vielfliegerei gibt. Darauf gibt es zwei Antworten: eine lokale Repräsentanz und das Internet.

Der Weg nach Osten verläuft für viele deutsche Herstellerfirmen traditionell gleich: Steht der Entschluss erst mal fest, setzt sich der Chef oder der Vertriebsleiter in die Maschine und jettet gen Osten, wo er einen kleinen Stand auf einer großen Fachmesse bucht und dort ein kleines weißes Schild aufstellt:»Looking for Agent«. Natürlich laufen jede Menge Agenten dort herum, die »Looking for Company« auf ihrer Karte stehen haben – aber ob das nun gerade die tollsten Verkaufsprofis sind, darf ruhig bezweifelt werden. Die guten Agenten haben schließlich schon genug zu tun. Sie haben Firmen, die sie vertreten, und die guten Firmen haben schon die guten Agenten aufgeschnappt und unter Vertrag genommen. Die laufen also schon fast definitionsgemäß nicht auf Messen herum und verteilen Visitenkarten.

Gefangen in der Todesspirale

Das heißt im Klartext: Auf solchen Messen treffen meisten zwei potenzielle Verlierer aufeinander, die beide noch auf den Erfolg warten, sind aber glücklich, dass sie sich gefunden haben. Der Deutsche geht nach Hause und erzählt am Stammtisch: »Das war ein netter Kerl, und wir haben auch toll miteinander zu Abend gegessen. Er ist ja Einheimischer und scheint sich in der Branche ganz gut auszukennen.« Der Deutsche unterschreibt einen Vertrag, fliegt zur Büroeröffnung noch mal zehn Stunden hin und zehn Stunden zurück, dann wartet er ab. Im ersten Jahr läuft ja ohnehin noch nicht viel, aber das kann es ja auch noch gar nicht. Im zweiten Jahr läuft nicht viel mehr, aber der deutsche Unternehmer sagt: »Ihn jetzt rauszuschmeißen wäre schlecht, da verliere ich alles, was er aufgebaut hat.« Und irgendwann sitzt der Unternehmer da, gefangen in der wirtschaftlichen Todesspirale: Der Wettbewerb hat sich inzwischen die Tauben vom Dach geholt und er hadert mit seinem Agenten.

Schlimmer noch geht es aus, wenn nicht nur der falsche Partner gewählt, sondern sogar die Investition ohne professionelle Vorbereitung getroffen wurde. Die Anlaufverluste haben kein Ende, steigen und steigen und drohen irgendwann mal, die eigene Kapitaldecke daheim anzuknabbern. Die Banken fangen an zu drängen, der Unternehmer schläft erst schlecht, dann gar nicht mehr, und irgendwann zieht er die Reißleine, macht den Laden wieder dicht und fängt an, seine Wunden zu lecken.

Vielleicht wäre es hilfreich zu sehen, wie es andere machen. Die Japaner, zum Beispiel, sind in der Regel richtige Profis, wenn es darum geht, sich in China oder Südostasien niederzulassen. Sie suchen sich meistens gezielt die stärksten Partner vor Ort aus und scheuen sich auch nicht, am Anfang Geld für Marktforschung und Standortanalyse auszugeben. Japaner sind Paradebeispiele dafür, wie so eine Auslandsinvestition idealerweise ablaufen sollte.

Eine Lehre daraus ist, dass es in jedem Fall nicht reicht, seinen Key Account Manager oder Exportleiter vier- oder fünfmal durch die Welt jetten zu lassen, um Präsenz zu zeigen. Sicher, wenn man keine eigene Organisation aufbauen will, ist so ein Mann allemal notwendig. Wenn es aber darum geht, den richtigen Vertriebspartner im Land zu finden, ist er alleine überfordert und jedenfalls auf Glück angewiesen. Wo soll er es denn auch her wissen? Er kann die landesinternen Netzwerke und den Zugang zu ihnen kaum kennen. Selbst wenn er einen Hinweis auf einen wirklich guten Partner erhält, muss er schnell einen Termin machen, aber mach das mal in Asien! Der eine ist auf Reisen, der andere steckt im Stau und der dritte erweist sich im Gespräch als nicht für die Entscheidung verantwortlich. Selbst eine Reise von 14 Tagen ist dann im Nu vorbei und kostet übrigens auch eine Menge Geld.

Gut vorbereitet ist besser als gut verhandelt

Um die richtige Vertretung zu finden, muss man erst einmal selbst wissen, was man will. Man muss über die Stärken und Schwächen der eigenen Produkte auch für andere Marktgegebenheiten nachdenken. Die Anforderungen an den Wunschpartner müssen definiert sein. Muss er ein Lager haben? Wo im Land sollte er vertreten sein? Hat er ein Serviceteam, genug Kapital und sprechen seine Mitarbeiter englisch? Wie wichtig wollen wir für ihn sein, sollten wir also eine seiner größten Vertretungen sein oder sind wir dazu selbst noch zu schwach mit unseren Sortimenten, sodass wir uns eher auf eine der ganz großen Vertriebsorganisationen im Land verlassen? Der lokale Handelsvertreter muss bestimmte Voraussetzungen erfüllen: ein ausreichend großes Lager, ein Team von Servicekräften, die ständig unterwegs sind zu den Kunden, erfahrene Vertriebsleute, die ordentlich beraten können. Bieten wir ihm und seinem Team Schulungen und Warenmuster?

Zeit nehmen zum Nachdenken

Das alles muss vorher zum Beispiel in einem Workshop zwischen dem Projektverantwortlichen und der Führung im Unternehmen vereinbart werden. Da muss man eben mal einen ganzen Tag oder länger zusammensitzen und überlegen, wohin man will und wie man am besten dorthin kommt. Ein solches Brainstorming ist übrigens auch für den Unternehmer selbst meistens sehr hilfreich, denn es gibt ihm Gelegenheit, sich jenseits der Ablenkungen des Tagesgeschäfts wieder einmal grundsätzlich Gedanken über seine Firma und ihre Ausrichtung zu machen. Den Nutzen haben dann alle im Unternehmen, die in Asien und die daheim in Deutschland.

Ohne fremde Hilfe ist das alles kaum möglich. Und damit schlägt dann die Stunde des externen Beraters (siehe Kapitel 8:»Nicht ohne meinen Berater«). Da macht es allerdings wenig Sinn, sich einen vielleicht in Erfurt oder Ehingen ansässigen»Experten« zu holen. Das ist eher einer, der schon lange vor Ort sitzt, und der im Auftrag des deutschen Unternehmers rausgehen kann und schauen, wer als Partner infrage kommt, wie man an diese Leute herankommt und wie man mit einheimischen Kunden am besten ins Geschäft kommt. Er sollte idealerweise selber gut vernetzt sein, also die wichtigsten Verbandsfunktionäre, Industrieverbände, Behörden und Anwaltskanzleien kennen, die auf die Unterstützung von deutschen Unternehmen im jeweiligen Land spezialisiert sind. Er sollte Zugang zu den wichtigsten Familienclans haben oder zumindest wissen, wen man anrufen kann und muss, um sich einen solchen Zugang zu verschaffen. Und er sollte möglichst über ein eigenes Team von einheimischen Mitarbeitern verfügen, die die Landessprache sprechen, die im Auftrag des Unternehmers Messen besuchen und in der Lage sind, per Internetrecherche anstehende Fragen schnell und umfassend zu beantworten.

So ein Berater kann nach dem Workshop mit möglichen Kandidaten vor Ort in Asien schon vorab ein Qualifizierungsgespräch führen oder vielleicht einmal als»Kunde mit einem größeren Auftrag« auftreten, um ein Gespür dafür zu bekommen, wie professionell der mögliche Partner arbeitet. Nach Abschluss dieses Sichtungsprozesses sollte er seinem deutschen Auftraggeber eine Liste mit 15 bis 20 Firmen vorlegen mit genauen Profilen sowie einer Empfehlung, welche drei oder vier davon infrage kommen, nun direkt mit ihnen zu verhandeln.

Damit ist der Unternehmer in der Lage, in möglichst kurzer Zeit die richtige Entscheidung zu treffen. Denn wie gesagt: Jede Reise nach Asien ist lang und zeitraubend, da sollte man ihre Zahl auf ein Mindestmaß reduzieren. Und der Berater vor Ort kann seine Termine über einen ganzen Monat verteilen, wenn es anders nicht möglich ist, ohne dabei Zeit und Geld zu verlieren. Er lebt ja vor Ort und hat zwischendurch auch anderes zu tun.

Ohne eine solche gründliche Vorbereitung kann das Abenteuer Asiengeschäft leicht zum Blindflug werden. Leider sind nicht alle Mittelständler bereit, die notwendige Investition in Vorwissen aufzubringen – und landen deshalb allzu häufig auf der Nase. Es geht darum, den Zufall auszuschließen.

In Wissen investieren

Der deutsche Mittelstand (aber nicht nur der!) macht bisweilen einen großen Fehler: Es wird am Anfang gespart, nämlich an sauberer, belastbarer, systematischer Information, dafür ist man schnell bereit, für die Umsetzung »eben einmal Geld – und oft sehr viel – in die Hand zu nehmen«. Klüger ist es, das finanzielle Risiko mit dem Wissen wachsen zu lassen. Lieber am Anfang nur 15.000 oder 20.000 Euro in die Hand nehmen und eine Machbarkeitsstudie erstellen lassen, die mir sagt, ob ich meine Produkte überhaupt in den betroffenen Ländern verkaufen darf oder ob es gar nicht dorthin passt. Da kann es natürlich passieren, dass am Ende herauskommt, dass man lieber die Finger davon lassen sollte. Dann sind die 20.000 Euro weg – aber es sind keine Hunderttausende! Wenn ich dann mehr weiß und sagen kann, mein Produkt ist für dieses oder jenes Land geeignet, dann kommt die nächste Frage: Kaufe ich mir gleich Land, oder miete ich erst mal für zwei oder drei Jahre eine »Mini Factory«. Wenn es schiefgeht, habe ich dann das Land am Hals oder in China einen Leasingvertrag über 30 Jahre. Will ich das wirklich?

Präsenz heißt, sich zu präsentieren

Das folgende Beispiel mag das Problem der »alten Exporteure« im Mittelstand verdeutlichen, der Dominanz Vorrang vor der Präsenz zu geben. Der Autor dieser Zeilen begleitete den Exportleiter eines großen deutschen Gartenbedarfsherstellers nach Japan, um mit dessen Importeur zu verhandeln. Der deutsche Marktführer erklärte dem Japaner mindestens zwei Stunden lang, wie das Ganze zu laufen habe: »First you must do this, and then you must do that.« Ob Präsentation der Ware, Preisgefüge oder Handelsmargen, alles schrieb der stolze Exporteur dem »Partner« vor. Der Japaner hörte geduldig zu und nickte auch bisweilen höflich lächelnd.

Der Typ hat ihn später nach allen Regeln der Kunst ausgenommen, indem er alle Produkte, die der Deutsche ihm »exklusiv« für Asien gegeben hatte, in einer anderen Farbe nachbauen ließ und das Zehnfache auf eigene Rechnung davon verkaufte. Das deutsche Unternehmen ist also gescheitert, weil es gar nicht erst zu einer Vertrauensbeziehung kam, sondern weil der Asiate sein Gegenüber als deutschen Schlauberger empfunden hat – und damit als freie Beute.

In Asien ist man Außenseiter

Ein Grund für solches leider viel zu häufig zu beobachtende Fehlverhalten ist, dass es in Europa ja jahrelang funktioniert hat. Der überheblich auftretende deutsche Manager war zwar gefürchtet, aber am Ende des Tages war er der Stärkere. In Asien sieht die Sache anders aus, da ist die Konkurrenz größer, das deutsche Unternehmen ist nicht Platzhirsch, sondern Außenseiter.

Damit zeigt sich ein wesentliches Unterscheidungsmerkmal zwischen altem Mittelstand und dem neuen globalen Mittelstand: Der eine will so weitermachen wie bisher und verlangt von seinen Geschäftspartnern in Asien, dass sie sich ihm anpassen. Der globale Mittelstand hat begriffen, dass er derjenige ist, der sich anpassen muss.

FALLBEISPIEL SIEBENWURST

Deutscher Service – in Asien gefragt

Und darum geht es natürlich auch am Ende des Tages. Ein gutes Beispiel dafür, wie man es richtig macht, ist die Christian Karl Siebenwurst GmbH & Co. KG, ein führender deutscher Modell- und Formenbauer aus dem bayerischen Altmühltal. Es handelt sich um ein eigentlich – zumindest wenn es um die Qualität seiner Produkte geht – durchaus konservatives deutsches Mittelstandsunternehmen, dessen Wurzeln bis in das Jahr 1897 zurückreichen. Heute ist man auf Gießereimodelle aus Holz, Stahl, Aluminium und Kunststoff spezialisiert, die vorwiegend von der Autoindustrie genutzt werden.

Gar nicht mehr konservativ ist die Siebenwurst-Gruppe allerdings, wenn es um die Sicherung der Zukunft geht. Eigentlich hätte man nämlich 2008 zufrieden sein können. Die Umsatzentwicklung war in Ordnung, die Verbindung zu den großen Marken der deutschen Automobilbranche waren gut und auch bei den sogenannten »Tier One Suppliers«, also den großen Lieferanten der Autobauer, war man gut im Geschäft. Und doch sagte Christian und Roland Leonhard Siebenwurst, die heute gemeinsam mit ihrem Vater Christian Karl die Geschäfte leiten, der unternehmerische Instinkt, dass sie nicht einfach so weitermachen konnten wie bisher.

Die Autoindustrie war im Umbruch. Alle sprachen von Überkapazitäten, und in der ganzen Welt entstanden dennoch neue Fabriken. Werkzeugbauer gab es in China auch genug. Die Sorge war also berechtigt, dass Wettbewerber aus Fernost bald in den europäischen Markt eindringen. Man entschied sich zum Gegenangriff.

Doch einfach nur Formen nach Asien zu liefern war nicht so einfach. Auf einen Preiskrieg mit den Chinesen konnte und wollte sich die Firma Siebenwurst nicht einlassen. Also besann man sich auf ein »Produkt«, das gerade in China Erfolg versprach und gleichzeitig schnelle Präsenz garantierte.

Das größte Problem nicht nur für Autobauer ist es nämlich, wenn plötzlich Teile fehlen und die Bänder stillstehen. Hohe Konventionalstrafen für den säumigen Lieferanten stehen dann an. Häufig sind die Werkzeuge für die Herstellung von Spritzguss- oder Metallteilen daran schuld. Siebenwurst verfügt über jahrzehntelange Erfahrung und kennt die kleinen Kniffe, mit denen man ein Werkzeug länger produktiv und haltbar macht. Hier setzte das Konzept von Siebenwurst, genannt »Tool Doctor« an: Wenn man es schaffen würde, dem Kunden in dieser Situation blitzschnell zu helfen, dann wäre dies ein enormer Vorteil nicht nur für den Kunden, sondern auch für Siebenwurst entstünde ein interessantes Zusatzgeschäft. Obendrein rückt man so noch näher an die Produktion und die Abläufe der Kunden heran und lernt nebenbei die Stärken und Schwächen von Wettbewerbsprodukten kennen.

Dieses Konzept auf China und vielleicht ganz Asien zu übertragen, das würde sichtbare Präsenz und einen starken Markteintritt garantieren.

Umsetzung dauert etwas länger

Die Idee war schnell geboren, die Umsetzung aber bedurfte gründlicher Vorbereitung. Zunächst besuchte Vertriebsdirektor und Projektleiter Christian Walter eine Reihe von Informationsforen des Asien-Pazifik-Forums. Gemeinsam mit dem Beratungspartner Sanet hielt man dann einen mehrtägigen Workshop ab, an dem die Firmenchefs persönlich teilnahmen. Asien nämlich ist Chefsache, auch das verstand man.

Der Workshop wurde so zur Strategiesitzung. Die Tool Doctors, so entschied man nach eingehender Diskussion, sollten auch in China zur Speerspitze des Markteintritts werden. Probleme mit Werkzeugen und Formen, darüber war man sich einig, müssten aufgrund der geringeren Erfahrung und des geringeren Qualitätsbewusstseins chinesischer Werkzeugbauer dort noch häufiger zu Störungen führen als in Deutschland.

Innerhalb von sechs Monaten nach Abschluss des Workshops stand eine Holding in Hongkong, der erste Servicestandort in Schanghai wurde Anfang 2011 eröffnet. Die Tool Doctors in China sind deutsche Spezialisten mit einem chinesischen Team, die in voll ausgerüsteten Servicefahrzeugen alles mit sich führen, was zur Reparatur vor Ort notwendig ist – nicht nur von Werkzeugen übrigens, die von Siebenwurst geliefert wurden: Rund 80 Prozent aller Wartungs-, Instandhaltungs- und Reparaturaufträge betreffen Werkzeuge, die nicht aus der eigenen Produktion stammen. Die Rechnung der Mittelständler aus Oberbayern ging also voll auf: Deutscher Service und deutsches Know-how sind auch in Fernost gefragt.

Inzwischen sind bei Siebenwurst drei weitere Servicestationen in den Kernregionen der chinesischen Werkzeugindustrie in Planung und zum Teil im Aufbau. Für die deutschen Kundenunternehmen in Asien ist Siebenwurst damit natürlich wichtiger geworden. »Wir sind für Sie da, wo immer wir gebraucht werden«, bringt es Projektchef Christian Walter auf den Punkt.

Und so schreibt Siebenwurst gerade eine neue Erfolgsgeschichte des neuen globalen Mittelstands in Deutschland. Die Erfolgskriterien sind klar. Am Beginn steht die unternehmerische Entscheidung, Präsenz in neuen Märkten zu schaffen. Das zweite Kriterium heißt Sorgfalt bei der Auswahl und dann die Inanspruchnahme guter Beratung. Wer in den Dschungel geht, muss darauf achten, mit wem. Erfahrung vor Ort und die richtige Chemie zwischen den Entscheidern auf beiden Seiten ist unerlässlich. Am Ende steht das Commitment, in diesen Märkten auch zu investieren und heimisch zu werden. Das macht den globalen Mittelstand aus. ∎

7 MIT EINEM MAUSKLICK NACH ASIEN

Die Internetverbreitung in Asien ist häufig viel höher als bei uns. Der deutsche Unternehmer muss die Vorteile der modernen Telekommunikation konsequent nutzen, um die Distanz zu seinen Märkten zu verkürzen. Dazu gehören vor allem Videotechnologie und Telepräsenz, mit denen sich die Frequenz der wichtigen zwischenmenschlichen Kontakte ohne viel Aufwand und Reisekosten erhöhen lässt.

Der junge Mann am anderen Ende der Leitung hat sich heute Morgen schlecht rasiert. Die Stoppeln unter seinem Kinn sind deutlich zu sehen. Er muss es wohl eilig gehabt haben, zu seinem Meeting zu kommen. Er sitzt übrigens in Bangkok, aber in München ist jedes Detail in seinem Gesicht deutlich zu erkennen, genau als säße er auf der anderen Seite des Konferenztischs. »Schon erstaunlich, was die Technik heute alles kann«, sagt Kay Ohse. Er ist Verkaufsleiter bei Polycom, einem weltweiten Anbieter von sogenannten »Telepräsenz«-Systemen, die so viel kosten wie eine Doppelhaushälfte. Dafür können sie einem das Gefühl geben, als säße man seinem Gegenüber am anderen Ende der Welt wirklich Auge in Auge gegenüber.

Polycom verdient recht gut mit solchen Superanlagen, die meistens in den Boardrooms großer Konzerne stehen oder in speziellen Telepräsenzstudios bei der Deutschen Telekom oder anderen Kommunikationsanbietern. Dort kann man sie auch stundenweise mieten, hat aber den Nachteil, dass man sich ins Auto setzen und hinfahren muss. Immer noch besser als zehn Stunden nach Bangkok fliegen, mag sich mancher Mittelständler sagen. Aber es gibt zum Glück noch eine Alternative. »Für den Mittelstand ist Telepräsenz im Moment nicht das Thema«, gibt Kay Ohse zu. Dafür boomt der Markt für Videokonferenzsysteme. Die sind etwas kleiner und einfacher, sie stehen auch meistens bei den Unternehmen selbst, aber sie sind genauso effektiv, wenn es darum geht, die Kommunikationsqualität zu erhöhen. Gerade im Umgang mit asiatischen Geschäftspartnern mit ihren oft undurchdringlichen Mienen und ihrer ungewohnten Köpersprache (siehe Kapitel 3: »Die Eiche im Bambuswald«) ist es erfahrungsgemäß von besonderem Vorteil, wenn man neben der Stimme auch den Gesichtsausdruck und die Mimik des anderen verfolgen kann.

Alternative zur Geschäftsreise

Es gibt aber noch einen anderen Grund, warum gerade der globale Mittelstand dringend auf die Hilfe moderner Technik zurückgreifen muss: die Kosten. Denn Reisen ist nun mal teuer: 47 Milliarden Euro haben deutsche Firmen 2008 für insgesamt mehr als 163 Millionen Geschäftsreisen ausgegeben, behauptet der Verband Deutsches Reisemanagement (VDR). Im Durchschnitt 135 Euro kostete jeder Reisetag innerhalb von Deutschland die Firma – in Asien kann man diesen Betrag gut und gerne verdoppeln. »Die Substitution von Geschäftsreisen durch Video-, Web- und Telefonkonferenzen legt signifikant zu«, heißt es in einer Analyse des Verbands. Sein Fazit: »Die Telekommunikation ist eine maßgebliche Alternative zur Geschäftsreise.«

Auch für Guido Sommer, Vertriebschef der deutschen Niederlassung des Netzwerkriesen Cisco, ist »jede Minute Reisen vergeudete Zeit«. Er gibt allerdings auch zu, dass Videokonferenzen nicht immer das persönliche Gespräch ersetzen, aber es mache viele Reisen überflüssig. Vor vier Jahren ist seine Firma groß ins Geschäft mit der Bewegtbildkommunikation eingestiegen und inzwischen zum Marktführer aufgestiegen. Außerdem ist Cisco selbst einer der weltgrößten Anwender von Videokonferenztechnik. 269 eigene Studios betreibt der Konzern in 36 Ländern, Cisco-Mitarbeiter saßen in 144.000 virtuellen Meetings, und Sommer rechnet vor, dass 27.000 Geschäftsreisen gar nicht erst angetreten worden sind, was seinem Unternehmen rund 118 Millionen Dollar gespart habe.

Fast genauso wichtig, so Sommer, sei aber eine andere Zahl: 27 Millionen Kubikmeter des Klimagases CO_2 seien dadurch vermieden worden, weil die Mitarbeiter des Unternehmens auf Geschäftsreisen mit Auto oder Flugzeug verzichtet haben. Das entspricht der Abgasmenge von mehr als 10.000 Autos im Jahr.

Kunden kaufen lieber bei »grünen« Unternehmen

Solche Argumente überzeugen nicht nur große multinationale Konzerne. »Klimaschutz ist für uns sehr wichtig«, behauptet zum Beispiel Harald Füssinger, IT-Chef der 1983 gegründeten Wenglor Sensoric GmbH in Tettnang am Bodensee. Der Spezialist für Optoelektronik beliefert rund 50.000 Kunden mit Barcodescannern, Sicherheitssensoren und Bildverarbeitungssystemen. Am Firmensitz und in Niederlassungen in China und den USA arbeiten mehr als 500 Fachleute, die sich ständig und intensiv über Produkte und Entwicklungen austauschen müssen. Außerdem mussten Mitarbeiter früher mehrmals im Jahr in die Firmenzentrale reisen, um Schulungen zu besuchen. Heute findet das Training fast nur noch über das hauseigene Videokonferenzsystem statt, was die Ökobilanz des Unternehmens aufbessert. »Das Vermeiden reisebedingter CO_2-Emissionen ist für ein ökologisch orientiertes Unternehmen heute Pflicht«, sagt Füssinger. Und es zahlt sich seiner Meinung nach sogar aus: »Immer mehr Kunden fragen danach, wie ›grün‹ ein Unternehmen ist.«

Moderne Technik hilft, die Zahl der Meetings zu begrenzen. Aber man kann nicht per Internet mit einem wichtigen Kunden essen gehen oder mit ihm auf einen neuen Vertragsabschluss anstoßen, mag mancher einwenden. Und es stimmt. Allerdings helfen technische Systeme, die Zahl der persönlichen Besuche in der Fernost-Niederlassung auf ein erträgliches Minimum zu reduzieren. Das schont die Firmenkasse, hilft der Umwelt und spart dem Firmenchef viel Zeit, die er dringend für seinen eigentlichen Job benötigt, nämlich seine Firma zu führen.

Moderne Kommunikations- und Informationssysteme wie das Internet helfen Managern und Mitarbeitern außerdem, von Deutschland aus Erfahrung und Erkenntnisse über die möglichen Zielländer zu gewinnen. Das Problem ist nur: Die meisten Homepages einheimischer Unternehmen sind auf Chinesisch, Thai, Malaysisch oder Indonesisch geschrieben. Um online an landesrelevante Informationen zu kommen, sind Leute nötig, die die Landesprache sprechen, also am besten solche, die vor Ort sitzen.

Um allerdings die so gesammelten Informationen zu verwertbarem Wissen veredeln zu können, bedarf es weit mehr als die Fähigkeit, im Internet zu surfen. Hier spielt abermals die in diesem Buch mehrfach angemahnte Cultural Intelligence eine Schlüsselrolle, denn sie versetzt den Mitteleuropäer in die Lage, die Zusammenhänge zu erkennen und Erkenntnisse abzuleiten, die er für die Tagesarbeit benötigt.

Das chinesische Google heißt Baidu

So ist es zum Beispiel für die meisten europäischen Anbieter längst selbstverständlich, dass sie versuchen müssen, ihre Produkte in der Suchmaschine Google möglichst weit oben zu platzieren, denn nur wer gefunden wird, macht das Geschäft.

Aber was nützt ihm ein gutes Ranking bei Google, wenn seine asiatischen Zielkunden ganz woanders im Internet nachschlagen? In China ist Anfang 2010 die Suchmaschine Baidu mit Abstand Marktführer mit einem Marktanteil von 63 Prozent. Der Thai sucht am liebsten auf Sanook.com, der Indonesier auf Catcha.co.id, der Inder auf Sify.com oder ByIndia.com. Warum? Weil diese ihre Inhalte auch in der jeweiligen Landessprache anbieten.

Asiatische Unternehmen sind, was das Internet angeht, in der Regel noch sehr konservativ. Sie stellen ihre Angebote lieber in ein geschlossenes System wie Alibaba.com, eine Art Online-Gelbe-Seiten, das deshalb auch zu einer der beliebtesten Websites für Businessleute in Asien avanciert ist. Damit bildet Alibaba.com eines der größten Beschaffungsportale der Welt. Unternehmen müssen sogar für ihren Eintrag bezahlen, aber das tun sie gerne, denn sie wissen, dass fast jeder asiatische Einkäufer routinemäßig reinschaut.

Um dort präsent zu sein, braucht der deutsche Unternehmer wieder jemanden, der Chinesisch in Wort und Schrift perfekt beherrscht.

Von Deutschland aus dürfte das ein recht mühsames Unterfangen sein. Die Nutzung des Internets in Asien ist in den vergangenen Jahren explosionsartig gewachsen. Jeder zweite Internetnutzer sitzt nach einer Statistik des Analyseunternehmens Comscore bereits im asiatisch-pazifischen Raum. Die Verbreitung ist besonders unter jungen Leuten groß. Laut Comscore verbringt der durchschnittliche Internetnutzer in Asien mehr als 17 Stunden in der Woche in der Welt hinter dem Computerbildschirm.

Ganz etwas anderes ist allerdings die Präsentation der Unternehmen im Internet. Viele große und bekannte Unternehmen sind nicht oder fast gar nicht im Internet vertreten. Die Websites sind, gemessen an westlichen Standards, oft langweilig und produktbezogen, aber das ist durchaus beabsichtigt. Alles, was nicht mit dem Produkt zu tun hat, wird vernachlässigt – dafür gibt man einfach kein Geld aus.

Dafür entwickelt sich das Internet in Asien immer mehr zu einem unverzichtbaren Instrument der Marktforschung. Unternehmen, die es vernachlässigen, das Internet als Vertriebs- und Kommunikationskanal zu nutzen, verpassen eine goldene Gelegenheit, Zielgruppen in Asien zu erreichen und sich über ihre Wünsche und Bedürfnisse zu informieren. Besonders beliebt bei Asiaten sind die sogenannten »Social Networks«. Mit Ausnahme von China, wo der Webservice nach wie vor aus Angst vor kritischen Kommentaren gesperrt bleibt, ist Facebook überall in Fernost ein Renner: Die Menschen vernetzen sich, tauschen sich aus über die Dinge des Alltags und geben sich gegenseitig Empfehlungen, die ein geschickter Marketingmann nutzen kann, um daraus Erkenntnisse zu gewinnen und nahe am Markt zu bleiben. Laut den Medienbeobachtern von Nielsen stehen Online-Empfehlungen in Asien mittlerweile an dritter Stelle bei den Informationsquellen, denen die Menschen vertrauen und an denen sie sich in ihren Kaufentscheidungen orientieren.

Globalisierung 3.0

Der Siegeszug von Internet & Co. hat nach Ansicht des amerikanischen Kolumnisten und Erfolgsautors Thomas L. Friedman von der *New York Times* nicht nur eine nachhaltige Veränderung in der Kommunikationskultur der Unternehmen geschaffen, er hat auch eine neue Chancengleichheit zwischen großen und kleinen Unternehmen

geschaffen. Damit spielt die Technik dem globalen Mittelstand direkt
in die Hände. Friedman hat das Phänomen einmal als »Globalisierung 3.0« beschrieben. Drei Faktoren sind seiner Meinung nach dafür
verantwortlich:

- Unbegrenzte Computerleistung, und zwar überall! Das erlaubt
uns, jederzeit potenziell wertvolle Inhalte zu erzeugen.
- Unbegrenzte Bandbreite dank Glasfaser und Funktechnik. Dadurch können wir jederzeit wertvolle Inhalte versenden oder
abrufen.
- Unbegrenzte Kollaboration dank neuartiger Kooperationswerk-
zeuge und sogenannter »Workflow-Software«. Das erlaubt uns,
mit anderen Menschen auf eine Art und Weise zusammenzuarbeiten, die bislang unvorstellbar war – und die sich manche
immer noch nicht vorstellen können.

Zusammen genommen versetzen diese drei Faktoren auch kleine und
mittlere Firmen, aber auch kleine Gruppen oder sogar einzelne Menschen in die Lage, am globalen Wettbewerb teilzunehmen und dort zu
bestehen. Es zwingt die Unternehmen aber auch, über ihre Rolle in
der vernetzten Welt nachzudenken und sich zu fragen: Wie passen
wir in eine globale Wirtschaft und wie können wir davon profitieren?
Es ist heute dank Internet und Softwareanwendungen wie E-Mail,
Google oder Microsoft Office sowie spezieller Workflow-Software relativ einfach möglich, globale Kollaborationsplattformen zu errichten.
Dank dieser Workflow-Netze können Wissensarbeiter auf der ganzen
Welt ihre Kompetenz mit anderen teilen. Jeder macht das, was er am
besten – oder am billigsten – kann und treibt damit Innovation und
Produktivität voran. Aber diese gleichen Anbieter von Arbeitsleis-
tung werden in einem darwinistischen Arbeitsumfeld unter einem
nie gekannten Druck stehen, ihre Kompetenz laufend zu verbessern,
um nicht zurückzufallen. Und ihre Arbeitgeber werden sich ebenso
anpassen müssen, wenn sie nicht wie die Dinosaurier ein Opfer der
unaufhaltsamen Evolution werden wollen.

8 NICHT OHNE MEINEN BERATER

Geschäfte leben von Kontakten und Kenntnis der Märkte. Wer sich auf Zufallsbekannte, Internetforen, Kurztrips nach Asien oder auf sein Bauchgefühl verlässt, könnte sich auch gleich ein Los kaufen: Die Gewinnchancen sind die gleichen. Verbindungen, Marktkenntnisse und Vernetzung lassen sich kaufen, und zwar am besten von erfahrenen Partnern vor Ort.

»Unternehmensberater«, so sagt der Volksmund, »sind wie Männer, die das gesamte *Kamasutra* auswendig wissen, aber kein einziges Mädchen kennen!« Da mag im einen oder anderen Fall etwas dran sein. Tatsächlich aber spielen europäische Berater, die vor Ort in Asien sitzen und sich mit der Zeit Zugang zu den wichtigsten Netzwerken verschafft haben, für den globalen Mittelständler eine wichtige Rolle.

Berater warnen gerne davor, das Asiengeschäft ohne sie anzugehen. Es ist auch klar, warum: Eigennutz! Indem sie dem Mittelständler Angst machen, bringen sie sich selbst besser in Position und können mit einem Beratungsmandat rechnen. Mit überlegenem Lächeln erzählen sie von wahren oder vermeintlichen Fällen, in denen Unternehmer ihr ganzes Geld verloren haben, nur weil sie auf eigene Faust nach Asien aufgebrochen sind. Das ist schlichtweg unprofessionell.

In Wahrheit ist eine gute Asienstrategie keine Hexerei, sondern über weite Strecken nur sauberes Handwerk. Und gerade Mittelständler sind es ja gewohnt, beinah täglich unbekanntes Gelände zu betreten bei der Bewältigung neuer Herausforderungen. Aber da ist noch der Faktor Zeit! Eine vernünftige Asienstrategie ist Chefsache, und sie erfordert die volle Konzentration des Unternehmers oder Geschäftsführers. Ja, dank Internet und Videokonferenztechnik lässt sich manche Dienstreise ans andere Ende der Welt vermeiden. Und dank modernster Verkehrsmittel ist Asien nicht mehr ganz so weit weg wie früher. Trotzdem: Man kann nicht einfach so nebenbei die richtigen Informationen einholen, die richtigen Entscheidungsgrundlagen schaffen, die örtlichen Gegebenheiten sondieren und dann auch noch das passende Gelände, ein geeignetes Büro und die richtigen Mitarbeiter aussuchen. Diese Dinge erfordern den ganzen Unternehmer. Und wer hat schon die Zeit, sich vielleicht sechs bis 18 Monate vollständig in das Thema Asien zu vertiefen? Oder welcher Unternehmer kann es sich leisten, wenigstens seinen besten Mann für ein bis zwei Jahre gänzlich für diese Aufgabe abzustellen?

Was der Mittelständler also braucht, ist zuverlässige Information über Fakten, Rahmenbedingungen und lokale Besonderheiten, die ihm als Entscheidungsgrundlage dient. Und dann – ob inner- oder außerhalb des Unternehmens – den Mann oder die Frau, die seine Konzeption zügig und »hands-on« in die Tat umsetzen.

Es gibt in Asien eine Menge guter Berater, die zum Teil seit vielen Jahren im Land leben, die Landessprache(n) sprechen, über die in diesem Buch häufig zitierte Cultural Intelligence verfügen und auf ein mehr oder weniger dichtes Kontaktnetzwerk innerhalb einzelner Branchen oder der »power elite« – Wirtschaft, Politik, Militär – verfügen.

Fühler ausstrecken in die erweiterte Familie

Der Autor dieser Zeilen übersiedelte vor Langem zunächst nach China und später nach Thailand. Über lange Zeit und durch viele Zufälle sind fünf oder sechs solche Anknüpfungspunkte entstanden, die dafür sorgen, dass wir beispielsweise eingeladen werden zu Events oder zu internen Messen, auf denen man sich trifft oder auf denen Dutzende oder sogar Hunderte von Firmen unter Ausschluss der Öffentlichkeit nur für andere Clan-Mitglieder ihre Produkte und Lösungen ausstellen.

Auf diese Weise verschafft man sich als Berater eine gewisse Sichtbarkeit, kann die richtigen Leute anrufen und bekommt auch einen Termin. Diese Leute sind auch geduldig: Sie erwarten vom Berater nicht, dass er ihnen sofort Geschäft bringt, sondern es genügt ihnen zu wissen, da ist einer, der denkt an sie. Als Berater gehört man nicht selbst zum Netzwerk, aber man ist ein Werkzeug für die Netzwerkmitglieder, sozusagen ein Fühler oder Sensor, der draußen im Markt Augen und Ohren offen hält und im richtigen Moment vielleicht mit einem geeigneten Partner aufkreuzt, mit dem es sich lohnt, über eine Aufnahme in die erweiterte »Familie« zu reden.

Für den Europäer, der ins Land will, sind die Chancen größer, wenn er einen solchen Fühler nutzt, als wenn er auf eigene Faust auf den Clan-Chef oder einen seiner Vertrauensleute zugeht und sagt: »Hier bin ich, wollen wir nicht miteinander ins Geschäft kommen?« Falls er überhaupt vorgelassen wird, was bei den wirklich einflussreichen Netzwerkern auch bei uns zu Hause schwierig sein kann, wie jeder aus Erfahrung weiß. Der Berater, der sich Zugang zum Netz verschafft hat, kann schon im Vorfeld abklären, ob ein Treffen Sinn macht, und er bekommt in der Regel auch den Termin.

Die Suche nach dem richtigen Berater ist also für die meisten Mittelständler, die nach Asien wollen, die erste Station der Reise.

Angenommen, ein Kunde aus dem Lebensmittelsektor käme zu uns und bäte darum, einen Kontakt zur CP-Gruppe vermittelt zu bekommen. Das ist das größte Konglomerat in Thailand auf dem sogenannten Food-Sektor, der beispielsweise die Konzession für die allgegenwärtigen Supermärkte 7-Eleven besitzt und ohne den in der ganzen Region nichts läuft.

Oder ein Unternehmen aus der Papierindustrie möchte einen Termin mit der Double A Group bekommen, ein anderer großer Familienclan, der über eine Vielzahl von Firmen den Markt für Papier, Bürobedarf und Schreibwaren beherrscht und über eigene riesige Baumplantagen verfügt, aus denen Papier hergestellt wird. Unser Beratungsunternehmen hat zwar Verbindungen zur Stahl- und Textilbranche sowie in den Maschinenbau hinein, aber keine unmittelbaren Kontakte zu CP oder Double A – also rufen wir unsere Freunde aus der Textilbranche an und fragen: »Habt ihr vielleicht einen Draht zu denen?« Und weil auch die Familiennetzwerke in Thailand in der Regel untereinander Fühler haben und verbunden sind, ist mit etwas Glück bald jemand gefunden, der den richtigen Kontakt bei CP oder Double A herstellt. Und von diesem Tag an haben wir dann die direkte Verbindung und können sie für unsere Klienten nutzen. Man muss eben das Ende des Fadens in der Hand halten und sich dann zum Ziel »durchhangeln«. Aber wie soll man das erreichen, wenn man nicht langjährig im Land und in den richtigen Kreisen lebt?

Ein anderer Weg für den Berater besteht darin, zum Vorsitzenden des entsprechenden Industrieverbands zu gehen und ihn zu bitten, den richtigen Kontakt zu stiften. Das Verbandswesen ist in Asien sehr weit verbreitet, und die Chefs der Verbände sind selber bestens innerhalb ihrer Branchen vernetzt. Das kann man als Berater nutzen, um seinem Klienten eine Tür zu öffnen. Wenn man ihn eben kennt oder einen »Türöffner« hat, der den Termin verschafft.

Beziehungsnetze basieren auf Vertrauen

Ja, als deutscher Unternehmer könnte man selber zu dem Verbandsboss hingehen, aber für den ist der Deutsche ein Niemand: Der lebt nicht im Land, der kennt niemanden, wieso sollte man dem einen Gefallen tun? Vor allem: Dem erzählt man nicht, was gerade läuft und wie die inneren Zusammenhänge in der Branche sind, denn wer will schon Wildfremden seine Familiengeschichte erzählen? Es geht im großen Beziehungsspiel der Asiaten vor allem um Vertrauen, das wachsen muss – und in Asien hat man sehr viel Zeit. Jemanden zu haben, der Know-how hat, ist fast so gut, wie es selber zu besitzen.

Aus Sicht des globalen Mittelständlers birgt die Zusammenarbeit mit einem externen Berater im Grunde drei Risiken, und er sollte sich dessen auch bewusst sein.

Risiko 1: Mit wem geht man in den Dschungel?

Dabei geht es noch nicht einmal um jene Berater, die für viel Geld dicke Hochglanzberichte abliefern und dann schleunigst den nächsten Flieger besteigen. Vielmehr sind es dicht besetzte »Backoffices« und hohe Gemeinkosten, die Sorgen bereiten. Bei den Großen der Beraterbranche sind schwindelerregende Tagessätze für »Project Leader« und »Professionals« keine Seltenheit. Die eigentliche Arbeit übernehmen aber Subalterne zu Hause im Hinterzimmer, während der Berater immer mehr zum Verkäufer von Tagessätzen mutiert. Der Unternehmer kennt die wirklichen Arbeiter für sein Projekt oft gar nicht. Was er sieht, sind Verkäufer, Präsentationen und irgendwann Zusatzrechnungen für das Kilometergeld der Luxuslimousinen und Flüge in der ersten Klasse. Für unser Asienprojekt ist dies verhängnisvoll. Nicht selten arbeiten so in Beratungsunternehmen Mitarbeiter an entscheidenden Aufgaben, deren Asienerfahrung über ein Sprachstudium, einige Auslandssemester in Peking oder gelegentliche Besuche des Büros in Schanghai nicht hinausgeht. Der Mittelständler sollte die Frage möglichst frühzeitig klären: Wer arbeitet eigentlich für mich – der Boss oder sein Knecht?

Risiko 2: Der Berater ist auf eine einzige Region fixiert

Auch die meisten der unzähligen »Chinaexperten« oder »Thailandfachleute«, wie sie sich oft klangvoll nennen, sind nicht immer die Richtigen für den globalen Mittelständler. Sie betrachten Asien nämlich durch die regionale Brille, die allzu oft auch eine Scheuklappe ist. Wer sich nur in China auskennt, der wird dem Mittelständler immer raten, nach China zu gehen. Ein Indienspezialist wird stets versuchen, den Investor nach Indien zu bringen. Jeder wird zwar auch vor drohenden Gefahren in »seinem« Land warnen, gleichzeitig aber seine eigene Begleitung des Projekts als Lösung empfehlen. Aus der Interessenlage der Berater ist dies nachvollziehbar. Dem Interesse an einem ergebnisoffenen Entscheidungsprozess dient es nicht. Zumindest in der Anfangsphase sollte man sich an einen Berater wenden, der Asien in seiner komplexen Gesamtheit überblickt und über die nötige Offenheit verfügt, möglichst ohne vorgefasste Meinung an die Standortsuche zu gehen. Deshalb vernetzen sich gute Berater auch untereinander. So arbeiten zum Beispiel die zum Teil selbst beratend tätigen Autoren unserer Beiträge über Indien, China und Südostasien in Fällen zusammen, in denen es darum geht, dem Rat suchenden Unternehmer eine objektiv vergleichende Auskunft gerade für seine Firma zu geben.

Risiko 3:   Der Berater war nie selbst Unternehmer

In den USA sind die begehrtesten »Turnaround-Berater« ehemalige Manager, die selbst schon einmal das Ruder in der Hand hatten und womöglich selbst einen Konkurs durchleben mussten. Die höchstpersönliche Erfahrung ist nach Meinung der Amerikaner gerade bei der Lösung kritischer Unternehmensaufgaben durch nichts zu ersetzen. Sie gehen ebenso professionell und weniger panisch mit einer kritischen Situation um wie ein Pilot, der schon einmal einen Absturz gerade noch vermeiden oder zumindest überleben konnte.

Wie aber soll ein Berater den Erfolg einer Produktionsverlagerung sichern, die Anleitung des Managements übernehmen und in Krisensituationen zügig die richtigen Maßnahmen einleiten, wenn er selbst eine solche Aufgabe nie als Unternehmer verantwortet hat? Ja, es gibt solche Berater, die aber meistens über Jahre im Turnaround-Geschäft tätig sind und sich dabei so sorgfältig in operative Aufgaben eingearbeitet haben, dass sie letztlich Unternehmen selbst aus kritischen Situationen herausführen können. Solche Berater sind längst selbst zu Unternehmern mutiert – nur sind solche Fälle in der Branche leider selten. Sie zu suchen und zu finden ist vielleicht die wichtigste Aufgabe des Rat suchenden Managers.

Wer hilft dem Mittelstand?

Neben der klassischen Beraterzunft bieten auch andere Unternehmen und Institutionen dem Mittelständler gerne ihre Hilfe an beim Gang in die Märkte Asiens: Banken, Behörden und Verbände zum Beispiel. Diese liefern eine regelrechte Flut an Informationen zu den verschiedensten Themen und Regionen. Aber auch wenn Informationen wichtig sind: Zu viele Informationen erschweren oft die Entscheidungen, statt sie zu erleichtern. Die unzähligen Veröffentlichungen von Banken, Behörden, Verbänden und Kammern über Asien werden nur noch übertroffen von den Tausenden von Websites, die uns mehr oder weniger fundierte Informationen über Asien und seine Märkte zur Verfügung stellen wollen. Das Wesentliche vom Unwesentlichen zu trennen und die Informationen so zusammenzufassen, dass sie zur praktischen Entscheidungshilfe werden, ist die eigentliche Kunst. Man kann sie seinem Berater überlassen, man kann sich selber aber auch in die Materie vertiefen und so seine Entscheidungsfähigkeit verbessern.

Banken haben ein natürliches Interesse daran, dem Mittelständler bei Investitionsentscheidungen unter die Arme zu greifen. Gerade die großen Geschäftsbanken beschäftigen deshalb Heerscharen von Kundenberatern und Ökonomen, deren Aufgabe es ist, sich zu bestimmten Themen und Regionen sachkundig zu machen und auf dem Laufenden zu bleiben.

Viele deutsche Banken unterhalten in den asiatischen Regionen Zweigstellen oder Repräsentanzen, die sich mit der Betreuung gerade deutscher Investoren befassen. Ihre »Relationship Manager« unterhalten in der Regel engen Kontakt zu den Außenhandelskammern. In der Phase der strategischen Planung sind die Banken aber selten die richtigen Ansprechpartner für eine Asienstrategie, weil ihre Informationen häufig nur auf gesamtwirtschaftliche Daten und Betrachtungen beschränkt sind. Interessant wird der Kontakt zu den örtlichen Kundenberatern dann, wenn es um die Realisierung eines bereits geplanten Projekts geht.

Außerdem kann es guttun, für den Spezialbereich der Finanzierung oder auch ganz einfach für den Geldverkehr Ansprechpartner zu finden, die das System kennen und die eigene Sprache sprechen. Asiatische Banken leiden meistens unter einer überkomplizierten Bürokratie, und da kann ein deutscher Banker vor Ort vielleicht ein paar Hürden aus dem Weg räumen oder bei den Kollegen ein gutes Wort einlegen, damit es auch mal ein bisschen schneller geht. Außerdem vermitteln Banken gerne Kontakte zu anderen Unternehmern, die ihre praktischen Erfahrungen bereits gesammelt haben. Beim Erstellen von Finanzierungsplänen und Förderanträgen können Banken ebenfalls hilfreich sein.

Verbände mit Praxiserfahrung

Eine sehr gute Quelle für allgemeine Informationen sind Verbände, die sich mit Asien und seiner wirtschaftlichen oder kulturellen Struktur befassen. Der im Jahr 1900 gegründete Ostasiatische Verein (OAV), der inzwischen offiziell als German Asia-Pacific Business Association firmiert und Träger des Asien-Pazifik-Ausschusses der Deutschen Wirtschaft (APA) ist, hat es sich zur Aufgabe gemacht, den Ausbau der Wirtschaftsbeziehungen mit der dynamisch wachsenden asiatisch-pazifischen Region zu fördern und deutsche Unternehmen bei ihren Aktivitäten zu unterstützen. Dazu bietet der OAV eine Plattform zum branchenübergreifenden Erfahrungsaustausch und praxisnahe Dienstleistungen wie Beratung, individuelle Recherche und Kontaktvermittlung, Länder- und branchenspezifische Veranstaltungen und interne Sitzungen sowie Delegationsreisen auch in weniger erschlossene Länder der Region. Der OAV arbeitet eng mit den Spitzenverbänden der Wirtschaft und den Ministerien zusammen. Eine eher mittelständisch organisierte Alternative ist der Deutsch-Asiatische Wirtschaftskreis (DAW) in Frankfurt. Er hat in fast allen Ländern Asiens vor Ort hervorragende Berater und Anwälte als Kooperationspartner und Koordinatoren, die sich in aller Regel den Verbandsmitgliedern gegenüber zu einer kostenlosen Eingangsberatung verpflichtet haben. Etwas weniger »offiziös« ist der Frankfurter Verein in Berlin, Erfurt und im Saarland mit Zweigstellen vertreten und informiert regelmäßig in Kooperation mit dem Wirtschaftsmagazin *Asia Bridge* zu Themen rund um das Asiengeschäft. Natürlich gehören auch hier Informationsreisen und beste Verbindungen zur Diplomatie zum Programm. Auch die Beiträge des DAW sind erschwinglich und sogar eher »mittelständisch« ausgerichtet.

Die Mitarbeiter beider Verbände sind meistens sehr gut informiert, serviceorientiert und hilfreich. Der OAV gibt gemeinsam mit dem APA ein jährliches *Wirtschaftshandbuch Asien-Pazifik* heraus, das auf rund 650 Seiten eine Menge Information über die Gegebenheiten aller Länder Asiens gibt. Viele der Berichte sind von fachkundigen und ortsansässigen Anwaltsbüros verfasst und sehr aktuell. Im *Wirtschaftshandbuch* befindet sich auch eine Übersicht über deutsche Wirtschaftsvertretungen in den asiatischen Ländern, darunter die der Handelskammern.

Nützliche Behörden

Fast alle asiatischen Länder unterhalten Büros oder Ämter für Wirtschaftsförderung in Mitteleuropa, die Auslandsinvestoren meistens schnell und offen für Gespräche zur Verfügung stehen. Hier eine Liste der wichtigsten:

▪ China: Für die Volksrepublik gibt es eine Vielzahl von privaten Informationsquellen wie zum Beispiel das hervorragende deutschsprachige Wirtschaftsportal China.org, german.china.org.cn. Offizielle Regierungsinformationen für Auslandsinvestoren gibt es unter »Invest in China« bei www.fdi.gov.cn.

▪ Indien: In Indien entscheidet über Fragen der Investitionsförderung die Foreign Investment Implementation Authority (FIIA). Informationen zu Investitionen erhält man auch auf der von der Regierung eingerichteten Homepage www.indiainbusiness.nic.in.

▪ Thailand: Besonders einfach macht es dem Investor in Thailand das Board of Investment of Thailand (BOI). Es unterhält in Frankfurt eine eigene Außenstelle, die für Mittel- und Osteuropa sowie für Skandinavien zuständig ist, www.boi.go.th.

▪ Indonesien: Als ehemalige niederländische Kolonie unterhält Indonesien in Amsterdam das Investment Coordinating Board (BKPM), das zahlreiche Informationen zu Investitionen in diesem ASEAN-Land bietet, www4.bkpm.go.id.

▪ Vietnam: Für Mittelständler in Vietnam empfiehlt sich immer ein Gespräch mit der Vietnamese German Small and Medium Enterprises Association (VIGEA), www.vinasme.org.vn.

▪ Malaysia: Die Malaysian Industrial Development Authority (MIDA) bietet Interessantes zum Thema Investitionsförderung sowie über Land und Leute, www.mida.gov.my.
Die Small and Medium Industries Development Corporation (SMIDEC) bietet nach eigenen Angaben »One Stop SME Resources«, www.smeinfo.com.my.

▪ Philippinen: Beim Philippine Board of Investment (BOI) erfährt man vieles zu Fördermaßnahmen, aber auch Interessantes über Dinge wie regionale Mindestlöhne, www.boi.gov.ph.
Die staatliche Philippine Economic Zone Authority (PEZA) stellt unter anderem die Industrieparks des Landes vor, die potenziellen Investoren zur Verfügung stehen, www.peza.gov.ph.

Papageien im goldenen Käfig

Hauptanlaufstelle für Investoren in Asien sollten eigentlich die Außenhandelskammern sein, sozusagen der »Außenarm« der 80 Industrie- und Handelskammern in Deutschland, kurz AHKs genannt. Die Kammern haben es jedoch schwer. Ein wenig sind sie vergleichbar mit einem prächtigen Papageienvogel, der über viele Jahre gut versorgt, aber doch gefangen in einem goldenen Käfig verbringen musste. Plötzlich in die Freiheit entlassen, hat er nie lernen können, sich wie seine Artgenossen zu ernähren, und gerät sehr bald in Not. Ein ähnliches Schicksal durchleben einige der Außenhandelskammern (AHK). Über viele Jahre wurden sie zu einem hohen Prozentsatz vom Bundeswirtschaftsministerium und aus Mitgliedsbeiträgen finanziert. Die Einnahmen aus eigenen Dienstleistungen spielten oft nur eine untergeordnete Rolle. Dementsprechend sonnte man sich in der Pracht der deutschen Großindustrie, ihrer Investitionen und Empfänge und ließ sich mit Größen aus Politik und Wirtschaft in Hochglanzberichten abbilden. Für echten Service für Mittelständler blieb da manchmal wenig Zeit. So mancher Unternehmer kann Lieder davon singen, wie schwer es sein kann, auch nur einen Termin, geschweige denn praktische Hilfestellung von deutschen Kammern zu erhalten.

Das soll nun alles vorbei sein. Der Wirtschaftsminister hat seine Zuschüsse nachhaltig gekappt, die Kammern sind angehalten, sich durch ihre Dienstleistungen selbst zu finanzieren. Ob diese Forderung sinnvoll und fair ist, mag bezweifelt werden. Die AHKs haben zwei wichtige Kernaufgaben. Einmal repräsentieren sie die deutsche Wirtschaft und betreiben wichtige Lobbyarbeit im Gastland. Dafür sollten Staat und Wirtschaft sie bezahlen. Zum anderen dienen sie den deutschen Unternehmen vor Ort als Forum und informieren diese über wichtige gesetzliche oder wirtschaftliche Änderungen der örtlichen Rahmendaten. Dafür erheben sie Beiträge von den – übrigens freiwilligen – Mitgliedern.

Dass sie aber nach ministeriellem Willen auch noch allgemeine Dienstleister und Unternehmensberater spielen sollen, um an zusätzliches Geld zu kommen, ist systemisch falsch und unfair gegenüber der Wirtschaft. Systemisch falsch deshalb, weil Lobbyisten (im durchaus positiven Sinne!) und Verbandsorganisatoren eben keine Unternehmer oder Unternehmensberater sind. Die einen vermitteln Informationen und Kontakte, die anderen führen oder beraten Unternehmen in ihren unternehmerischen Projekten. Dazu gehören ganz andere Erfahrungen und auch »Typen«.

Unfair ist die Erwartung gegenüber Kammern und Wirtschaft gleichermaßen, weil die staatlich finanzierten AHKs so in Wettbewerb zu ihren eigenen Mitgliedern, also Beratern und Anwälten, treten, die von diesen Aufgaben leben und sie in aller Regel auch kompetenter erfüllen. Darüber sollten die Ministeriellen in Berlin einmal nachdenken.

Unser Tipp: Nutzen Sie die Kammern als Informationsquelle über Rahmendaten der Wirtschaft im Lande und über geeignete örtliche Berater, Anwälte oder Anlaufstellen. Aber wenden Sie sich für Unterstützung in der praktischen Umsetzung Ihrer Ziele an Fachleute, die mittelständisch-unternehmerisch denken, Ihre Ziele und Entscheidungskriterien verstehen und vor allem Projekterfahrung haben. Die Kammern halten in aller Regel auch hierfür Listen parat.

TEIL II   ASIEN DER REGIONEN

ASIEN VERBINDET EINE GANZE MENGE

Von Gunter Denk

Der asiatische Wirtschaftsraum ist durch viele nationale und kulturelle Grenzen unterteilt, und dennoch gibt es starke Gemeinsamkeiten. Das gilt vor allem innerhalb bestimmter geografischer Regionen wie etwa die Greater Mekong Region oder für die durch Religion und Ethik verbundenen Länder Indonesien und Malaysia. Wer diese Gemeinsamkeiten kennt und nutzt, kann einen größeren Markt effizienter bearbeiten.

So wie es in Europa Skandinavien, Süd- oder Zentraleuropa gibt, ist auch Asien ein Kontinent der Regionen. Die nachfolgenden Kapitel befassen sich dabei mit jenen Teilen Asiens, die heute im Fokus deutscher Investoren und Vertriebschefs stehen, nämlich Südasien, also Indien, Südostasien mit seinen zehn ASEAN-Staaten und Ostasien.

Dass wir dabei in der letztgenannten Region nur China und nicht auch Japan und Korea behandelt haben, liegt daran, dass Japan und in gewissem Sinn auch Korea mit ihrer hoch industrialisierten Entwicklung eine doch immer noch ganz andere Welt darstellen als die Schwellenländer, die »Neuankömmlinge« auf der großen Bühne der Weltwirtschaft, die wir in diesem Buch beschreiben. Korea gehörte da vor ein paar Jahren sicher noch dazu, hat sich aber dank eines atemberaubenden Entwicklungstempos in die nächsthöhere Liga gespielt und orientiert sich bereits an Vorbildern wie die USA oder Europa. Es wird spannend sein zu sehen, welchem anderen asiatischen Land dieses Kunststück als Nächstes gelingen wird. China ist auf dem besten Weg dorthin, Indien auch.

Trotz ganz unterschiedlicher Kulturen, Entwicklungen und politischer Verhältnisse verbindet die in diesem Buch behandelten Länder doch eine ganze Menge. Indien, mit seiner hinduistischen Religion zugleich die Heimat des Buddhismus, dessen Kultur ihre Spur quer durch Südostasien bis hin nach Ostasien hinterlassen hat und dort die Mentalität der Menschen maßgeblich bestimmt. Der Islam bildet ebenfalls ein kulturelles Bindeglied zwischen weiten Teilen Asiens.

Und wenngleich ethnisch und auch in der Geschäftskultur Chinesen und Inder so weit auseinanderliegen wie der feurige Sizilianer und der bedächtige Finne, so finden sich die Einflüsse beider großen Völker doch in Schicksalsgemeinschaften wieder. So sind beide in Malaysia starke Minderheiten, die die Welt des Business (die Chinesen) oder der fleißigen Selbständigen (Inder) prägen und einander gerade in den jüngsten Jahren im Einsatz für faire Behandlung durch die islamische Bhumi-Mehrheit, die weitgehend die Regierung stellt, unterstützen.

Ähnlich bunt geht es weiter. Am deutlichsten wird das in Südostasien, politisch verbunden durch die ASEAN-Gemeinschaft. Alleine in dieser Wirtschaftsunion, die offiziell gerne auch politisch eine Union bilden möchte, gibt es Unterschiede, wie sie größer fast nicht sein könnten.

Da ist dort die buddhistische »Völkerveranstaltung« mit Burma, Kambodscha, Laos und Thailand, einige davon untereinander Erzfeinde in jahrhundertelanger Geschichte. Die Mentalität wird geprägt durch fröhliche Urständ heiterer Gelassenheit, nicht gerade effizienzgetrieben, aber dafür umso sympathischer und geschickter in der Lösung der Probleme des täglichen Lebens auf eine ganz eigene Weise.

Daneben gibt es die islamisch verbundenen Länder Indonesien und Malaysia, verbunden also mit einer nahöstlichen Religion, die sich auf überraschende Weise mit der Gelassenheit der Mentalität verbunden hat, die schon die erstgenannte Gruppe prägt.

Vietnam wiederum verbindet zwei riesige Kulturen in bewundernswerter nationaler Einigkeit: Nicht nur, dass zwischen Nord- und Südvietnam die chinesischen und indischen Einflüsse fröhlich ineinander überfließen, was man schon an Baustil und Essgewohnheiten erkennt. Im Norden herrschen (chinesisch-typische) Steinbauten und

Stäbchen als »Esswerkzeuge« vor, während im Süden (indisch-typische) Pfahlbauten den traditionellen Häuserbau prägen und man – wie in Thailand oder Laos – mit Löffel und Gabel diniert. Hinzu kommt, dass dieses Land der Stäbchengrenze auch noch eine starke, eigene nationale Identität prägt, die scheinbar mühelos mit diesen kulturellen Antipoden zurechtkommt.

Und zu allem Überfluss gibt es auch noch die Philippinen, das Inselparadies mit den vielen tragischen Naturkatastrophen, den Menschen, die alle singen können und die keine Katastrophe in ihrer Entschlossenheit zur fröhlichen »easy go lucky«-Mentalität verunsichern kann. Katholisch und mit spanisch-amerikanischen Kultureinflüssen machen sie den Farbkessel perfekt.

Und fast überall sind die Chinesen und prägen die Gastländer durch ihren Fleiß, ihre Emsigkeit und ihre tausendjährige Kultur, mit denen sie sich überall Respekt und Erfolg, wenn auch nicht stets die Liebe der Gastvölker erarbeiteten.

In diesem blühenden Dschungel der Chancenvielfalt sollen sich deutsche Mittelständler nun einleben. Wie soll das gehen? Die nachfolgenden Länderbeschreibungen stammen aus den Federn ausgewiesener Kenner, die zum Teil lange vor Ort gelebt haben oder immer noch dort ihren Lebensmittelpunkt haben. Sie sind darüber hinaus allesamt erfahrene Geschäftsleute, Anwälte, Wirtschaftsprüfer oder Unternehmensberater, die über eigene Erfahrung in der Führung von mittelständischen Unternehmen besitzen und deshalb genau wissen, wo die möglichen Problemursachen liegen beim Versuch, als Deutscher in den Ländern Asiens Fuß zu fassen. Ihre Beiträge sollen schon mal eine erste Hilfe bieten.

Nach der Lektüre wird klar sein, dass diese Länder alle auf ihre ganz eigene Art und Weise schön sind und Gelegenheiten bieten, die der globale Mittelstand bei einigem Geschick für sich nutzen kann. Und sie zeigen vor allem, dass Einwohner dieser aufstrebenden Nationen es alle wert sind, die ausgestreckte Hand zur Freundschaft und Partnerschaft zu ergreifen.

Wir sollten als Deutsche nur versuchen, diese Menschen so zu nehmen, wie sie sind. Dazu gehört, dass wir ihre Unterschiedlichkeit und Eigenarten erkennen und respektieren, denn sonst laufen wir Gefahr, blauäugig in alle möglichen Fallen zu tappen. Und wir dürfen nicht glauben, dass alle unsere Erfolge und Erfahrungen, unsere tolle Technologie, unser mittelständischer Instinkt, unsere Universitätsausbildung und unser Marketingstudium an elitären Business Schools uns weiterhelfen werden, wenn wir nicht die Fähigkeit entwickeln, uns ein ganzes Stück weit auf Neues, anderes und auf Überraschungen einzurichten.

CHINA: DER WELTMARKT

1,3 Milliarden Chinesen im Kaufrausch

Von Dr. Hanne Seelmann-Holzmann und Richard Hoffmann

China steht heute vor der zweiten großen Umwälzung seiner jüngeren Geschichte. Das ungeheure Wachstumstempo des Landes wurde bislang vor allem vom Export sowie von staatlichen Investitionen angeheizt – gewaltige Bauprojekte wie der Dreischluchtenstaudamm sowie Projekte zur Absicherung des explosionsartig steigenden Bedarfs an Rohstoffen wie Öl, Kupfer oder Eisenerz. Doch auch der chinesische Staat muss heute sparen, und deshalb sollen nach dem Willen der Kommunistischen Partei vor allem die privaten Verbraucher dazu gebracht werden, den Wirtschaftsmotor weiter auf Hochtouren laufen zu lassen. Konsum ist künftig gefragt:»Ein Land im Kaufrausch«, titelte die *Süddeutsche Zeitung* und behauptete:»Das nächste Kapitel der chinesischen Wirtschaft sollen nun die Konsumenten schreiben.«

Der Privatverbrauch im Reich der Mitte soll von 1,72 Billionen US-Dollar im Jahre 2009 auf mehr als 16 Billionen im Jahr 2020 steigen, so eine Studie der Asian Development Bank (ADB). Damit würde China ein Viertel des weltweiten Konsums bestreiten – heute sind es gerade mal fünf Prozent.»Kein anderes Land kann da mithalten, nicht mal die USA«, behauptet ADB-Chefökonom Dong Tao.

Schon jetzt besteht in China große Nachfrage nach Verbrauchsgütern aus dem Westen, vor allem im Hochpreissegment. »Je höher der Anspruch an ein Produkt ist, desto größer ist in der Regel der Marktanteil der Ausländer«, stellt die ADB fest. Das zeigt sich heute vor allem im Automobilbereich, wo deutsche Hersteller in China einen zweiten Frühling erleben, der sich daheim in Form von hoher Auslastung, neuen Arbeitsplätzen und satten Gewinnen niederschlägt. So kann zum Beispiel Karl-Heinz Schmid, Präsident der 2005 gegründeten BMW-Vertriebsgesellschaft Mainland China, auf eine ungewöhnlich dynamische Absatzentwicklung zurückblicken. Allein der Verkauf der 7er-Baureihe, Flaggschiff der von BMW angebotenen Produktpalette, stieg von 5.700 Einheiten im Jahr 2005 auf über 16.000 Fahrzeuge Ende 2009. Das Preisspektrum dieser Importautos liegt immerhin zwischen 100.000 und 300.000 Euro. Festlandchina ist nicht nur Segmentführer für BMW in Asien, sondern gleichzeitig auch mit Abstand weltweit größter Absatzmarkt der BMW-7er-Reihe.

Es ist jedoch nicht davon auszugehen, dass die chinesischen Hersteller tatenlos zusehen werden, wie deutsche Anbieter die Einkaufszentren, die derzeit wie Pilze aus dem Boden Chinas sprießen, mit Waren »made in Germany« vollstellen. »Es wird ein Kampf auf Biegen und Brechen«, schreibt Marcel Grzanna in der *Süddeutschen*. Dabei steht China in Sachen Konsum ja erst am Anfang. Noch trägt der Privatverbrauch nur 35 Prozent zum Bruttoinlandsprodukt (BIP) des Landes bei – in den USA sind es 70 Prozent. Das liegt zum einen daran, dass der Staatsanteil immer noch zu hoch ist, zum anderen aber an der ausgeprägten Sparwut der Chinesen, von denen auch ein Schwabe noch einiges lernen könnte. Das liegt unter anderem an der fehlenden sozialen Absicherung im Land, etwa an mangelhafter betrieblicher oder staatlicher Alterssicherung sowie am unterentwickelten Gesundheitssystem. Zum anderen liegt es aber auch an den vergleichsweise niedrigen Löhnen.

Wachstum durch Harmonie

Gerade im Lohnsektor tut sich einiges. So sind die Mindestlöhne in China alleine 2009 um fast 20 Prozent gestiegen, offiziell wird ein jährlicher Anstieg von 15 Prozent von der Partei vorgegeben. Das ist zum einen eine Folge der Arbeitskämpfe der letzten Monate, in denen vor allem ausländische Fabriken bestreikt wurden. Es ist aber auch ein Ausdruck einer politischen Strategie, die das Ziel hat, die Macht der herrschenden Partei zu festigen. »Harmonie« lautet seit Jahren das Losungswort der alten Männer an der Spitze Chinas. Als Adjektiv taucht es fast täglich in den Kommentarspalten und Nachrichtensendungen der staatlich kontrollierten Medien auf: »harmonische Spiele« (Olympiade 2008), »harmonische Umsiedlung« (von Dörfern nach dem Staudammbau im Jangtse-Tal). Alles in China soll im schönsten Gleichklang schwingen, auch die Beziehung zwischen Staat und Bürger. Doch soziale Harmonie, das ist den Machthabern in Peking bewusst, ist nur für Geld zu haben. Um die Kaufkraft chinesischer Konsumenten zu erhöhen, will der Staat in den kommenden Jahren eine ähnlich große Kraftanstrengung unternehmen wie seinerzeit bei der großen Exportoffensive der 90er-Jahre. Der Privatverbrauch wird offenbar als probates Mittel gesehen, etwaigen Protest innerhalb der Bevölkerung über Bevormundung und Bürokratismus im Keim zu ersticken. »Konsumierende Bürger beklagen sich nicht über Politik«, so China-Experte Grzanna.

SWOT-Analyse China

Strengths (Stärken)

- Größter Markt der Welt
- Politische Stabilität
- Wirtschaftsfreundliche Lebenseinstellung der Bevölkerung
- Leistungsorientierte Mitarbeiter

Weaknesses (Schwächen)

- Unterentwickelte Infrastruktur in weiten Teilen des Landes
- Erhebliche kulturelle und sprachliche Unterschiede innerhalb des Landes
- Ständig wechselnde Gesetze
- Komplizierte Unternehmensabläufe
- Produktpiraterie

Opportunities (Chancen)

- Wichtigkeit persönlicher Beziehungen (Netzwerk)
- Standortfragen zu Logistik und Vertrieb
- Zweitgrößter Automarkt der Welt
- Infrastruktur und Transportwesen
- »Grüne« Technologie

Threats (Risiken)

- Zugang und Verlässlichkeit von Informationen
- Rekrutierung von qualifiziertem Personal
- Hohe Steuern bei unzureichender Planung
- Finanzielle Risiken durch strenge Kontrollen der Geldpolitik

Erfolg als Lebenseinstellung

In China dreht sich heute alles um den wirtschaftlichen Erfolg

Fragt man junge, chinesische Menschen, was ihre Lebensziele sind, erhält man darauf eine einfache Antwort:»Get rich! Make money!« Und vorher oder gleich danach:»Make China number one in the world!« Dabei ergänzen sich individuelle und patriotische Ambitionen. Wer in China die Möglichkeit hat, an den neuen Freiheiten marktwirtschaftlichen Handelns teilnehmen zu können, tut das mit vollem Engagement. Das drückt sich aus in einem starken Willen zu ständiger Weiterbildung und -qualifikation, der Bereitschaft zu harter Arbeit und dem Wunsch, das verdiente Geld auch beim allseits beliebten Shopping wieder auszugeben. Zu lange war der chinesische Händlerdrang eingeengt von kaiserlicher oder kommunistischer Bevormundung. Ein Chinese lebt jetzt und ein Mal. Und diese einmalige irdische Existenz muss gekrönt werden von Söhnen, Reichtum und Erfolg. Eine materialistische Orientierung nennt das der satte Westen, dessen Menschen ihre Grundbedürfnisse mehr als gedeckt haben, und die sich jetzt um die Work-Life-Balance Gedanken machen können.

Westliche Investoren als Mittel zum Zweck

Für nahezu alle Branchen und Wirtschaftszweige gilt: China braucht westliches, technisches Know-how, um seine eigenen ehrgeizigen Wirtschaftsziele erreichen zu können. Deshalb werden die Investoren umworben und hofiert. Die Lösungen für Probleme im Umweltbereich haben deutsche, westliche Firmen. Die chinesische Regierung macht klar: Solange wir euch brauchen, seid ihr eingeladen, hier Geschäfte zu machen. Zahlreiche chinesische Delegationen aus den Provinzen preisen ihre Region als Standort für westliche Investitionen an, versprechen geringe bürokratische Hürden und attraktive Förderung. Dass man sich mit all diesen Aktionen auch einen»Technologietransfer« verspricht, ja den mittlerweile oft vehement einfordert, ist die Kehrseite der Medaille. Und so manches Joint-Venture-Angebot erinnert an die Formel: Ich habe den Fluss und du baust die Brücke.

Grundsätzlich gilt, dass es im Chinageschäft genauso viele Risiken gibt wie in jeder anderen Auslandsinvestition, noch dazu, wenn es sich um ein kulturell andersartiges Land (verglichen mit westlichen Ländern) handelt. Im Falle des Reiches der Mitte kommt jedoch noch eine Besonderheit dazu. In China finden wir derzeit eine historisch einmalige Melange. Eine kommunistische Regierung fördert und unterstützt eine marktwirtschaftliche Ökonomie. Denken und Handeln der Menschen beruhen auf den Wurzeln konfuzianischer und taoistischer Denktradition. Noch niemals gab es so eine Gemengelage. Und deshalb fehlen auch Erfahrungen, auf die wir zurückgreifen könnten.

1978 hat Deng Xiaoping eine neue Wirtschaftsordnung kreiert, die er »sozialistische Marktwirtschaft« nannte. Mittlerweile hat sich gezeigt, was man darunter versteht: Eine kommunistische Regierung fördert und schützt marktwirtschaftliche Betriebe. Das Wort »Planwirtschaft« erhält eine völlig neue Bedeutung. Der Staat tut alles, um seine Betriebe im internationalen Kampf um wirtschaftliche Erfolge zu unterstützen. Die ausländischen Investoren sind die Mittel zum Zweck. Dies müssen westliche Unternehmen berücksichtigen.

China steht auf dem zweiten Platz

Im Herbst 2010 hat die Volksrepublik China offiziell Japan als zweitgrößte Wirtschaftsnation der Welt überholt. Ja, der Abstand zur Nummer eins, den USA, ist noch groß. Aber uneinholbar? In China wird offen davon geträumt, den großen Rivalen im Westen zu überholen. Und Wirtschaftsweise sprechen unverhohlen von einem neuen Zeitalter, in dem China und Indien die beiden bestimmenden Volkswirtschaften der Erde sein werden.

Warum, ist klar: China und Indien sind keine Nationen im herkömmlichen Sinn wie etwa Deutschland oder Japan – sie sind eigene Kontinente, zumindest was Größe und Bevölkerungszahl betrifft. Doch wohin sie sich wirklich entwickeln werden, vermag heute kein Mensch zu sagen. »Demography is not destiny« – Bevölkerungsstatistik ist nicht Schicksal, schrieb der *Economist*. Noch kann ein Riesenland wie China an seinen inneren Widersprüchen scheitern: ein Heer

von mehr oder weniger rechtlosen Wanderarbeitern, die wachsende
Unruhe einer unterbezahlten Arbeiterschaft, die Kluft zwischen reichen Städtern und armer Landbevölkerung, der wachsende Han-Nationalismus, der totalitäre Überwachungsstaat, der sich hinter der »Great
Chinese Firewall« vor Auslandseinflüssen aus dem Internet versteckt
– es gibt genügend Gründe, den Aufstieg Chinas mit gesunder Skepsis zu betrachten.

Deutschen Unternehmen und Politikern wird deshalb auch eine gewisse Blauäugigkeit im Umgang mit dem Riesenreich der Mitte vorgeworfen. »Die Abhängigkeit vom Fernostgeschäft wächst, Pekings
gelenkte Industrie entwickelt sich zum gefährlichen Rivalen«, schrieb
kürzlich der *Spiegel* und stellte die ketzerische Frage in den Raum:
»Wird aus dem Boom die Chinafalle?«

Keine Frage, dass Deutschland überdurchschnittlich gut mit China
verdient. So stiegen deutsche Exporte in die Volksrepublik alleine
zwischen 2009 und 2010 von 16,2 Milliarden Euro auf über 25 Milliarden – ein Zuwachs von sagenhaften 56 Prozent innerhalb von zwölf
Monaten! Warum, das zeigt das Beispiel des Schwanauer Maschinen-
bauers Herrenknecht. Überall in China werden Tunnel gebohrt, und
die riesigen Bohrmaschinen aus dem Badischen gelten als die besten
der Welt. Mitten in der Weltwirtschaftskrise 2009 musste Firmenchef
Martin Herrenknecht Leute einstellen, um 19 neue Aufträge für U-
Bahn-Tunnel und sieben weitere für Eisenbahntunnel erledigen zu
können. 25 Prozent seines Firmenumsatzes von 866 Millionen Euro
hat Herrenknecht 2009 in China gemacht.

Deutschland ist Chinas wichtigster Handelspartner in Europa, und
die Geschäfte gehen täglich besser, vor allem im Bereich hochwerti-
ger Elektronik und im Maschinenbau. Dass Deutschland so gut durch
die Wirtschaftskrise gekommen ist, verdankt es zu einem nicht geringen Teil der »China Connection«. Als Angela Merkel im Juli 2010
gleichzeitig Russland und China besuchte, haben Analysten darin
Anzeichen einer Verschiebung des Schwerpunkts deutscher Außen-
handelsaktivität von Moskau Richtung Peking erkennen wollen. Die
Zahlen sprechen für sich: Insgesamt blieben die deutschen Exporte
nach China im Krisenjahr 2009 laut Statistischem Bundesamt mit
rund 36 Milliarden Euro stabil, ebenso wie die Importe mit mehr als
55 Milliarden. Das Russlandgeschäft hingegen brach um 30 Prozent
ein.

Hauptsache Mäuse

In China sind starke Nerven gefragt – und die richtige Geschäftsstrategie

Kommunistische Partei und privatwirtschaftliche Unternehmen bilden in China enge persönliche Allianzen. Denn die Politkader sind oft gleichzeitig wirtschaftliche Akteure, die ihre eigenen finanziellen Interessen als Unternehmer oder Kontaktvermittler verfolgen. Das Wirtschaftsleben Chinas, und damit die Rolle, die ausländische Unternehmen hier spielen dürfen, werden beherrscht und kontrolliert von den roten Prinzen und Prinzessinnen. Das sind Söhne und Töchter aus den einflussreichen Politikerfamilien, und sie regieren heute auch in der sozialistischen Marktwirtschaft. Pragmatisch formulierte diesen Anspruch bereits Deng Xiaoping, der Vater des Projektes:»Es ist egal, ob die Katze schwarz oder weiß ist – Hauptsache, sie fängt Mäuse.« Oder:»Es ist doch völlig unwichtig, unter welchem politischen System wir Geld verdienen.«

Für ausländische Investoren bedeutet das konkret: Nicht immer sind es rein wirtschaftliche Interessen, die in einer Zusammenarbeit dominieren. Die Provinzgouverneure sichern sich durch entsprechenden ökonomischen Fortschritt auch politisches Prestige und Machtzuwachs in der Parteiorganisation. Die Zukunft eines Joint Ventures mit einem Partner, der zu den roten Prinzen gehört, ist deshalb auch an dessen politischen Werdegang gebunden. Das kann sich positiv oder negativ auswirken.

Rechtssicherheit besteht in so einer Machtkonstellation allerdings nicht, auch wenn die chinesischen Partner auf Verträge pochen. Dass es noch nicht die Regel ist, Vertragsverletzungen in einem Gerichtsprozess zu klären oder recht zu bekommen, muss ebenfalls bedacht werden. Immer wieder kommt es vor, dass sich westliche Firmenvertreter als»Gäste« des chinesischen Staates wiederfinden. Im Falle offener Rechtsstreitigkeiten werden sie zum Beispiel an der Ausreise gehindert oder dürfen sogar chinesische Gefängnisse kennenlernen. Auch wenn solche Fälle die Ausnahme bleiben, gilt es beim Einstieg ins Chinageschäft oft vor allem, Nerven zu bewahren.

Wenn man diesen Kontext immer berücksichtigt, der auch die Rah-

menbedingungen für geschäftliches Handeln bildet, kann die China-
strategie zielorientiert und effizient erarbeitet werden. Man kann
sich schützen, indem man entsprechende Vorkehrungen trifft. Wie
zum Beispiel:

- Techniktransfer: Hier wird man abwägen, welche Technik man
  einbringt, denn Produktschutz existiert auf dem geduldigen
  Papier. Schutz gegen Produktpiraterie gibt es nur mithilfe technischer Vorkehrungen, nicht allein über Patentrechte.
- Gerichtssystem: Auftretende Probleme löst man außergerichtlich
  mithilfe von Anwälten, die die Realität Chinas kennen und nicht
  nur die Gesetzestexte.
- Geschäftskultur: Über die Situation des Geschäftspartners informiert man sich vorher möglichst umfassend. Man glaubt
  nicht vertrauensselig an die Loyalität des chinesischen Gegenübers, nur weil er (und vor allem sie!) so gut Deutsch oder
  Englisch spricht.

Niemand macht in China ein Geheimnis daraus, dass westliche Betriebe in China Geld verdienen können, damit China eine eigenstän-
dige wirtschaftliche und technische Entwicklung erreicht. Sorgen wir
mit unseren Innovationen dafür, dass uns dieser Markt noch lange
braucht.

Die Entscheidung über eine ausländische Investition in China wird
anhand einer Vielzahl von Kriterien getroffen. Ein Bereich ist die Infrastruktur des Landes, insbesondere das Transportwesen. Im Zuge
der weltweiten Finanzkrise hat China einen großen Teil seines Kon-
junkturpaketes in den Transportsektor investiert und setzt damit ein
deutliches Zeichen für den Ausbau und die wirtschaftliche Weiterentwicklung des Landes.

Das Transportnetz wird immer dichter geknüpft

Der Zustand und Ausbau von Straßen und Schienennetz stellen für
produzierende Unternehmen einen wesentlichen Einflussfaktor auf
Effizienz und somit Kosten- und Erlösstruktur dar. Diesen Zusam-

menhang hat die chinesische Regierung frühzeitig erkannt und fördert gezielt das Transportwesen. Es gibt in China mittlerweile 152 Flughäfen, viele davon mit internationalem Anschluss. Es gibt inzwischen mehr als 3,7 Millionen Kilometer Straßen, davon mehr als 60.000 Kilometer autobahnähnlicher Schnellstraßen (zum Vergleich: Das deutsche Autobahnnetz umfasst 12.700 Kilometer).

Das Schienennetz ist inzwischen auf 79.700 Kilometern ausgedehnt (Deutschland: 33.700 Kilometer). Im Vergleich zum Schwerlastverkehr auf der Straße stellt der Schienenweg immer noch die kostengünstigere Alternative dar. Dennoch dürfen Mängel und Probleme nicht ignoriert werden. Die Wahrscheinlichkeit, dass Güter auf dem Schienenweg beschädigt werden, ist im Vergleich zum Transport auf der Straße ungleich größer. Der Schaden entsteht in der Regel während der Verladephase, wenn Güter vom Waggon auf den Lastwagen oder umgekehrt verschoben werden, weil die Arbeiter oft nicht mit der Handhabung sensibler Waren vertraut sind. Frachtanbieter verlangen darüber hinaus sogar von Zeit zu Zeit Zusatzgebühren, um Waggonkapazitäten verfügbar zu machen oder eine bevorzugte Behandlung zu gewährleisten. Transporte auf weniger nachgefragten Routen arbeiten mit einem Zeitfenster von einer Woche, länderübergreifende Lieferungen können sogar bis zu 60 Tage in Anspruch nehmen.

Die Regierung versucht, diese Probleme mit einem Anreizpaket anzugehen. Das chinesische Eisenbahnministerium hat 2009 mehr als 471 Milliarden US-Dollar (196 Milliarden Euro) in den Aufbau des Schienensystems investiert. Im Vorjahr waren es 250 Milliarden US-Dollar. Landesweit plant der Staat bis zum Jahr 2020 mehr als 12.000 Kilometer Schienen zu verlegen, um so die Provinzhauptstädte mit den größeren Städten Chinas mit Schnellzügen zu verbinden, die 200 Stundenkilometer oder mehr fahren können. Für den Personentransport stehen in China zurzeit 3.300 Kilometer an Hochgeschwindigkeitsstrecken zur Verfügung. Züge fahren darauf teilweise mit 350 Stundenkilometern! Im Jahr 2009 wurden zwei Hauptverbindungsstrecken fertiggestellt, die Wuhan mit Guangzhou (Kanton) und Zhengzhou mit Xi'an verbinden.

Wachstumschancen in Nord- und Zentralchina

Mit dem Ausbau des Transportwesens erfolgt automatisch die Erschließung und Weiterentwicklung bisher im Schatten der großen Ballungszentren im Osten des Landes stehender Regionen in Nord- und Zentralchina. Sogenannte Second-Tier- und Third-Tier-Städte werden seit einigen Jahren gezielt mittels neuer und verbesserter Verkehrsanbindungen erschlossen und so wird deren Attraktivität für ausländische Investoren gesteigert. Damit geht die Regierung nach der Etablierung einer wirtschaftlich prosperierenden Region im Bereich der Küsten einen Schritt weiter, um den Rest des Landes in den Aufwärtstrend zu integrieren und ebenfalls wettbewerbsfähig zu machen.

Trotz dieser Anstrengungen bestehen regional jedoch noch große Unterschiede in allen die Infrastruktur betreffenden Punkten. Die Errichtung einer tragfähigen Abwasser-, Wasser- und Stromversorgung gehört hier ebenso dazu wie die bereits angesprochene Entwicklung des Transportwesens. Die Ballungszentren an der Ostküste und im Süden verzeichnen hier einen großen Vorsprung. Die chinesische Regierung versucht mit steuerlichen Anreizen und Investitionen in die Infrastruktur mehr ausländische Investoren in bisher weniger populäre Regionen Zentral- und Westchinas zu locken.

Sicherheit statt Freiheit

Die Reaktion der Machthaber in Beijing auf die Verleihung des Friedensnobelpreises an den inhaftierten chinesischen Schriftsteller und Bürgerrechtler Liu Xiaobo im Oktober 2010 hat das Thema Demokratie und Unterdrückung in China wieder extrem hochkochen lassen und dabei auch Sorgen bei Investoren ausgelöst, denen die künftige Entwicklung des Riesenlands mit Argwohn unsicher zu sein scheint. Auch wenn in der Vergangenheit immer wieder von Protesten, Streiks und Ähnlichem berichtet wurde: Die innere, öffentliche Sicherheit in China wird von den Machthabern in der Tat notfalls mit äußerster Brutalität aufrechterhalten. In Wirklichkeit ist die Demokratiebewegung, auf die der Westen mit zunehmender wirtschaftlicher Entwicklung hofft, jedoch bislang nicht als echte Massenbewegung erkennbar. »Freiheit« heißt für chinesische Menschen nach wie vor in erster Linie die Freiheit, wählen zu können, was sie heute essen, was sie einkaufen, einen Arbeitsplatz wählen zu können und genügend Ausbildungsmöglichkeiten zu haben.

Die öffentliche Sicherheit ist entsprechend hoch. Natürlich gibt es Kleinkriminalität (Diebstahl, Übervorteilung) wie überall. Aber die Ausländer sind sicher und China tut alles, damit dies so bleibt. Die Methoden (drakonische Strafen, Anwendung von Gewalt, Todesurteile und deren Vollstreckungen ohne Gerichtsprozesse) gefallen zwar dem Westen nicht. Aber sie stellen sicher, dass Geschäftsleute nicht in gepanzerten Limousinen reisen müssen (wie etwa in einigen Städten Lateinamerikas). China hat seine eigene Methode, mit Regimekritikern umzugehen. Oft werden sie durch besonders gut bezahlte und lukrative Sonderaufgaben eingebunden. Jeder kann seine Meinung sagen. Nur wenn eine Zeitung diese abdruckt, geht man gegen die Zeitung vor. Da ausländischen Gästen in China diese Feinheiten nicht bekannt sind, berichten sie immer wieder von den allseits zu beobachtenden offenen Meinungsäußerungen – und werten dies dann als Zeichen der Veränderung Richtung »westlicher Freiheit«. Ein Fehlschluss.

Leben wie im Westen

In den Megastädten der Ostküste ebenso wie in Peking oder im Südosten des Landes finden westliche Geschäftsleute heute Büro- oder Wohnräume, die dem Standard westlicher Vorstellung entsprechen. Es gibt genügend Einkaufsmöglichkeiten (auch für westliche Produkte). Für die Kinder von Expatriates gibt es genügend internationale Schulen oder Kindergärten.

Westlicher Standard ist im Bereich von Wohnungen oder der Ausbildung teuer. Auch wenn im Zuge der Finanzkrise die Überhitzung des Immobilienmarktes gestoppt wurde, sind gut ausgestattete Wohnungen teuer. Für all diejenigen, die China nur aus den Expatriate-Siedlungen der Megastädte kennen, zur Erinnerung: Auch heute noch teilen sich 80 Prozent der chinesischen Haushalte ihre Küche mit anderen. Und 85 Prozent haben noch kein eigenes Bad oder Toilette.

GESCHÄFTSKULTUR & ARBEITSWELT

Quantität ist nicht gleich Qualität

Chinesische Mitarbeiter sind bereit zum großen Sprung – aber oft fehlt die Muskelkraft

Westliche Investoren in China haben häufig Probleme, Mitarbeiter zu finden, die ihren Erwartungen hinsichtlich Qualifikation oder Arbeitsstil entsprechen. Auch wenn die Zahl von fünf Millionen Hochschulabgängern pro Jahr oft in westlichen Medien zitiert wird: Die Ausbildung in China ist wenig praxisorientiert und kann nicht mit westlichen Standards mithalten. Schüler und Studenten haben zudem nicht gelernt, selbständig zu arbeiten. Ein Berufsbildungssystem, wie es zum Beispiel in Deutschland geschätzt wird, fehlt vollkommen. Die wirtschaftlichen Chancen in China stehen darüber hinaus nicht jedem offen. »Mao schickte uns aufs Land, Deng schickte uns in die Marktwirtschaft und unsere heutigen Machthaber schicken uns in die Arbeitslosigkeit«, so ein häufiger Ausspruch unter Chinesen mittleren Alters. Sie haben zum Großteil weder die fachlichen noch die sprachlichen Kenntnisse, mithilfe derer sie eine Arbeitsstelle bei einem westlichen Unternehmen einnehmen können.

Junge Arbeitnehmer auf jedem Bildungsniveau müssen meist erst für die Tätigkeit in einem westlichen Unternehmen qualifiziert werden. Dabei poliert man einen Rohdiamanten, denn mit einer derartigen Zusatzausbildung erhöhen sich die Chancen auf dem Arbeitsmarkt enorm. Trotz der Masse an arbeitswilligen Bewerbern: In China herrscht Fachkräftemangel. Und deshalb sind westlich-qualifizierte Arbeitskräfte begehrt und umworben.

Jobhopping ist demzufolge oft der neue Nationalsport bei den gut qualifizierten Arbeitnehmern. Dies sollte in der Personalpolitik berücksichtigt werden. Chinesische Mitarbeiter erwarten einen patriarchalen Führungsstil, sie wollen angeleitet, begleitet und kontrolliert werden. Wenn der Vorgesetzte ihnen Eigenständigkeit zuspricht, werten sie dies oft als Desinteresse. Dann schwindet die Loyalität und es droht, dass sie sich tatsächlich »selbständig« machen – auf Kosten der westlichen Firma.

Maßnahmen zur Personalbindung sind essenziell. Dies beginnt bei einem guten Betriebsklima – gefördert durch gemeinsame Aktivitäten – und natürlich einer guten Bezahlung. Konkrete Sonderleistungen wie Krankenversicherungen, der Aufbau einer privaten Rente (die man mit dem Verlassen des Unternehmens verlieren würde) oder andere Vergünstigungen sind wirksame Instrumente. Auch wenn oft der Eindruck entsteht, chinesische Mitarbeiter würden schnell wegen eines besseren Verdienstes den Arbeitgeber wechseln: »Money is not always king.« Eine Karriereplanung, wie sie westliche Arbeitnehmer kennen, ist für viele Chinesen noch unbekannt. Auf eines jedoch können Sie sich bei Ihren Mitarbeitern aus dem Reich der Mitte verlassen: Sie sind ehrgeizig und willens, die Chancen, die sich ihnen bieten, mit beiden Händen zu nutzen!

Ständige Veränderungen der Arbeitskultur

Auch Arbeitsbedingungen und -rechte verändern sich. Steigende Löhne haben in vielen Betrieben auch für einen Rationalisierungsschub gesorgt, der zusammen mit der Weltwirtschaftskrise der Jahre 2008 und 2009 für einen Abbau von Arbeitskräften gesorgt hat, von dem vor allem sogenannte »Wanderarbeiter« betroffen waren.

Die Zahl derjenigen, die vom Land in Chinas boomende Städte sowie in die Küstenregionen gezogen sind, ist seit 1980 von zwei Millionen auf schätzungsweise 200 Millionen gestiegen. Da diese Wanderarbeiter meistens nicht über die erforderlichen Arbeitspapiere verfügen, wurden sie in der Vergangenheit unter Arbeitsbedingungen beschäftigt, die an die dunkelsten Stunden des Frühkapitalismus erinnerten. Dagegen geht einerseits der Staat nun vor, andererseits hat sich eine starke Gewerkschaftsbewegung gebildet, die mit Streiks und anderen Arbeitskampfmaßnahmen für die Rechte auch der Unterprivilegierten vorgeht. Von den Tausenden von geduldeten Streiks der letzten Jahre haben ausländische Unternehmen allerdings vergleichsweise wenig gespürt, auch wenn Arbeitsniederlegungen bei lokalen Zulieferbetrieben immer wieder auch zu Produktionsstopps bei japanischen und deutschen Automobilherstellern in China geführt haben.

Eine Tarifautonomie wie in Deutschland gibt es nach wie vor kaum, was am Fehlen unabhängiger Gewerkschaften liegt. Stattdessen schließen ausländische Unternehmen vermehrt »Kollektivverträge« ab, die man am besten mit einer deutschen Betriebsvereinbarung vergleichen kann. Das könnte sich aber in nächster Zeit ändern, wenn der Staat sein Monopol bei der Arbeitervertretung zunehmend an vor allem regionale Gewerkschaften abgibt. In den Provinzen sind auch zunehmend Abschlüsse von Tarifverträgen zu beobachten.

Ohne Vertrag gibt es doppeltes Gehalt

Alte »Chinahasen« geben Neulingen auch gerne den Tipp, ihren Mitarbeitern keine schriftlichen Arbeitsverträge zu geben, weil man sie dann im Ernstfall schneller wieder loswird. Das ist falsch und kann für den Arbeitgeber fatal sein (von der Frage der Ethik einmal ganz abgesehen). Tatsächlich ist das Arbeitsverhältnis nach chinesischem Recht ab dem ersten Tag gültig, an dem der Arbeitnehmer in dem Unternehmen arbeitet, und nicht ab dem Zeitpunkt der Unterzeichnung des Vertrages. Nach dem Arbeitsvertragsrecht muss ein Arbeitgeber sicherstellen, dass er einen schriftlichen Arbeitsvertrag mit jedem Mitarbeiter innerhalb des ersten Monats nach Arbeitsbeginn des Mitarbeiters geschlossen hat.

Dies ist wichtig, denn wenn ein solcher Vertrag nach dem Ende des ersten Monats nicht vorhanden ist, dann hat der Arbeitnehmer ein Recht darauf, ein doppeltes Gehalt für den Zeitraum zu verlangen, in dem das Unternehmen keinen Vertrag bereitgestellt hat. Wenn das Unternehmen versäumt, einen solchen Vertrag abzuschließen, nachdem der Arbeitnehmer dort für ein ganzes Jahr gearbeitet hat, kann dieser nicht nur ein doppeltes Gehalt für die vorangegangenen elf Monate verlangen, sondern auch auf einen nicht befristeten Vertrag mit dem Unternehmen bestehen. Das bedeutet, dass der Arbeitgeber die Möglichkeit verliert, den Vertrag des Mitarbeiters am Ende der befristeten Vertragslaufzeit aufzulösen.

Sozialabgaben sind von Provinz zu Provinz unterschiedlich

Das Sozialversicherungssystem ist in China regional sehr unterschiedlich. Die offizielle Sozialversicherung deckt nur städtische Arbeiter ab. Arbeiter vom Land, die zum Arbeiten in die Städte gekommen sind (siehe oben: Wanderarbeiter), werden nur teilweise berücksichtigt.

Die monatlichen Beiträge zum System werden nach einer einfachen Kennzahl berechnet, nämlich: monatliche Beiträge (social security base) gleich Gesamteinkommen des vergangenen Jahres durch 1.216. Für neu eingestellte Mitarbeiter kann während des ersten Jahres das Einstiegsgehalt als Berechnungsbasis verwendet werden. Die Obergrenze bei der Berechnung ist 300 Prozent des durchschnittlichen Sozialeinkommens an dem Ort, an dem der Mitarbeiter die Beiträge bezahlt. Mitarbeiter, die also mehr als diese Summe verdienen, wenden einen geringeren Prozentsatz ihres Gehalts für Sozialversicherungsbeiträge auf (auch die prozentuale Belastung des Arbeitgebers ist kleiner). Die Höchstgrenzen für die Berechnung werden normalerweise einmal im Jahr (meistens im März) für alle Arbeitnehmer aktualisiert. Manchmal passt die Regierung bei dieser Gelegenheit den Prozentsatz an, den Arbeitnehmer und -geber abführen müssen.

Saubere Geschäfte

In China ist alles verboten, was nicht ausdrücklich erlaubt ist

Mit zunehmender Erholung der Weltwirtschaft von der weltweiten Finanzkrise weiten Unternehmen ihre Tätigkeiten wieder aus und viele kleine und mittelständische Investoren beginnen nach Investitionsmöglichkeiten in Chinas unterentwickelten und aufstrebenden Branchen zu suchen. Möglichkeiten bieten sich zum einen in traditionellen Sektoren wie der Automobilzuliefer- oder der Transportindustrie, in welcher China während der Krise einen großen Teil seines

Konjunkturpakets investiert hat. Zum anderen bieten aber auch viele Branchen wie »grüne« Technologie, die noch am Anfang ihrer Entwicklung stehen, interessante Investitionsmöglichkeiten.

Der größte Automarkt der Erde

2009 hat China mit 13,5 Millionen Kraftfahrzeugen die USA als größten Automarkt auf der Welt überholt. Nach Schätzungen der Regierung wird sich die Zahl der Autos auf Chinas Straßen binnen zehn Jahren mehr als verdoppeln. Im Jahr 2020 dürften rund 200 Millionen Autos in China zugelassen sein, so der stellvertretende Industrieminister Wang Fuchang. Zum Vergleich: In Deutschland fahren derzeit etwa 42 Millionen Fahrzeuge herum.

Während die Automobilindustrie überall auf der Welt von der Wirtschaftskrise hart gebeutelt wurde, boomt sie in China nach wie vor. Noch wird der chinesische Markt von Joint Ventures zwischen ausländischen und chinesischen Herstellern beherrscht, jedoch machten die reinen Inlandshersteller in den vergangenen Jahren große Fortschritte. Dies führte auch zu einem Anstieg der Exportzahlen chinesischer Produzenten. Das durchschnittliche Wachstum der Automobilproduktion in China betrug von 1999 bis 2008 rund 20 Prozent im Jahr, 2009 sogar 44 Prozent! Im gleichen Zeitraum ging die Produktion in den Vereinigten Staaten um vier Prozent zurück ...

Entsprechend rosig sind auch die Aussichten für Zulieferunternehmen. Momentan ist China nach den USA der größte Produzent von Nutzfahrzeugen und nach Japan der größte Hersteller von Pkw. Der Wert der Zulieferindustrie beträgt laut J.D. Power & Associates jedoch nur ein Fünftel im Vergleich zu den Vereinigten Staaten. Ein Grund hierfür ist, dass chinesische Zulieferer nach wie vor hauptsächlich Produkte von geringem Wert und mit wenig Technologie herstellen. Da der Automobilmarkt in China jedoch reift, wird die Zulieferindustrie sehr wahrscheinlich eine ähnliche Entwicklung erleben.

Der lukrative Kampf um saubere Luft

Die rasende Ausbreitung von Autos auf Chinas Straßen, die vor zwei Jahrzehnten noch von Fahrrädern dominiert worden waren, führt zu immer größeren Umweltproblemen. So hat der Autoverkehr inzwischen die Industrie als Hauptursache für hohe Luftverschmutzung in Chinas Städten abgelöst. China wird deshalb der neue Boom-Markt für aufstrebende Umwelttechnologien werden. In der Vergangenheit hat der Staat bereits 100 Milliarden US-Dollar (78 Milliarden Euro) für umweltfreundlichere Schienensysteme und Stromnetze ausgegeben. In Zukunft sollen 34 Prozent der Mittel aus dem laufenden 460 Milliarden Euro teuren Konjunkturpaket der Regierung in sogenannte »Cleantech« investiert werden. Investitionen in umweltfreundliche Technologien sind in China in den letzten fünf Jahren mit einem Wachstum von über 100 Prozent sprichwörtlich in die Höhe geschossen.

Und das ist erst der Anfang. China hat im Jahr 2009 dank Regierungsinitiativen und Programmen die Führungsrolle im Bereich privatwirtschaftlicher Investitionen in Cleantech von den Vereinigten Staaten übernommen mit dem Ziel, sowohl den lokalen Markt zu beflügeln als auch ausländische Investoren anzulocken.

Das Wachstum spiegelt den gewünschten Erfolg der häufig sehr komplexen Regierungsprogramme zur Förderung des inländischen Cleantech-Marktes und Produktionsstandortes deutlich wider. Eine Umfrage zu umweltfreundlichen Technologien aus dem Jahr 2009 führt 19 zentrale Regierungseinheiten auf, die in Cleantech-Programme involviert sind, sowie wenigstens 18 nationale Programme, die diesen Sektor betreffen. Die Planungen auf nationaler Ebene werden im Rahmen des elften Fünfjahresplans (2006 bis 2010) vollzogen, in welchem dem Themenbereich nachhaltige Entwicklung ein noch nie da gewesenes Bedeutungsgewicht beigemessen wurde. Dabei wurde das ehrgeizige Ziel gesetzt, den Energieaufwand pro Einheit des Bruttoinlandsproduktes bis 2010 um 20 Prozent zu reduzieren.

Ein Wirtschaftsriese giert nach Energie

Der Wandel Chinas von einer landwirtschaftlich geprägten Nation zu einer boomenden Industriegesellschaft hat eine der gewaltigsten Völkerwanderungen der Weltgeschichte ausgelöst. Um sich beruflich oder privat zu verbessern, strömen Hunderte von Millionen aus den Provinzen in die Großstädte und in die Special Economic Zones (SEZ) vor allem entlang der Küste.

Hinzu kommt der schon heute verheerende Zustand der Umwelt. Mehr als zwei Drittel der Flüsse und Seen Chinas sind so verschmutzt, dass sie nicht einmal mehr für industrielle Zwecke zu gebrauchen sind. Das Land sieht sich sowohl mit Problemen bei der Selbstversorgung als auch bei der Kosteneindämmung konfrontiert. Das gilt vor allem für den Energiebedarf, der in China seit der Marktreform jedes Jahr um fünf Prozent gewachsen ist und in Zukunft zu explodieren droht.

Um der steigenden Nachfrage gerecht zu werden, hat China seine Ölimporte im Jahr 2009 um fünf Prozent erhöht und gleichzeitig den Import von Kohle und Erdgas immens ausgeweitet. Importiertes Rohöl deckt heute insgesamt 52 Prozent des chinesischen Bedarfs. Dieser unersättliche Hunger nach Energie bedeutet für den Inlandsmarkt stetig steigende Rohstoffpreise.

Die Cleantech-Industrie kann deshalb auch als zukunftsfähige Lösung der Energieprobleme Chinas angesehen werden. Die Verlagerung des Schwerpunktes auf Cleantech wurde durch dieselben Faktoren unterstützt, die China zu einem weltweiten Zentrum für niedrige Fertigungskosten gemacht haben: sehr große und staatlich unterstützte Investitionen kombiniert mit niedrigen Produktions- und Lohnkosten. Die Märkte für Wind- und Solarenergie geben besonderen Grund zur Hoffnung. Da diese Märkte sich weiterentwickeln, tun ausländische Investoren gut daran, Innovationslücken mittels der Weiterentwicklung der Effizienz bestehender Technologien oder durch energiebezogene Dienstleistungen, wie zum Beispiel Energieaudits und -beratung sowie Monitoring- und Kontrollsysteme, zu füllen. Die zunehmende Urbanisierung und der steigende Bedarf an Gebäuden bieten eine hervorragende Möglichkeit, um »grüne« Baustoffe, Dienstleistungen und Lösungsansätze zum Einsatz zu bringen. Zertifizierte »grüne« Bodenfläche wird bisher beispielsweise in nur weniger als einem Prozent der Neubauten verwendet. Dieses Defizit besteht trotz der Vorgabe der Regierung, dass bis 2010 die Gebäudeeffizienz 40 Prozent der gesamten Verbesserungen im Bereich der Energieeffizienz ausmachen soll.

Neben den zahlreichen Chancen und Möglichkeiten im Cleantech-Sektor dürfen die Hürden gerade für ausländische Unternehmen nicht ignoriert werden. Als Beispiel genannt sei hier die Vielzahl von staatlichen Stellen, die in Cleantech-Projekte involviert sind, sowie Vorzugsrechte und Regulierungen, die Innovationen fördern sollen. Diese Bestimmungen sind aber häufig sowohl intransparent als auch inkonsistent.

Chancen für ein cooles Geschäftsmodell

Chinas Kühlkettenmarkt bleibt weiterhin stark unterentwickelt. Das Fehlen von strengen Auflagen sowie unzureichende Dienstleistungsanbieter, unzulängliche Infrastruktur und unerfahrene Konsumenten tragen zum hohen Wachstumspotenzial in dieser Branche bei. Durch die Ausweitung des Straßenbaus können Speditionen aufgrund von Schnelligkeit und Flexibilität als Alternative zum Schienentransport punkten.

Auch wenn Chinas Straßennetzwerk mit 1,8 Millionen Kilometern das drittgrößte weltweit ist, so sind die Fahrzeuge, die darauf fahren, in aller Regel mangelhaft. Regelmäßige technische Überprüfungen finden nur selten statt. Aus Kostengründen werden Lastwagen zudem hoffnungslos überladen, oft bis zu 50 Prozent über der gesetzlich zugelassenen Nutzlast. Außerdem ist die Kühlkapazität für frische und verderbliche Waren sehr begrenzt.

Da zudem die Transportkosten aufgrund von strengeren Emissionsnormen, höheren Kraftstoffpreisen und der Notwendigkeit von besseren Technologien ständig steigen und die zerstückelte Speditionsindustrie kaum eine landesweite Abdeckung bietet, bleibt Logistik in China ein Hauptproblem für viele Auslandsinvestoren – bietet gleichzeitig aber auch eine große Chance, gute Geschäfte zu machen.

Die Bürokratie hat immer das letzte Wort

Auch wenn in China mittlerweile ein insgesamt geschäftsfreundliches Klima herrscht, darf nicht vergessen werden, dass man sich immer noch in einer zentral gelenkten, kommunistisch regierten Planwirtschaft befindet, in der die Regierung bestimmte Branchen und Geschäftsfelder oder Teile davon für ausländische Investoren gesperrt hält oder nur unter unterschiedlich starken Beschränkungen offen hält. Laut des vom Wirtschaftsministerium herausgegebenen »Guiding Catalogue for Foreign-invested Industries« zählen dazu vor allem Land- und Forstwirtschaft, Bergbau, Weiterverarbeitung und Veredelung landwirtschaftlicher Erzeugnisse, die komplette Getränkeherstellung (insbesondere Reiswein und Liköre), die Tabakindustrie, Druck und Reproduktion von Printmedien, Erdöl, Chemie, Pharma, Gummiprodukte, Metall verarbeitende Betriebe, Maschinenbau, Schiffsbau, Kommunikationsmittel wie zum Beispiel Computer sowie der komplette Bildungssektor.

Oft ist nur ein bestimmter Teil der Wertschöpfungskette in einer aufgeführten Branche für ausländische Investoren unzugänglich oder nur über eine Mehrheitsbeteiligung chinesischer Geschäftspartner möglich. Und um das Ganze noch komplizierter zu machen, existieren darüber hinaus für verschiedene Provinzen und Regionen wie Tibet, Xinjiang oder Hainan sowie für die Special Economic Zones abweichende Bestimmungen, die jeweils spezifisch ermittelt werden müssen.

Im Klartext: Als Westler kann man sich in kaum einem Wirtschaftszweig wirklich frei bewegen: Überall hat letztlich die Bürokratie das Sagen.

Willkommen im Fälscherparadies

Chinas Ruf als Fälscherparadies besteht zu Recht. An jeder Straßenecke kann man gefälschte Markenkleidung, CDs oder Uhren kaufen, und auch nachgemachte elektronische Produkte und Industriemaschinen sind keine Seltenheit. Diese Imitate sind von Laien heutzutage kaum noch vom Original zu unterscheiden.

Dass die eigenen Produkte gefälscht werden, lässt sich vermutlich nur schwer vermeiden. Allerdings können sich Unternehmen auch in

China durchaus wirkungsvoll vor Produktpiraterie schützen, beziehungsweise gegen die Fälscher vorgehen, nachdem die Fälschungen entdeckt worden sind.

Die Erfassung des geistigen Eigentums in der Form von Patenten oder Handelsmarken gibt der berechtigten Person oder dem berechtigten Unternehmen auch in China die Möglichkeit, im Fall einer Verletzung alle rechtlichen Maßnahmen zu ergreifen. 2008 hat die Regierung neue, schärfere Gesetze zum Schutz des geistigen Eigentums eingeführt, die beispielsweise verhindern sollen, dass illoyale Mitarbeiter oder Kriminelle wichtige Firmeninformationen abziehen und weiterveräußern.

Unter Umständen können allerdings Schutzmechanismen effektiver sein als Patente, zum Beispiel dann, wenn der Produktlebenszyklus kürzer ist als die Zeit, die für die Registrierung des Patents notwendig wäre. Für kurzlebige Produkte ist meistens ein Gebrauchsmuster sinnvoller als ein richtiges Patent, da die Bearbeitungszeit eines entsprechenden Antrags in der Regel sehr viel kürzer ist. Zu beachten ist, dass das geistige Eigentum in China registriert werden muss. Es reicht nicht aus, das Eigentum nur im Heimatland zu schützen.

Geheimhaltung ist der beste Piratenschutz

Strikte Geheimhaltung ist jedoch das beste Schutzmittel überhaupt und sollte in der Praxis die größte Aufmerksamkeit genießen, besonders wenn es sich um dauerhaft vertriebene Produkte oder Technologien handelt. Der Schutz sensibler Informationen kann durch die Anwendung von gesundem Menschenverstand sowie von einigen ganz normalen Regeln wie Zugangskontrollen und das Verbot von PC-Downloads erreicht werden.

Die technologische Entwicklung bietet darüber hinaus eine Fülle von Schutzeinrichtungen, die für alle möglichen Produktarten angewendet werden können. Diese reichen von Wasserzeichen über RFID-Aufkleber und Barcodes bis zu Mikrochips. Bei der Entscheidung zwischen den verschiedenen Sicherheitsmerkmalen ist abzuwägen, ob es um Präventivschutz geht oder darum, Beweise für den Fall einer Klage oder einer behördlichen Aktion gegen illegale Kopien zu sammeln. Präventive Maßnahmen sind solche, die von Nichtfachleuten sofort von außen erkannt werden können. Maßnahmen, die als Beweismittel dienen sollen, sind oft versteckt und verlangen eine komplexe Bedienprozedur.

Recht haben – und recht bekommen

Allgemein gilt, je eher ein Rechtsverletzer erkannt wird, desto besser. Doch ist dies leichter gesagt als getan, speziell in einem so großen Markt wie dem chinesischen. Trotzdem sollten regelmäßige Kontrollen ein Teil der Schutzmaßnahmen sein, um Fälscher so zeitig wie möglich ausfindig zu machen und Schäden auf einem möglichst niedrigen Level zu halten. Eine gute Kontrolle beinhaltet systematische Recherche im Internet und in relevanten Veröffentlichungen, den Besuch von Handelsmessen und Ausstellungen genauso wie Marktrecherche vor Ort.

Zur Durchsetzung der Rechte gibt es verschiedene Möglichkeiten. Man kann natürlich den Gerichtsweg einschlagen, um gegen Fälscher vorzugehen. Eine andere Alternative ist, je nachdem, um welchen Schutz es sich handelt, mit verschiedenen Behörden zu kooperieren. Die Rechte am geistigen Eigentum können zum Beispiel bei der Zollbehörde registriert werden. Sobald beim Zoll der Verdacht aufkommt, dass es sich um gefälschte Produkte handeln könnte, werden die Beamten aktiv.

WIRTSCHAFT & STEUERN

Zahlen und Stempel

Das Steuersystem in China ist ein Verwirrspiel – wie überall ...

Ein Grundverständnis der steuerlichen Verpflichtungen sowohl als Individuum als auch als Unternehmung ist für ein Engagement in China unerlässlich. Die Steuerplanung stellt somit einen wesentlichen Teil der Überlegungen von Auslandsinvestoren dar, da eine falsche steuerliche Behandlung die wirtschaftlichen Tätigkeiten eines

Unternehmens negativ beeinflussen kann. Derzeit umfasst das chinesische Steuersystem insgesamt 25 Steuerarten. Dabei sind nicht alle für ausländisch investierte Unternehmen und Expats von Bedeutung. Die wichtigsten sind:

- Körperschaftssteuer: Unternehmen und andere Gesellschaften mit Einkünften aus Produktion, Gewerbebetrieb oder anderen Quellen innerhalb Chinas unterliegen der Körperschaftssteuer. Diese beträgt im Allgemeinen 25 Prozent, für ausländisch investierte Unternehmen, die nicht in China ansässig sind, aber ihre Einkünfte aus China generieren, aber nur 20 Prozent. Hightech-Unternehmen können einen ermäßigten Körperschaftssteuersatz von 15 Prozent beantragen.
- Umsatzsteuer: Sie wird in China grundsätzlich auf sämtliche Unternehmen und Personen erhoben, die innerhalb Chinas in Warenverkäufe, Import, Herstellung, Vorbereitung, Weiterverarbeitung oder Reparatur und Wartung von materiellen Gütern involviert sind. Der allgemeine Steuersatz liegt bei 17 Prozent. Der Steuersatz für kleinständische Unternehmen liegt bei drei Prozent. Diese sind nicht vorsteuerabzugsberechtigt.
- Exportsteuer: Exportgüter unterliegen in China nur in bestimmten Einzelfällen der Besteuerung. Steuerzahler können eine Rückerstattung für die zuvor entrichtete Umsatzsteuer der gekauften oder hergestellten Güter beantragen.
- Gewerbesteuer: Sie wird für alle Rechtspersönlichkeiten und Personen erhoben, die innerhalb Chinas steuerbare Dienstleistungen anbieten, immaterielle Wirtschaftsgüter übertragen oder Immobilien verkaufen. Die Steuersätze schwanken zwischen drei Prozent für Branchen wie Bau, Transportwesen und Telekommunikation und fünf Prozent für die meisten anderen wie Finanzwesen und Versicherungen, Verkauf von Immobilien und Gebäuden sowie Dienstleistungsindustrie (Hotel, Bewirtschaftung, Tourismus).
- Stempelsteuer: In China wird eine Steuer auf jedes geschriebene Dokument erhoben, dessen Erstellung aufgrund von wirtschaftlichen Tätigkeiten erfolgt, die sogenannte Stempelsteuer. Sie basiert auf dem Zahlungsbetrag, den Gebühren oder Einkünften, die auf den steuerbaren Dokumenten aufgeführt sind, oder der Anzahl der steuerbaren Dokumente. Die Steuersätze pendeln zwischen 0,01 und 0,1 Prozent beziehungsweise fünf Yuan pro Einheit.

- Persönliche Einkommensteuer: Expats, die in China ihren Wohnsitz oder gewöhnlichen Aufenthalt haben, unterliegen in China der Einkommensteuer. Die Steuersätze pendeln sich zwischen fünf und 45 Prozent ein und richten sich nach der Höhe des Einkommens. Die Berechnung der Einkommensteuer hängt von der Aufenthaltsdauer und der Einkommenshöhe ab. Darüber hinaus steht Expats ein monatlicher Freibetrag zur Verfügung, der von dem zu versteuernden Einkommen abzuziehen ist. Im Einkommensteuerrecht existieren mehrere Möglichkeiten zur Steuerbefreiung.

Wie komme ich an mein Geld?

Grundsätzlich ist eine Gewinnrückführung aus China möglich. Zwischen der Volksrepublik China und der Bundesrepublik Deutschland besteht ein Investitionsschutzabkommen, das die völkerrechtlich festgelegten Schutzbestimmungen, wie die Gewährleistung des freien Transfers von Kapital und Vermögen, die Inländergleichbehandlung und Meistbegünstigung, Enteignungsschutz und Entschädigungspflicht sowie Rechtsweggarantie und internationale Schiedsgerichtsbarkeit festlegt.

Doch ganz so einfach ist die Sache mit der Repatriierung von Gewinnen und Zinsen leider nicht. Bei einer Unternehmensgründung in China müssen sich ausländische Investoren mit komplexen Problemen herumschlagen, angefangen von regional unterschiedlichen Bestimmungen bis hin zu komplizierten Steuer- und Lizenzproblemen. Deshalb werden die Mechanismen zur Vereinfachung der effektiven Gewinnmaximierung und Gewinnrückführung leider häufig vernachlässigt. Diese Thematik sollte aber stets bereits von Anfang an bei der Planung eines Chinaengagements berücksichtigt werden. Eine gründliche Beratung durch einen chinaerfahrenen Steuerberater oder Wirtschaftsprüfer ist deshalb dringend zu empfehlen.

Investitionsförderung in China

Die Bemühungen der chinesischen Regierung, Investitionen in China, vor allem auch ausländischer Unternehmen, zu fördern, zeigen sich anhand unterschiedlicher Maßnahmen. Zum einen werden laufend steuerliche für Sektoren, zum Beispiel den Hightech-Bereich, oder allgemein für importierte Anlagen und Forschungseinrichtungen gesetzt, häufig regional gebunden und von Region zu Region verschieden. Hierbei kann es sich im Idealfall um große Steuervergünstigungen oder sogar Steuerbefreiungen bestimmter Transaktionen und Güter handeln. Hier ändern sich die Bestimmungen und Angebote ständig. Eine zeitnahe Beratung bei einem Consultant oder der Deutsch-Chinesischen Auslandskammer wird daher empfohlen.

Neben steuerlichen Anreizen investiert die Regierung auch gezielt in die Förderung bestimmter Industrien und in die Verkehrsstruktur des Landes. Beispielhaft seien hier Chinas Konjunkturpaket für die Automobilindustrie und Investitionen in das Transportwesen genannt. So hat das Konjunkturpaket der chinesischen Regierung für die Automobilindustrie zweifellos großen Anteil daran, dass China im Jahr 2009 zum größten Automobilmarkt wurde (siehe oben). Zum 20. Januar 2009 wurde die Umsatzsteuer für Fahrzeuge mit einem Motor bis zu 1,6 Litern von zehn auf fünf Prozent gesenkt. Darüber hinaus wurde eine »Abwrackprämie« von zwischen 3.000 und 6.000 Yuan für die Inzahlungnahme alter Fahrzeuge gewährt, um die Verbraucher zum Kauf anzuregen. Obwohl das Programm sehr erfolgreich war, hatte die Mehrzahl der Fahrzeugkäufe im vergangenen Jahr andere Gründe. Laut dem chinesischen Verband der Automobilhersteller führte das Programm zum Kauf von 2,6 Millionen Fahrzeugen, was ungefähr 19 Prozent aller Käufe im Jahr 2009 ausmachte. Die chinesische Automobilindustrie weist also über die Anreize der Regierung hinaus ein beachtliches Wachstum auf, was die Nachhaltigkeit der Entwicklung unterstreicht.

INDIEN: DER RIESE WÄCHST

Der Subkontinent ist zum weltweiten Wachstumsführer aufgestiegen

Von Klaus Maier

Indien wächst und wächst. Weder Weltwirtschaftskrisen, Bevölkerungsexplosion noch chronische Infrastrukturprobleme scheinen das Wachstumstempo des einstigen »schlafenden Riesen« heute bremsen zu können. Das macht Indien zu einem der vielversprechendsten Märkte der Welt für deutsche Mittelständler.

Sie müssen allerdings starke Nerven mitbringen, denn Indien ist ein Land voller atemberaubender Gegensätze. Hochmoderne Großstädte stehen neben stinkenden Slums, chromblitzende Luxuslimousinen müssen sich einen Weg zwischen Pferdefuhrwerken und streunenden Kühen bahnen, wenige Kilometer von den Technologiezentren von Bangalore, Hyderabad oder Chennai leben Bauern in Dörfern, in denen sich seit Jahrhunderten nichts verändert zu haben scheint.

Aber Indien hat auch sehr viel zu bieten: mehr als eine Milliarde Menschen, die mit dem wachsenden Wohlstand auch zu aktiven Verbrauchern werden. Heerscharen von bienenfleißigen, oft hervorragend gebildeten, englisch sprechenden Arbeitskräften. Und vor allem das Allerwichtigste: der Glaube an sich und an die Zukunft dieses faszinierenden Landes, das zwar nach wie vor riesige Herausforderungen meistern muss, dafür aber auch die Chance hat, in den nächsten Jahren endlich mit dem Westen aufzuschließen und auch wirtschaftlich eine Führungsrolle zu übernehmen.

Die Regierung Indiens hat es sich zum Ziel gesetzt, das Land zu einer internationalen Fertigungs- und Exportplattform und in großem Maße zu einem »Beschaffungs-Mekka« für das Global Sourcing zu machen. Allen ist klar, dass dies nur mithilfe einer gigantischen technologischen Modernisierungsleistung möglich sein wird. Dabei werden Importe und Know-how aus dem Westen – gerade aus Deutschland – eine Schlüsselrolle spielen, denn die Integration der indischen Volkswirtschaft in die Weltmärkte wird mit Sicherheit weiter rasant zunehmen – mit allen daraus entstehenden Konsequenzen.

SWOT-Analyse Indien

Strengths (Stärken)

- Großer Absatzmarkt
- Hohes Wirtschaftswachstum
- Gut ausgebildetes, qualifiziertes, junges und dynamisches Personal
- Westlich orientiertes Rechtssystem (Common Law)
- Viele Hochschulabgänger
- Englisch als Geschäftssprache
- Offen für Foreign Direct Investments (FDI)
- Entwickelter Dienstleistungssektor
- Breite industrielle Basis

Weaknesses (Schwächen)

- Niedriges durchschnittliches Pro-Kopf-Einkommen
- Mangelnde Infrastruktur
- Niedriges Ausbildungsniveau
- Mangel an Fachkräften
- Geringe Arbeitsproduktivität
- Schattenwirtschaft
- Bürokratie
- Niedrige Steuereinnahmen
- Rohstoffmangel

Opportunities (Chancen)

- Wachsende Mittelschicht
- Infrastruktur ausbaufähig
- Enormer Modernisierungsbedarf der Industrie
- Hohe Investitionstätigkeit des Privatsektors
- Niedriges Lohnniveau
- Wachsende Einbindung Indiens in die Weltwirtschaft
- Handelsabkommen mit der EU

Threats (Risiken)

- Starke Einflussnahme des Staates auf die Wirtschaft
- Starke Gewerkschaften
- Spekulative Grundstücks- und Immobilienpreise
- Rohstoffknappheit
- Starke Abhängigkeit der Wirtschaft vom Wetter/Monsun
- Regionale Religionen- und/oder Kastenkonflikte

Sprungbrett mit Sprengstoff

Indien ist ein stabiles Land, das mit vielen inneren Problemen ringen muss

Indien ist die größte Demokratie der Welt, freie Wahlen und Gewaltenteilung sind seit der Staatsgründung 1947 in der Verfassung verankert und werden seitdem auch ohne Unterbrechung praktiziert. Das indische Rechtssystem hat seine Ursprünge im britischen »Common Law«, das über die Jahre den indischen Erfordernissen angepasst wurde. Es enthält demnach nur wenige Unbekannte und ist relativ verlässlich, doch mahlen die Mühlen der Gerechtigkeit teils sehr langsam. Verfahren können sich an den völlig überlasteten Gerichten leicht über Jahre, im schlimmsten Fall sogar über Jahrzehnte hinziehen.

Politische Stabilität und Rechtsstaatlichkeit sind in Indien also grundsätzlich gewährleistet. Dennoch gibt es im föderalistischen Indien zum Beispiel einige Bundesstaaten, deren Länderregierungen eine eher investitionsfeindliche Politik betreiben. Dabei sind insbesondere diejenigen zu nennen, in denen die Kommunistische Partei großen Einfluss besitzt, wie zum Beispiel Westbengalen im Nordosten des Landes. Ein prominenter Fall war hier die vom indischen Automobilriesen Tata geplante Fabrik zum Bau des Billigautos Nano. Aufgrund massiver Proteste der ansässigen Bevölkerung, angestachelt und unterstützt von linken Politikern und Lobbys, musste der Konzern das zu 90 Prozent fertiggestellte Werk aufgeben und Investitionen von 240 Millionen Euro abschreiben. Die Autos werden nun in Sanand im Bundesstaat Gujarat gebaut.

Grundsätzlich müssen ausländische Investoren besonders beim Kauf von Land vorsichtig vorgehen, um ihre Investition zu schützen. Staatseigenes Land ist kaum noch verfügbar, und so muss in den meisten Fällen von privat gekauft werden. Hierbei ergeben sich häufig Probleme hinsichtlich der wahren Besitzverhältnisse, die schlimmstenfalls dazu führen können, dass ein bereits gekauftes Grundstück wieder geräumt werden muss, da plötzlich neue, zusätzliche Besitzansprüche angemeldet werden, die sodann in einem langwierigen Verfahren eindeutig überprüft werden müssen.

Sprengstoff bergen die gewaltigen lokalen Disparitäten zwischen den vielen ethnischen und religiösen Gruppen, ebenso wie zwischen Reich und Arm, Land und Stadt und anderen mehr. In einigen Gebieten Indiens gibt es darüber hinaus gewaltbereite Maoisten, die mit Anschlägen auf Regierungsvertreter oder auf die Zivilbevölkerung immer wieder für Unruhe sorgen.

Rivale China abgehängt

Eine der größten Stärken Indiens ist sein riesiger und ungebremst wachsender Binnenmarkt, der ungeahntes Absatzpotenzial auch für importierte Produkte bietet. Seit der Öffnung der indischen Wirtschaft im Jahr 1991 ist Indiens Bruttosozialprodukt (BSP) jedes Jahr im Durchschnitt um stolze 5,9 Prozent gewachsen. Dieser Trend setzte sich, wenn auch leicht abgeschwächt, während der jüngsten Weltwirtschaftskrise fort und soll sich laut aktuellen Prognosen in den kommenden Jahren wieder in Richtung der Zehnprozentmarke oder sogar darüber hinaus bewegen, Indien, da sind sich die meisten Experten einig, wird bald zum Wachstumsführer der Weltwirtschaft aufsteigen – noch vor dem großen Rivalen aus China.

Dennoch ist der Wettbewerb hart und die Preissensibilität hoch, was insbesondere den Vertrieb importierter Güter erschwert. Zudem ist Indiens Wirtschaft ausgesprochen innovativ, anpassungsfähig und kompromissbereit. Es ist also unwahrscheinlich, dass indische Abnehmer in den nächsten Jahren exakt das nachfragen werden, was westliche Hersteller heute anbieten, denn sie sind außerdem sehr anspruchsvoll: Wenn schon, dann wollen sie das Allerneueste und keine abgelegten westlichen Ladenhüter. Auch wenn viele deutsche Unternehmen, die bereits hier ansässig sind, daher noch keine großen Umsätze in Indien erwirtschaften, betonen sie jedoch immer wieder, wie wichtig der Standort für ihre globale Wertschöpfungsstrategie ist.

Um vom immensen Potenzial des lokalen Absatzmarktes profitieren zu können, müssen deutsche Firmen vor allem Präsenz zeigen und sich möglichst rasch an die lokalen Gegebenheiten anpassen. Am besten lässt sich das erreichen, wenn man Produkte konkret für den indischen Bedarf entwickelt und produziert, dabei den lokalen Wertschöpfungsanteil erhöht oder am besten ganz in und für Indien fertigt. Auch die Einrichtung eines Forschungs- und Entwicklungszentrums oder der Einstieg in völlig neue Geschäftsfelder bietet sich für viele Unternehmen an. Zudem ist Indien mit seinem niedrigen Lohnniveau, seinen Rohstoffen und seinen steigenden Fertigkeiten auch eine gute Beschaffungsquelle. Viele Firmen nutzen den Subkontinent mit seiner günstigen geostrategischen Lage – auf halbem Weg zwischen Europa und Ostasien – als wichtigen globalen Einkaufs-Hub. Indien ist schließlich auch ein ideales Sprungbrett in die Märkte Ostasiens. Wer gelernt hat, sich indischen Verhältnissen anzupassen, der kann diese Erfahrung sozusagen als Blaupause benützen beim Einstieg in andere Märkte. Erfahrungen über bedarfsgerechte Produkte, lokale Wertschöpfung und globale Arbeitsteilung, die westliche Unternehmen heute in Indien sammeln, können morgen in anderen aufstrebenden Ländern von unschätzbarem Wert sein.

CHANCEN & RISIKEN

Löchrige Netze

Die Infrastruktur kommt mit dem enormen Wachstum kaum noch mit

Das Land setzt dem Auslandsinvestor auch einige Barrieren entgegen, die einem ausländischen Engagement auf dem indischen Markt im Wege stehen. Zwar hat sich mit der stetig wachsenden Wirtschaft auch das Geschäftsumfeld in Indien immer mehr westlichen Standards angepasst, dennoch gibt es immer noch entscheidende Nachteile, die es zu bedenken und frühzeitig einzuplanen gilt.

Die marode Infrastruktur Indiens rangiert weit vorne auf der Liste der Investitions- und Handelsbarrieren des Landes. Besonders kritisch für die produzierende Industrie ist die unzureichende Stromversorgung. Die staatlichen Stromversorger, die den Markt dominieren, sind schon lange nicht mehr in der Lage, den permanent steigenden Energiebedarf zu decken und die Industrie mit ausreichend Strom zu versorgen. Aufgrund des völlig maroden Stromnetzes kann, selbst wenn ausreichend Strom vorhanden ist, keine zuverlässige Versorgung sichergestellt werden, weshalb es immer wieder zu Produktionsstillständen kommt. Stromausfälle, vier- bis fünfmal die Woche, sind daher selbst in Industriegebieten die Regel.

Ein weiteres großes Problem Indiens sind seine veralteten Transportwege. Zwar verfügt das Land über 334 Flughäfen, das längste Schienennetz der Welt und fast vier Millionen Kilometer Straße, doch lässt die Qualität der Infrastruktur größtenteils noch zu wünschen übrig. Die meisten Straßen sind trotz der massiven Fortschritte der letzten Jahre in schlechtem Zustand, die Flughäfen fast überall modernisierungsbedürftig, das Schienennetz ist veraltet und das Transportwesen zersplittert und in weiten Teilen ineffizient. Auch Indiens Seehäfen gelten als dem zunehmenden Warenverkehr nicht gewachsen und sind schlecht an das Hinterland angebunden.

Eine Billion für den Ausbau der Infrastruktur

Indien verfügt mittlerweile über mehr als drei Millionen Kilometer Straße. Was zunächst beeindruckend klingt, relativiert sich schnell, wenn ein Blick auf die Qualität des Straßennetzes geworfen wird. Weniger als die Hälfte ist geteert und grade mal sechs Prozent davon sind Fernstraßen, also relativ gut ausgebaute National und State Highways. Allerdings laufen über diese mehr als 40 Prozent des gesamten Verkehrsaufkommens ab. Auch hier hat die indische Regierung den Ernst der Lage erkannt und versucht mit dem 1998 angelaufenen National Highways Development Project (NHDP), einem Plan zum massiven, oft vierspurigen Ausbau der Fernstraßen, gegenzusteuern.

Mit einer Gesamtlänge von 64.000 Kilometern verfügt Indien nach den USA, Russland und China über das viertlängste Schienennetz der Welt. Dessen Zustand ist jedoch, ähnlich wie das Straßennetz, veraltet und nicht der beste. Aber auch die Modernisierung des Schienennetzes für den Güterverkehr hat in den letzten Jahren bedeutend an Fahrt aufgenommen. Besonders eine ausreichende Anbindung von Sonderwirtschaftszonen und den großen Seehäfen an das nationale Schienennetz wird vorangetrieben. Geplant ist zudem ein Großprojekt in Form eines Frachtkorridors mit Schnellzugverbindungen von Delhi nach Chennai und Kolkata nach Mumbai.

Auch der Zustand der indischen Flughäfen ist bis auf wenige Ausnahmen alles andere als befriedigend, im Vergleich jedoch besser als der der Seehäfen. Über die zwei größten Flughäfen Indiens, Delhi und Mumbai, läuft derzeit der Großteil der Flugbewegungen ab. Entsprechend stark ist die Auslastung. Mit dem Bau neuer Terminals sowie weiterer Modernisierungsmaßnahmen soll jedoch möglichst bald Abhilfe geschaffen werden. Besonders bei der Verkehrsanbindung können die beiden großen Hubs aber überzeugen. Daneben lassen Bangalore und Hyderabad mit kompletten Neubauten hoffen. Gerade das Frachtterminal in Bangalore wird von vielen Seiten gelobt, Hyderabad wurde jüngst vom Airports Council International (ACI) gar unter die weltweit besten Flughäfen gewählt.

Mehr als die Hälfte des jährlichen Containeraufkommens in Indien wird über einen der beiden Major Ports in Mumbai, den Nhava Sheva und den Jawaharlal Nehru Port, abgewickelt. Der Zustand der meisten indischen Häfen ist jedoch im internationalen Vergleich als marode zu bezeichnen, die Abwicklung ist nach wie vor ineffizient. Veraltetes Equipment, geringer Tiefgang und knappe (Lager-)Kapazitäten sind die Hauptprobleme. Sieben der zwölf Major Ports operieren derzeit bei über 100 Prozent ihrer Kapazität. Hinzu kommt die schlechte Infrastruktur für Zubringen und Abholung der Container.

Die Regierung hat den Handlungsbedarf erkannt und investiert massiv. Im Staat Gujarat sind derzeit Anlagen in Bau, die internationalen Standards entsprechen werden. Aber auch an anderen Häfen Indiens werden Fahrrinnen vertieft, die Anbindungen an das Hinterland vorangetrieben und neue Containerterminals gebaut.

Eine zuverlässige Stromversorgung ist in Indien durchaus problematisch. Steigender Energieverbrauch, ungenügende Erzeugungskapazitäten und mangelhafte infrastrukturelle Ausstattung führen zu ständigen Stromausfällen, selbst in bevorzugt behandelten Industriegebieten. Die Ausstattung mit Stromgeneratoren zur Notstromproduktion sowie Back-up-Systemen ist daher in nahezu allen Standorten unverzichtbar. Auch die Schwankungen in der Netzspannung – diese können von 100 Volt bis zu 300 Volt reichen – machen besonders empfindlichen Geräten wie Computern zu schaffen, sodass zum Ausgleich stets Stabilisatoren zwischengeschaltet werden müssen.

Indien verliert laut Expertenschätzungen aufgrund seiner mangelhaften Infrastruktur jährlich rund zwei Prozentpunkte seines BIP-Wachstums. Um dem entgegenzuwirken, hat die Regierung dem infrastrukturellen Ausbau des Landes die höchste Priorität eingeräumt. Sind im aktuellen Fünfjahresplan (bis 2012) noch Investitionen von etwa 450 Millionen US-Dollar vorgesehen, so soll im zwölften Fünfjahresplan von 2012 bis 2017 für den Ausbau der Infrastruktur eine Billion Dollar ausgegeben werden.

»Wahlinder« müssen flexibel sein

Die Lebensbedingungen für Expatriates in Indien haben sich – abhängig vom Standort – in den letzten Jahren stark verbessert. Besonders in den Metropolen Delhi, Mumbai und Bangalore ist die Versorgung mit importierten Lebensmitteln und Luxusgütern, Freizeitangeboten, Restaurants, Bars, internationalen Schulen und Kultureinrichtungen mittlerweile in der ein oder anderen Form gewährleistet. Dennoch ist es aber erfahrungsgemäß nicht einfach, einen deutschen Manager davon zu überzeugen, für längere Zeit nach Indien zu gehen. Nicht nur die gewöhnungsbedürftigen klimatischen Verhältnisse und generelle Lifestyle-Thematiken, sondern auch Fragen der Religion, Kultur und Mentalität machen eine Integration der Entsandten (und ihrer Familien) in das indische Umfeld nicht unbedingt leicht. Darüber hinaus wird den Wahlindern auch eine enorme Flexibilität abverlangt, beispielsweise bezüglich der Arbeitszeiten, da in Indien die Sechstagewoche nach wie vor die Regel ist.

Korruption und Bürokratie

Indien belegt im Corruption Perception Index (CPI) 2009 von Transparency International Platz 84 und ist damit schlechter platziert als Kolumbien, Ghana oder Swasiland. Die Regierung geht inzwischen sehr streng gegen Korruption vor, jedoch ist Indien im Vergleich zum CPI von 2004 lediglich um vier Plätze nach oben gewandert. Korruptes Verhalten erfahren ausländische Unternehmen hauptsächlich am Zoll und im Staatssektor, denn viele Beamte leben weniger von ihren Gehältern als von der Bestechung. Wird nicht bezahlt, werden Genehmigungen sehr viel langsamer oder gar nicht erteilt, beziehungsweise kommt es zu unangenehmen Verzögerungen bei der Verzollung der Ware. Obwohl Korruption fast schon etwas Normales ist in Indien, sollten westliche Unternehmen wo nur möglich vermeiden, das »Spiel« mitzuspielen. Leicht kann man damit in eine Spirale geraten, aus der man schwer wieder herauskommt.

Neben der Korruption stellt Indiens Bürokratie ein weiteres Investitionshindernis dar. Ähnlich wie in Deutschland gibt es unzählige Vorschriften und Regelungen, die für fast jede Aktivität erfüllt werden müssen und die viel Zeit in Anspruch nehmen. Erschwerend kommt dabei auch noch der stark ausgeprägte Föderalismus des Landes hinzu, der sich beispielsweise in unterschiedlichen bundesstaatlichen (Steuer-)Gesetzgebungen und sonstigen Regelungen äußert. Aktivitäten eines Unternehmens können daher nicht landesweit einheitlich geregelt werden, sondern müssen oft auf regionaler Ebene mit der dortigen Bürokratie gesondert koordiniert werden.

GESCHÄFTSKULTUR & ARBEITSWELT

Ein Volk von Händlern

Inder sind fleißig, haben aber einen anderen Zeitbegriff als Deutsche

Inder sind vor allem ausgezeichnete Händler. Was man auf den zahlreichen Märkten und Basaren des Landes an Verkaufsgeschick und Hartnäckigkeit der Standbesitzer beobachten kann, wird man in teils verfeinerter Form auch in den Verhandlungen mit indischen Kunden, Lieferanten oder sonstigen Geschäftspartnern erleben. Wem dies nicht bewusst ist und wer nicht gleich mit einer Gegenstrategie in die Verhandlungen geht, wird sein blaues Wunder erleben. Wenn das indische Gegenüber es nicht schafft, seinen Geschäftspartner wenigstens ein bisschen im Preis zu drücken, wird er in der Regel die Verhandlungen als gescheitert betrachten und das Geschäft nicht abschließen. Eine Ein-Preis-Politik und stures Beharren auf dem angebotenen Preis führen somit nur selten zum Erfolg. Besser wäre da schon die Strategie, mit einem zu hohen Preis in die Verhandlungen zu gehen, um sich dann im Verlauf Schritt für Schritt auf den Wunschpreis drücken zu lassen. Gleiches gilt übrigens auch umgekehrt für den Einkauf: Akzeptiert man den erstgenannten Preis ohne größere Gegenwehr, so hat man wahrscheinlich zu viel gezahlt.

Ein wichtiger kultureller Unterschied ist auch das unterschiedliche Zeitverständnis von Deutschen und Indern. Das Wort »kal« bedeutet auf Hindi »einen Tag entfernt von heute«. Es kann also sowohl gestern als auch morgen bedeuten. Und nicht nur das. Wenn in Indien auf »kal« oder »tomorrow« vertröstet wird, muss dies keineswegs morgen, sondern kann vielmehr »nicht heute« bedeuten. »Time is eternal.« Was man in diesem Leben nicht erledigen kann, schafft man im nächsten. Diese Einstellung bringt es mit sich, dass Termine oft nicht eingehalten oder verspätet wahrgenommen werden. Daher sollte man auf Geschäftsreisen in Indien immer etwas mehr Zeit einplanen. Gerade Terminabsprachen bergen daher ein hohes Konfliktpotenzial. Es lässt sich dadurch reduzieren, dass man den indischen Counterpart mehrfach an den Termin erinnert, am besten auch am Morgen des ausgemachten Tages noch einmal. Generell sollte man dann für einen Geschäftstermin in Indien mehr Zeit einplanen, als es in Europa üblich ist. Nach der obligatorischen Verspätung des indischen Gegenübers, mit der er seine Wichtigkeit demonstriert, folgt erst einmal ein längeres persönliches Gespräch, das dem Inder dazu dient, eine persönliche Beziehung zum Gegenüber aufzubauen. Erst dann kommt es zum Geschäftlichen. Die persönliche Beziehung ist dabei oft wichtiger als das Geschäft selbst. Aus diesem Grund, und weil ein Termin kaum vor 10:30 Uhr zu bekommen ist, sollte man nie zwei Geschäftstermine auf einen Vormittag legen.

Während westliche Manager gerne Privates von Geschäftlichem trennen, ist eine solche Trennung in Indien fast undenkbar. Gute Geschäfte laufen über persönliche Kontakte und Beziehungen. Man sollte daher wenn möglich jede Einladung zu privaten Treffen wahrnehmen und sich nicht wundern, wenn man bald die ganze Familie des Gegenübers kennt.»Friend« ist man in Indien sehr schnell, doch nur wer über gute Beziehungen zu seinen indischen Partnern und deren sozialen Netzwerken verfügt, kann fest auf ihre Zuverlässigkeit bauen. Persönliche Beziehungen sind wichtiger als jeder Vertrag.

Angst vor der Verantwortung

Starkes Traditionsbewusstsein und Hierarchiedenken prägen auch heute noch große Teile der indischen Arbeitswelt. Nach der Einschätzung vieler deutscher Unternehmer werden indische Mitarbeiter, insbesondere in mittleren und unteren Unternehmenshierarchien, oftmals als unorganisiert und wenig eigeninitiativ charakterisiert. Es wird bemängelt, dass aus Furcht vor zu viel Verantwortung Entscheidungen ungern selbst getroffen werden. Obwohl die meisten Angestellten durchaus nach Anerkennung, Belohnung und Erfolg streben, nehmen wenige das Heft selbst in die Hand und arbeiten aktiv an

Karrieresprüngen. Zu tief ist bei vielen das durch das Kastensystem beeinflusste Hierarchieempfinden verankert, in dem kritiklos die eigene Stellung und die der Vorgesetzten akzeptiert werden. Ein Ausbrechen aus dieser Ordnung käme einem Bruch mit Altbewährtem gleich, einer Verletzung jahrtausendealter Hierarchien, zu deren Maximen Gehorsam, Loyalität und das »Sichfügen ins eigene Schicksal« gehören. Man muss sich also in Indien daran gewöhnen, es ausschließlich mit »Spezialisten« zu tun zu haben, die sich nur um ihren klar definierten Aufgabenbereich kümmern, während »Generalisten« eher selten anzutreffen sind. Auch das Selbstverständnis der einzelnen Mitarbeiter entspricht dieser strikten Arbeitsteilung, und so kann es geschehen, dass in Indien gegebenenfalls gleich drei verschieden qualifizierte Mitarbeiter für einen Arbeitsbereich benötigt werden, den in Deutschland vielleicht ein einzelner Mitarbeiter hätte abdecken können.

Grundsätzlich ist es zudem nicht ratsam, den indischen Angestellten bei der Gestaltung und Abwicklung ihrer Aufgaben allzu viel Freiraum zu lassen, solange man sie noch nicht genau einschätzen kann. Denn viele Angestellte haben eine etwas andere Art, Dinge zu erreichen, als ein westlicher Angestellter. »Chalta hae«, was frei übersetzt so viel bedeutet wie »nichts funktioniert richtig, aber irgendwie geht es schon«, und das Konzept des »Jugaad«, also der kreativen Entwicklung von gewagten Alternativlösungen auf den letzten Drücker, bestimmen oftmals noch die Denk- und Handlungsweise indischer Angestellter.

Man sollte also bei der Mitarbeiterorganisation beziehungsweise -führung besonders darauf achten, Arbeitsbereiche und Performanceziele unzweifelhaft zu definieren, sich der Eindeutigkeit der Arbeitsanweisungen stets zu versichern und die Umsetzung der Zielsetzungen regelmäßig zu überprüfen. Klare Zielvorgaben helfen dem lokalen Team, eine vergleichbare Prozess- und Verfahrensqualität zu implementieren, wie man es beispielsweise aus Deutschland gewohnt ist. Dabei sollte man auch Wert darauf legen, dass längere Prozesse in kleinere Teilschritte unterteilt werden. Dies macht sie zum einen kontrollierbarer, und zum anderen lassen sich damit Situationen vermeiden, mit denen die Mitarbeiter sich überfordert fühlen. Es ist in Indien durchaus nicht unüblich, die Leistungen seiner Mitarbeiter regelmäßig und streng zu prüfen und miteinander zu vergleichen. Verbunden mit einem leistungsorientierten Gehalt etwa lassen sich so mitunter regelrechte Performanceschübe erzielen.

Die Loyalität indischer Arbeitnehmer bezieht sich häufig weniger auf das Unternehmen als auf Personen innerhalb des Unternehmens.

Arbeitnehmer in Indien organisieren sich betriebsintern gerne in »Mentor-Schützling-Beziehungen«, wobei die Gruppe von Schützlingen die Ratschläge und Anweisungen des Mentors loyal befolgt. Verlässt der Mentor das Unternehmen, so kann es sein, dass auch seine Schützlinge mit ihm gehen. Im umgekehrten Fall ist es genauso gut möglich, dass ein neuer Mitarbeiter versuchen wird, gleich einen ganzen Tross seiner ehemaligen Kollegen mit in das neue Unternehmen zu bringen.

Um eine möglichst langfristige Bindung der Mitarbeiter an das Unternehmen zu erreichen, sollten unterschiedliche Punkte berücksichtigt werden. Einer der wichtigsten Faktoren ist natürlich die Zahlung eines angemessenen Gehalts. Auch der sogenannte »Retention Bonus«, der den Mitarbeitern erst nach einer gewissen Zeit im Unternehmen ausgezahlt wird, hat sich als wirksames Mittel der Mitarbeiterbindung herausgestellt. Darüber hinaus sollte man jedoch vielmehr versuchen, sich die oben umrissenen kulturellen Gegebenheiten zunutze zu machen. So kann beispielsweise durch Betriebsausflüge und -feiern, zu denen auch die Familien der Angestellten eingeladen werden, ein stärkeres »Wir-Gefühl« und ein im Idealfall fast schon familiärer Zusammenhalt innerhalb der Belegschaft erzeugt werden. Auch sollte man die Familien der Angestellten direkt mit dem Unternehmen assoziieren, zum Beispiel über die Zahlung von Familienversicherungen, die in Indien nicht unbedingt üblich sind. Insgesamt lässt sich anmerken, dass in Indien die Grenzen zwischen Privat- und Berufswelt in wesentlich stärkerem Maße verschwimmen, als dies in den meisten westlichen Gesellschaften der Fall ist.

Tarife sind wichtiger als Gesetze

In seiner Gesamtheit wird das indische Arbeitsrecht als dringend reformbedürftig angesehen. Regeln zu Arbeitsverhältnissen finden sich in einer Vielfalt von Gesetzen verstreut. Als wichtigste zu nennen sind im Bereich des Individualarbeitsrechts der Industrial Disputes Act 1947, der Minimum Wages Act von 1948, der Contract Labour (Regulation and Abolition) Act von 1970, der Workman's Compensation Act von 1923, der Payment of Wages Act von 1936, der Payment of Gratuity Act von 1972 und der Payment of Bonus Act von 1965. Darüber hinaus gibt es noch zahlreiche Spezialvorschriften für bestimmte Segmente und Branchen. Dabei gilt, dass tarifvertragliche Bestimmungen den gesetzlichen Vorgaben grundsätzlich vorgehen.

Generell gilt in Indien die allgemeine Vertragsfreiheit, und bei Arbeitsverträgen wird gesetzlich zwischen Angestellten (Employees) und Arbeitern (Workmen) unterschieden. Der Abschluss schriftlicher Arbeitsverträge ist nicht vorgeschrieben und nur im Rahmen von anspruchsvolleren Tätigkeiten üblich. Angesichts einer hohen gesetzlichen Regelungsdichte bleibt der Schutz des Arbeiters auch ohne Arbeitsvertrag gewährleistet. Arbeitsverhältnisse können befristet oder unbefristet eingegangen werden.

Was die Lohnhöhe anbelangt, so ist der Arbeitgeber an die kraft des Minimum Wages Act von der Regierung vorgegebenen Mindestlöhne gebunden. Diese variieren je nach Branche, Alter und Betriebszugehörigkeit und werden regelmäßig an die inflationäre Entwicklung angepasst. In der Regel kommen noch unterschiedlich geartete (und teilweise regional variierende) Zuwendungen hinzu.

Die wöchentliche Regelarbeitszeit beträgt nach Factory Act 48 Stunden; mindestens ein Tag in der Woche ist frei. Überstunden sind in beschränktem Umfang zulässig und mit dem Doppelten des normalerweise gezahlten Stundenlohns zu vergüten.

Einem Arbeiter steht gemäß Factory Act ein bezahlter Erholungsurlaub erst dann zu, wenn er im vorangegangenen Kalenderjahr mindestens 240 Tage gearbeitet hat. Er erhält dann je einen Tag Urlaub pro 20 geleistete Arbeitstage. Bei Minderjährigen ist dies alle 15 Arbeitstage der Fall.

Kündigung nur aus besonderem Grund

Prinzipiell erfordert die Kündigung (Retrenchment) eines Arbeitnehmers einen besonderen Grund wie langzeitige Arbeitsunfähigkeit, Fehlverhalten oder betriebliche Erfordernisse (Layoff). Die Kündigung unterliegt der Schriftform und hat eine Begründung zu enthalten. Die gesetzliche Kündigungsfrist beträgt gemäß Industrial Disputes Act einen Monat. Auch gewährt der Industrial Disputes Act dem Arbeitnehmer einen Abfindungsanspruch. Die Höhe des Anspruchs ist abhängig von der Betriebszugehörigkeit und der Vergütungsklasse: Pro vollendetem Jahr Betriebszugehörigkeit erwächst dem Arbeitnehmer ein Abfindungsanspruch in Höhe eines halben Monatsgehalts.

Der Kündigungsschutz setzt allerdings nur ein, wenn der Arbeitnehmer eine ununterbrochene Betriebszugehörigkeit von mindestens einem Jahr vorweisen kann und wenn die Gesamtbelegschaft des Betriebs die Anzahl von 50 Mitarbeitern nicht unterschreitet. Arbeitnehmer in Führungspositionen können sich nicht auf den Kündigungsschutz berufen.

Firmen, die in den letzten zwölf Monaten vor Kündigung eines Arbeitnehmers nicht weniger als 100 Angestellte beschäftigten, bedürfen für eine betriebsbedingte Kündigung zudem einer behördlichen Genehmigung, die nur in etwa fünf Prozent aller Fälle erteilt wird. Die gesetzliche Kündigungsfrist beträgt in diesem Fall drei Monate. Liegen die Gründe des betrieblichen Erfordernisses für die Kündigung in einer Energieverknappung oder in einer Naturkatastrophe, so entfällt die Genehmigungspflicht.

Es kommt häufig vor, dass Arbeitnehmer bei Kündigung die Gewerkschaften einschalten. Da diese in Indien sehr stark sind, kann man davon ausgehen, dass sich die Lösungsfindung dann länger hinziehen wird. Aber auch nach seiner Entlassung kann ein Betroffener vor einem Arbeitsgericht klagen, was, gegebenenfalls mithilfe der Gewerkschaften, relativ oft getan wird. Ein Weg durch weitere Instanzen ist nicht ausgeschlossen. Abstandszahlungen sind üblich beziehungsweise in den entsprechenden Gesetzen wie dem Industrial Disputes Act explizit festgelegt.

Die Arbeitsgesetze gelten weitgehend nur für den organisierten Wirtschaftssektor. Sie werden auf der zentralen Regierungsebene formuliert, die Bundesstaaten können sie an lokale Bedingungen anpassen. Ein in mehreren Staaten aktiver Investor muss also unter Umständen mit voneinander abweichenden Regelungen rechnen. Das aktuelle System ist extrem arbeitnehmerfreundlich und darauf ausgelegt, im Status quo zu verharren. Für die in der Regierungskoalition zumindest auf der Seite der Kongress-Partei als notwendig erachtete Reform, die zum Ziel hat, den Arbeitsmarkt liberaler zu gestalten und an neue Erfordernisse anzupassen, ist dies nicht förderlich. Der informelle Sektor lebt überwiegend ohne Gesetze, und die dort Beschäftigten müssen mit einem Minimum an Schutz auskommen.

Ein Volk von Dienstleistern

Indien lebt von seinen Serviceindustrien

Indien bietet sich an als günstiger Produktionsstandort, als technisch qualifizierter Standort für die Entwicklung von Computersoftware und als attraktiver Markt für Banken, Chemieunternehmen, Telekommunikationsfirmen, Unterhaltungsdienstleistungsbetriebe, Automobilkonzerne und Kraftwerksfabrikanten. Über die Hälfte des indischen BIP wird mit Dienstleistungen erwirtschaftet. Leistungen des IT-Sektors sind dabei einer der wichtigsten Wachstumsmotoren des Landes. Indien ist weltbekannt für seine Dienstleistungen im Bereich des Outsourcings beziehungsweise Offshorings von Services, Finanz- und Unternehmensprozessen und neuerdings sogar der Analyse medizinischer Daten. Bisher eignet sich Indien als Outsourcing-Standort aufgrund der sprachlichen Kapazitäten der Arbeitskräfte besonders für englischsprachige Unternehmen, aber auch für Unternehmen mit anderen sprachlichen Hintergründen und Anforderungen wird das Land immer attraktiver.

Zu den wichtigsten heimischen Industrien gehören neben der Gewinnung von Öl und Gas sowie dem Bergbau vor allem die Lebensmittel verarbeitende Industrie, die Bekleidungs-/Textilindustrie, die chemische/pharmazeutische Industrie, die Automobilindustrie sowie die Stahlindustrie. Die wichtigsten Exportgüter Indiens nach Deutschland sind Textilprodukte, Metalle und Metallprodukte, Autoteile, Elektronikartikel, Lederwaren und Medikamente.

Indien fehlt es an Ausrüstung und Technik

Ausländische Unternehmen können von den Entwicklungen des indischen produzierenden Gewerbes profitieren, indem sie die notwendige Ausrüstung und Technologie zuliefern, an der es der indischen Industrie fehlt, um weltweit wettbewerbsfähig zu werden. Dass dies bereits geschieht, zeigt sich unter anderem in den bilateralen Handelsbeziehungen zwischen Deutschland und Indien, in denen ein Löwenanteil der deutschen Exporte aus den Bereichen Maschinen- und Anlagenbau, Elektrotechnik, Mess- und Regeltechnik etc. stammt. Jedes ausländische Unternehmen, das den indischen Markt mit seinen Produkten bedient, sollte jedoch über kurz oder lang auch den Aufbau einer eigenen Vor-Ort-Fertigung in Erwägung ziehen. Indien bietet nicht nur einen dynamisch wachsenden Absatzmarkt, sondern auch gute Sourcing-Möglichkeiten sowie strategische Nähe und guten Zugang zu anderen asiatischen »Emerging Markets«. Die Produktionskosten sind, auch im Vergleich zum großen Konkurrenten China, noch relativ gering. Jedes Jahr strömen rund zwölf bis 13 Millionen Menschen auf den Arbeitsmarkt, von denen nur etwa drei Millionen eine Ausbildung angeboten werden kann. Humankapital und Lohnkosten werden demnach auch weiterhin für attraktive Rahmenbedingungen sorgen, um Indien zu einer zentralen Drehscheibe der Aktivitäten in Asien zu machen.

Der Aufbau einer Produktion in Indien lohnt sich also in vielerlei Hinsicht. Personalkosten und -verfügbarkeit sind ein Aspekt, gute Verfügbarkeit von Rohstoffen, die Absatzmöglichkeiten auf dem Binnenmarkt sowie die strategische Nähe zu anderen vielversprechenden Absatzmärkten ein anderer. Nicht zu unterschätzen ist jedoch auch der potenzielle Lerneffekt, der sich durch aktive Wertschöpfung in Indien einstellt. Indien wird aller Voraussicht nach in absehbarer Zeit zu einem der größten Märkte der Welt werden, und so kann, wer die Entwicklungen aktiv miterlebt, hier und heute lernen, wie die Märkte von morgen ticken werden.

Ausländer haben im Einzelhandel keine Chance

Unternehmen, die in Indien aktiv werden wollen, dürfen dies nicht in allen Branchen gleichermaßen. Lotterie, Glücksspiele und Wetten sind für 100-prozentige Direktinvestments ausländischer Unternehmen grundsätzlich verboten. Gleiches gilt für Engagements in der Landwirtschaft und im Einzelhandel. Die Nuklearenergie sowie die Eisenbahnen unterliegen der staatlichen Kontrolle. Will ein Unternehmen in diesen Branchen produzieren, müssen erst Sondergenehmigungen beantragt und erteilt werden.

Auch bei Joint Ventures, Fusionen oder Akquisitionen von indischen Unternehmen gibt es für einige Branchen einschränkende Regelungen. An Rüstungsbetrieben und Versicherungen zum Beispiel dürfen ausländische Firmen nur mit maximal 26 Prozent beteiligt sein. Bei Banken und Medienunternehmen liegt die Grenze bei 49 Prozent. Flughäfen dürfen neuerdings komplett von nicht indischen Unternehmen betrieben werden.

Für den Export von Produkten nach Indien gilt, dass grundsätzlich zwischen Einfuhrverboten (prohibited items) sowie Einfuhrbeschränkungen (restricted items, canalized items) und Waren ohne Einfuhrbeschränkungen (free items) unterschieden wird. Prohibited items sind solche, die ohnehin vom internationalen Warenverkehr ausgenommen sind, zum Beispiel geschützte Tierarten. Restricted items bedürfen der Erteilung einer Importlizenz durch das Directorate General of Foreign Trade (DGFT). Darunter fallen beispielsweise sensible Produkte, die im Zusammenhang mit der Nuklearenergie stehen. Als canalized items werden andererseits Güter verstanden, die ausschließlich von staatlichen Handelsgesellschaften gehandelt werden dürfen, zum Beispiel Getreide (State Trading Corporation of India Ltd., STC) oder Erdöl (Indian Oil Corporation Ltd., IOCL). Alle anderen Waren können ohne Beschränkungen unter der Open General Licence (OGL) ein- und ausgeführt werden. Die Einordnung der einzelnen Produkte ist in der Indian Trade Classification based on Harmonized System ITC (HS), der indischen Ein- und Ausfuhrliste, festgelegt.

In der letzten Revision des indischen Importrechts wurden für einige Produkte Zollerleichterungen beschlossen. Dies gilt besonders für die Bereiche der erneuerbaren Energieerzeugung, Teile für elektronisch angetriebene Fahrzeuge sowie medizinische Geräte. Auf der anderen Seite wurden die Abgaben für Edelmetalle und Ölprodukte jedoch erhöht. Die genauen Sätze lassen sich auf der Website des indischen Zolls (http://www.cbev.gov.in) einsehen.

Abkupfern gilt nicht als clever

In Indien ist der gewerbliche Schutz geistigen Eigentums (intellectual property rights, IPR) nicht neu – Rechtsexperten bewerten es vielmehr als geschlossenes, etabliertes Rechtssystem, was vor allem in den letzten zehn Jahren zunehmend an internationale Standards angepasst wurde. Mit Beitritt zur Welthandelsorganisation (WTO) wurde dem Schutz geistigen Eigentums in Indien weiteres Gewicht verliehen.

Auch die Geschäftsführerin eines deutschen Mittelstandsdienstleisters kann weitgehend positiv über die Handhabung geistigen Eigentums in Indien berichten, vor allem im Vergleich zu China. »Ich glaube, es liegt auch ein bisschen an der indischen Mentalität, dass es nicht als cleveres Geschäftsgebaren gilt, Sachen einfach abzukupfern.« Vielmehr fühlten sich indische Unternehmen selbst betroffen von IPR-Verletzungen, die ihnen in anderen asiatischen oder afrikanischen Märkten widerfahren.

Im Gegensatz zum gewerblichen Rechtsschutz in Deutschland ist es in Indien nicht vorgesehen und möglich, Gebrauchsmuster anzumelden. Marken, sowohl Waren- als auch Dienstleistungsmarken, können laut rechtlicher Ausführungen für zunächst zehn Jahre beim indischen Markenamt in Delhi oder der Zweigstelle in Mumbai unter Schutz gestellt werden. Die Verlängerung ist danach jeweils für zehn Jahre möglich. »Die Markenanmeldung ist in der Praxis auch dringend anzuraten und erforderlich. Wenn einem die eigene Marke, der Name, das Logo etc. etwas wert ist, dann wird auch erwartet, dass man diese entsprechend geschützt hat«, rät auch der Leiter einer deutschen Rechts- und Steuerberatung in Indien. Als (noch) Nichtunterzeichner des Madrider Markenprotokolls können internationale Markenrechte nicht auf Indien übertragen werden, es ist also für alle Marken die nationale Registrierung notwendig. Doch auch hier gibt es Änderungen: Die Lok Sabha, das indische Parlament, verabschiedete am 18. Dezember 2009 eine Gesetzesänderung, um den Weg für den Beitritt zum Madrider Markenprotokoll zu ebnen.

Das Problem des Produktklaus ist in Indien zwar vorhanden, wird aber, wie bereits beschrieben, von deutschen Unternehmen im asiatischen Vergleich als recht gering eingestuft. Ein deutscher Maschinenbauer berichtet zwar, dass schon häufiger Erfahrungen mit Kopien von Wettbewerbern gemacht wurden. Als Reaktion reichte jedoch bereits die Androhung von Sanktionen mithilfe anwaltlicher Unterstützung aus, um die unrechtmäßigen Aktivitäten zu stoppen. Oftmals ist es jedoch auch schlicht die mangelhafte Umsetzung der Kopie, die die Hersteller ruhig schlafen lässt. So berichtet auch der Indienverantwortliche eines deutschen Maschinenproduzenten in Indien:»Es gibt Hunderte und Tausende kleine Läden am Straßenrand in Indien, die unsere Produkte kopieren. Die gehen irgendwo in eine Anlage, sehen das Produkt und machen im Einzelfall eine schlechte Kopie. Dann ist ein einziges Teil davon fertiggestellt, wofür Sie wahrscheinlich Wochen gebraucht haben. Das sehen wir also nicht als Konkurrenz zu unseren Produkten an.«

Beim tatsächlichen Verletzungsfall der Schutzrechte sind laut Indian Patent Act theoretisch folgende Maßnahmen möglich: Unterlassungs- und Schadenersatzansprüche, Gewinnherausgabe oder Regressansprüche. Trotz festgeschriebener Rechte und Handlungsmöglichkeiten hapert es in Indien aber dennoch hier und da an der Durchsetzung. So ist wiederum zu beklagen, dass die Mühlen der indischen Bürokratie für eine lohnenswerte Verfolgung von Plagiaten oder Ähnlichem in den meisten Fällen doch zu langsam mahlen und für viele Unternehmen zu mühselig sind. Allerdings gewähren indische Gerichte nunmehr auch vorläufigen Rechtsschutz, um diesem Umstand Rechnung zu tragen.

Erfahrungen in einzelnen Verletzungsfällen beweisen dabei, dass es durchaus auch schneller gehen kann: Innerhalb von 24 Stunden konnte auf einer Messe eine einstweilige Verfügung gegen ein chinesisches Unternehmen erwirkt werden, welches die Urheberrechte eines (deutsch-)indischen Ausstellers verletzt hatte. Und auch ein prompter Importstopp war sodann problemlos durchzusetzen.

Obwohl sich viele deutsche Unternehmer zum jetzigen Zeitpunkt zwar von indischen Plagiaten noch nicht betroffen oder bedroht fühlen, so ist doch in Zukunft, mit zunehmender Verörtlichung und technologisch anspruchsvolleren Produkten, durchaus damit zu rechnen, dass der Bedarf an gewerblichen Schutzmaßnahmen für geistiges Eigentum wesentlich zunimmt und die Durchsetzung konsequenter forciert werden sollte.

Der Preis ist kritisch

Grundsätzlich lässt sich sagen, dass die Stärken der deutschen Wirtschaft auch in Indien bekannt und deutsche Produkte entsprechend begehrt sind. Maschinen und Maschinenteile machen mit etwa 33 Prozent einen Großteil deutscher Exporte nach Indien aus, gefolgt von elektronischen und elektrischen Gütern sowie chemischen Produkten. In den nächsten Jahren wird die indische Regierung immense Summen in den Ausbau der Infrastruktur stecken. Entsprechend positiv fallen die Prognosen auch für Baumaschinen, Telekommunikationsausrüstungen und Gerätschaften für die Stromerzeugung und -versorgung aus. Aber auch von anderen Industrien wird Wachstum erwartet. Textilindustrie und Lebensmittelverarbeitung, Stahlproduktion und chemische Produkte sind ebenfalls Branchen, die ein hohes Wachstum und somit gute Absatzmöglichkeiten für deutsche Produkte erwarten lassen.

Der kritischste Punkt in Indien ist jedoch nach wie vor der Preis. Deutsche Produkte sind erstklassig, aber die Preise sind auch im internationalen Vergleich entsprechend hoch. Ohne zusätzliche Argumente, wie durch einen qualifizierten Verkauf und/oder zum Beispiel einen angemessenen (After-Sales-)Service, ist es in der Regel sehr schwierig, die indischen Käufer von den Vorteilen der deutschen Produkte zu überzeugen.

Die Erfahrung zeigt also, dass die nachhaltigste Variante der Markterschließung der unmittelbare Aufbau einer eigenen Vertriebs- und Servicegesellschaft ist. Nur mit eigenem Personal ist es möglich, qualitativ hochwertige Produkte auf dem indischen Markt zu platzieren und die vorhandenen Absatzmöglichkeiten optimal auszuschöpfen.

Allerdings verlangen die Größe und Heterogenität des Landes eine Anpassung an regionale Gegebenheiten wie Infrastruktur, Mentalität und Sprache, aber auch an die individuellen bundesstaatlichen Regularien und regionalen Steuern. Lokaler Vertrieb ist demnach unumgänglich. Mehrere Einzelmärkte selbständig und zeitgleich zu bearbeiten ist jedoch aufgrund des großen Aufwands bei anfänglich begrenzten Kapazitäten quasi unmöglich. Eine flächendeckende Marktbearbeitung ohne indische Distributoren ist daher ohne immense Investitionen in Infrastruktur, Logistik und personelle Ressourcen undenkbar.

Man wird also für eine flächendeckende Marktbearbeitung neben eigenen Strukturen in den wichtigsten Zielmärkten auch mehrere lokale Partner benötigen, die für den Vertrieb und/oder Service der Produkte in weiteren Regionen verantwortlich zeichnen. Dabei sollte jedoch berücksichtigt werden, dass man die neuen Partner insbesondere in der Anfangsphase in zentralen Vertriebs- und Serviceaktivitäten weiterhin aus den eigenen Strukturen heraus schulen, fordern und unterstützen muss.

Service wird großgeschrieben

Indien ist ein Serviceland, und jeder indische Kunde, der ein qualitativ hochwertiges Produkt kauft, wird wie selbstverständlich davon ausgehen, sowohl beim als auch nach dem Kauf Kundenservice in Anspruch nehmen zu können. Service ist also beim Verkauf verhältnismäßig hochpreisiger Produkte in Indien kein zusätzlicher Bonuspunkt, sondern eines der wichtigsten Verkaufsargumente, um Kunden von Produkt, Qualität und Legitimität des Preispremiums zu überzeugen. Letzten Endes stellt sich also nicht die Frage, ob man Service anbieten sollte, sondern vielmehr, wie man seinen Kunden flächendeckenden (After-Sales-)Service in guter Qualität garantieren kann.

Dabei spielt Kundennähe natürlich ebenfalls eine wichtige Rolle. Doch Indien, mit seiner Nord-Süd-Ausdehnung von 3.200 Kilometern und West-Ost-Ausdehnung von 2.900 Kilometern, ist ein Land mit enormen Ausmaßen. Und nicht nur die räumliche Ausdehnung, sondern auch die großen Unterschiede bezüglich Kultur und Religion, Mentalität und Sprache machen physische Kundennähe zu einem wichtigen Kriterium.

Zudem hat räumliche Nähe in Indien noch eine ganz andere Dimension, die mit der meist katastrophalen Infrastruktur des Landes zu tun hat. Hier werden Entfernungen zwischen zwei Punkten meist nicht in Kilometern ausgedrückt, sondern in der Zeit, die man voraussichtlich benötigt, um sie zurückzulegen. Für das Thema Kundennähe bedeutet dies: Selbst wenn man in einer Stadt wie Mumbai ein eigenes Büro plus einen Vertriebs-/Servicepartner hat, heißt das noch lange nicht, dass man damit optimale Kundennähe gewährleistet. Denn wenn eine zehn Kilometer lange Fahrt durch die Metropole gut und gerne mehrere Stunden in Anspruch nehmen kann, so kann man sich leicht ausrechnen, wie es letztlich um die Frequenz der Kundenbesuche in solchen Gebieten bestellt sein wird.

Mittel- bis langfristig wird man jedoch mit reinen Handelsaktivitäten an seine Grenzen stoßen. Indien ist für importierte Produkte nach wie vor ein relativ kleiner Markt, vergleichbar etwa mit einem kleineren europäischen Land. Und dass sich der indische Bedarf in den nächsten Jahren genau dahin entwickelt, wo unsere Produkte heute sind, ist äußerst unwahrscheinlich. Um sich also das immense Potenzial des lokalen Absatzmarktes zu erschließen, sollte man sich möglichst rasch an die lokalen Gegebenheiten anpassen. Dies kann erreicht werden, indem beispielsweise Produkte konkret auf den indischen Bedarf ausgerichtet werden und der lokale Wertschöpfungsanteil erhöht oder am besten ganz in und für Indien produziert wird.

WIRTSCHAFT & STEUERN

Fallen und Brutkästen

Das indische Steuersystem ist (fast) so komplex wie das deutsche

Das indische Steuerrecht ist ähnlich komplex wie das deutsche. Es gibt eine Vielzahl von direkten und indirekten Steuern, die nebeneinander existieren. Erhoben werden diese auf der Ebene des Zentralstaates, der Bundesstaaten und der Gemeinden in teils unterschiedlichen Sätzen und Ausprägungen. Rechtsgrundlage bildet der Income Tax Act von 1961, ergänzt durch diverse Spezialgesetze. Das Steuerjahr beginnt einheitlich am 1. April und endet am 31. März des Folgejahres.

Das indische Steuerrecht befindet sich derzeit in einem großen Reformprozess. Die direkte Besteuerung soll ab April 2011 durch den New Direct Tax Code gänzlich neu geregelt werden, geplant sind signifikante Steuersenkungen bei Erweiterung der Bemessungsgrundlagen. Die indirekte Besteuerung soll 2011 durch die Einführung der Goods and Service Tax sowohl auf zentral- als auch bundesstaatlicher Ebene vereinfacht werden. Das indische Steuersystem folgt dem Welteinkommensprinzip sowie dem Wohnsitzprinzip, wobei seit 1996 zwischen Indien und Deutschland ein Doppelbesteuerungsabkommen besteht.

Tochtergesellschaften zahlen volle Steuern

Indische Tochterunternehmen eines ausländischen Anteilseigners (Private Limited entspricht in etwa der GmbH, Public Limited der AG) werden grundsätzlich als indische Kapitalgesellschaften (Domestic Companies oder Resident Companies) behandelt. Der Basissatz der Körperschaftssteuer für Private/Public Limited Companies beträgt 30 Prozent. Übersteigt der Gewinn die Marke von zehn Millionen Rupie, ist neuerdings ein Zuschlag von 7,5 Prozent auf den Basisbetrag zu leisten. Außerdem ist die sogenannte Education Cess, eine Abgabe zur Finanzierung des Bildungssystems, in Höhe von drei Prozent zu leisten. Somit beläuft sich der effektive Steuersatz für Domestic Companies auf 30,90 Prozent bei einem Betriebsergebnis von bis zu zehn Millionen Rupie, im Falle des Überschreitens des Betrags auf 33,22 Prozent.

Branch Offices (Zweigstellen) und Project Offices (Projektbüros) gelten als ausländisches Unternehmen in Indien (Foreign Company) und somit als Betriebsstätte im Sinne des Doppelbesteuerungsabkommens. Für sie gilt ein erhöhter Körperschaftssteuersatz von effektiv 41,20 Prozent, falls der Gewinn die Marke von zehn Millionen Rupie nicht überschreitet. Andernfalls fällt ein Zuschlag an, wodurch sich der effektive Steuersatz auf 42,23 Prozent erhöht. Die Sätze setzen sich zusammen aus dem Basissatz für ausländische Unternehmen von 40 Prozent, der Education Cess von drei Prozent der Steuerlast und gegebenenfalls dem Zuschlag von 2,5 Prozent.

Die Ausschüttung von Dividenden an den Gesellschafter unterliegt seit einigen Jahren der sogenannten Dividend Distribution Tax (DDT) von 15 Prozent. Dies gilt jedoch nur für Domestic Companies (Private/Public Limited), nicht jedoch für ausländische Unternehmen (Branch Office, Project Office), bei denen ein Zuschlag von 7,5 Prozent plus Education Cess Anwendung findet, sodass der effektive Satz etwa 16,6 Prozent beträgt. Die DDT wird nicht vom Doppelbesteuerungsabkommen herabgesetzt, da anders als bei klassischen Abzugssteuern die ausschüttende Gesellschaft Steuerschuldner ist. Zudem kommt es bei mehrstufigen Gesellschaftsstrukturen wie Holding-Gesellschaften zum sogenannten Kaskadeneffekt, bei dem die DDT bei Durchschüttung der Gewinne mehrmals anfällt.

Erträge in der Ausschüttungssperre

Eine Besonderheit des indischen Gesellschaftsrechts stellt die sogenannte »Cash Trap« dar. Je nach Verhältnis von auszuschüttender Dividende und eingezahltem Stammkapital muss ein bestimmter Prozentsatz in die Gewinnrücklage eingestellt werden. Bei einer Dividende in Höhe von mehr als 20 Prozent des eingezahlten Kapitals zum Beispiel müssen zehn Prozent des Jahresüberschusses in eine Rücklage eingestellt werden. Bei maximal zehn Prozent kann der gesamte Jahresüberschuss ausgeschüttet werden, zwischen zehn und 20 Prozent gibt es Abstufungen. Diese steuerliche Besonderheit sollte bei der strategischen Planung eines Indienengagements nicht vergessen werden.

Hohe indirekte Steuern verteuern in erster Linie in Indien produzierte und an indische Abnehmer verkaufte Waren. Exporte hingegen sind in der Regel von indirekten Steuern freigestellt. Dabei gibt es in Indien eine große Vielzahl verschiedener indirekter Steuern, die zu allem Überfluss auch auf verschiedenen Verwaltungsebenen erhoben werden.

Nach der schrittweisen Einführung eines einheitlichen Mehrwertsteuersystems seit dem 1. April 2005 ist geplant, das heute existente, föderale Steuersystem bei der Umsatzsteuer mit innerstaatlicher Besteuerung (Value Added Tax, VAT) und zwischenstaatlicher Besteuerung (Central Sales Tax, CST) schrittweise zu vereinfachen beziehungsweise aufzulösen. Seit Jahren sollen zudem auch VAT und Service Tax (Dienstleistungssteuer) sowie weitere produkt- und dienstleistungsorientierte Steuern endgültig zu einer einheitlichen Umsatzsteuer zusammengeführt werden, der sogenannten Goods and Service Tax (GST). Im aktuellen Haushalt verkündete die Regierung die endgültige Einführung der GST zum 1. April 2011, ein Termin, der sich jedoch auch weiter nach hinten verschieben kann.

Die GST wird letztendlich eine landesweite indirekte Steuerabgabe auf die Herstellung, den Verkauf, den Konsum von Waren wie auch Dienstleistungen sein, die durch Integration des bestehenden Systems auf nur eine Steuer und nur eine Ebene natürlich auch die Eintreibung wesentlich vereinfachen würde. Ihre Einführung wird bundesstaatlich wie kommunal erhobenen Steuern wie der Octroi, der Central Sales Tax, der State Level Sales Tax, der Entry Tax, den Stamp Duties, den Telecom Licence Fees, der Turnover Tax, der Tax on Consumption or Sale of Electricity oder Steuern auf Transportation of Goods and Services endgültig ein Ende bereiten, und auch Kaskadeneffekte zwischen verschiedenen Steuerebenen werden durch sie endlich eliminiert.

Sonderwirtschaftszonen: Brutkästen für Auslandsunternehmen

Abgesehen von Einzelmaßnahmen wie der vergünstigten Einfuhr von für die Exportproduktion vorgesehenen Maschinen oder Ersatzteilen (EPCG-Scheme) und dem auslaufenden Förderprogramm für Export Oriented Units (EOU = Unternehmen, die eine gewisse Exportobligation erfüllen) sind bezüglich der Investitionsförderung einzig die Sonderwirtschaftszonen (SEZ) erwähnenswert. Diese kennt man in Indien seit mehr als 25 Jahren. Es bedurfte aber erst Chinas durchschlagendem Erfolg mit diesem Konzept, um auch das Interesse der indischen Regierung zu wecken. Heute sollen vor allem Hightech-Industrien wie IT/ITES, die Biotechnologie, die Pharmaindustrie und Petrochemie ins Land gelockt werden.

Das indische Handelsministerium beschreibt den Zweck der SEZs wie folgt:»The objective of SEZs includes making available goods and services free of taxes and duties supported by integrated infrastructure for export production, quick approval mechanism, and a package of incentives to attract foreign and domestic investments for promoting exports.« An dieser Zielformulierung lässt sich bereits erkennen, dass die Ansiedelung in einer SEZ lediglich für produzierende Unternehmen wirklich interessant ist, da mit den monetären Anreizen meist auch eine Exportobligation verbunden ist.

Die aktuellen Regularien finden sich im Special Economic Zones Act von 2005, der 2006 erstmalig in Kraft trat. In diversen Neuauflagen des Gesetzes ist insbesondere eine drastische Vereinfachung der Genehmigungsverfahren nach dem »single windows clearance«-Prinzip vorgeschrieben, das die einzelnen Bundesstaaten dazu verpflichtet, ihre Gesetzgebung zu vereinheitlichen und den zuständigen »Development Commissioners« der entsprechenden Zonen weitreichende Kompetenzen einzuräumen. Bisher wurden insgesamt 105 SEZs in Betrieb genommen, unzählige andere sind zumindest offiziell angekündigt und grundsätzlich genehmigt.

Juristisch werden die Sonderzonen als ausländisches Territorium behandelt. Die Inseln im Meer der indischen Wirtschaft bieten Investoren eine im Vergleich zum Rest des Landes als überdurchschnittlich gut zu bezeichnende Infrastruktur und Energieversorgung an. Für Produktionseinheiten mit hohem Energieverbrauch ist hier sogar eine Stromkostenbefreiung für gewisse Zeiträume möglich.

Für ausländische Investoren liegen die wichtigsten Anreize der indischen Sonderwirtschaftszonen in der zeitlich begrenzten Steuerbefreiung und der zollfreien Einfuhr von Rohmaterialien und Komponenten. Wer sich in einer Sonderwirtschaftszone niederlässt, braucht zudem während der ersten Jahre seines Engagements keine Steuern auf Erträge aus Exporten zu entrichten und erhält die Mehrwertsteuer auf in Indien erworbene Güter zurückerstattet. Detaillierte Informationen zu den Zonen und Anreizen finden sich auf der offiziellen Website unter www.sezindia.nic.in.

ASEAN

Von Tim Cole

1967 schlossen sich Thailand, Indonesien, Malaysia, die Philippinen und Singapur zum Verband Südostasiatischer Nationen, kurz ASEAN, zusammen. Ziel war die Förderung des wirtschaftlichen Aufschwungs, des sozialen Fortschritts und der politischen Stabilität. Erfolge der wirtschaftlichen Öffnungspolitik zeigten sich bald und so zählen die Mitgliedsländer heute zum Teil zu den sogenannten Tigerstaaten (unter anderem Thailand, Malaysia, Indonesien). Heute hat die ASEAN zehn Mitgliedsstaaten mit rund 575 Millionen Menschen, was etwa acht Prozent der Weltbevölkerung entspricht. Im Jahre 2007 lag das gemeinsame Bruttoinlandsprodukt bei rund 1.200 Milliarden US-Dollar.

Europäer (miss)verstehen ASEAN gerne als eine Art asiatische EU. Das ist nicht ganz richtig. Während die Europäische Union starken Einfluss auf die inneren Angelegenheiten seiner Mitgliedsländer nimmt und damit sozusagen supranationale Regierungsfunktionen übernimmt, beispielsweise eine gemeinsame Außenpolitik, handelt es sich bei ASEAN mehr um einen lockeren Zusammenschluss, eine Art Klub, in dem man sich trifft, austauscht, gemeinsame Aktionen verabredet oder Absichtserklärungen abgibt. Die einzelnen Mitgliedsländer sind selbständig und sehr auf die Wahrung ihrer Souveränität bedacht.

ASEAN ist also eine Interessengemeinschaft, die Entscheidungen im Konsens trifft. Das höchste Gremium ist die jährliche Gipfelkonferenz (ASEAN Summit). Der Vorsitz des ASEAN-Gipfels und der Ministerkonferenzen wechselt jährlich unter den Mitgliedsstaaten in alphabetischer Reihenfolge. Regional unterstützt die ASEAN eine Reihe von Kooperationen, allerdings geschieht das eher »top-down« und nicht durch direkten Eingriff. Das ASEAN-Sekretariat setzt dabei die Agenda, verfügt aber nur über sehr limitierte Kompetenzen.

Es gibt immer wieder Bestrebungen, die Befugnisse von ASEAN auszubauen, die jedoch meistens an der sehr heterogenen wirtschaftlichen und politischen Struktur der Region sowie an persönlichen Befindlichkeiten der Betroffenen scheitern. Politisch umfasst ASEAN ja schließlich alles von jungen Demokratien wie Indonesien und die Philippinen bis zu konstitutionellen Monarchien wie Kambodscha und Thailand, autoritäre Staaten wie Malaysia und Singapur sowie den kommunistischen Einparteienstaat Vietnam, die absolute Monarchie Brunei und die Militärjunta in Myanmar. Auch in Sachen Religion ist die Region uneins: Thailand, Myanmar, Vietnam, Kambodscha und Laos sind überwiegend buddhistisch, wobei es in Vietnam viele Atheisten gibt. Indonesien, Brunei und Malaysia sind überwiegend islamisch (Indonesien ist der Staat mit der größten islamischen Bevölkerung). Die Philippinen sind dagegen überwiegend christlich (katholisch).

Ein weiteres Hindernis auf dem Weg zu den »Vereinigten Staaten von Südostasien« ist für viele Kritiker auch das freiwillige Prinzip der Nichteinmischung. ASEAN schweigt grundsätzlich zu Dingen wie Menschenrechtsverletzungen in China, Übergriffen der Militärdiktatur in Myanmar oder dem Putsch 2006/2007 in Thailand.

Wirtschaftlich wird dagegen immer enger zusammengearbeitet. 2005 fand in Kuala Lumpur der erste Ostasiengipfel statt, an dem neben den sogenannten »ASEAN+3-Staaten« (die drei sind Japan, Südkorea und die Volksrepublik China) auch Indien, Australien und Neuseeland teilnahmen und auf dem Weichen für den Aufbau einer Ostasiengemeinschaft gestellt wurden. Seitdem ist allerdings nicht sehr viel herausgekommen. Es gibt aber seit 2010 eine Freihandelszone mit China, die nach der EU und NAFTA (North American Free Trade Agreement) die drittgrößte der Welt ist. Die im Zweijahresrhythmus stattfindenden Asien-Europa-Gipfel (ASEM) werden daher von Insidern gerne als »Schönwetter-Gipfel« verspottet.

Die Greater Mekong Region

Der Mekong ist einer der längsten Flüsse der Welt. Er entspringt in Tibet und fließt zunächst durch China und verschiedene Staaten Südostasiens bis zur Mündung im weitverzweigten Mekong-Delta im Süden Vietnams. Er wird von vielen Anrainern liebevoll als »Mutter Mekong« bezeichnet, da er der ganzen Region Leben und Fruchtbarkeit schenkt.

1995 gründeten Laos, Thailand, Kambodscha und Vietnam die Mekong River Commission, deren Aufgabe es ist, die Nutzung der Wasserader zu koordinieren. Seit 1996 sind China und Myanmar als »Dialogpartner« mit der Kommission assoziiert. Dennoch gibt es gerade mit China immer wieder Streit um Wasserrechte, die durch den Staudammbau in der südchinesischen Provinz Yunnan ausgelöst werden.

1992 haben Kambodscha, Laos, Myanmar, Thailand, Vietnam und die Provinz Yunnan das Entwicklungsprojekt Greater Mekong Subregion (GMS) auf Betreiben der Asian Development Bank (ADB) gestartet. Dabei geht es vor allem um wirtschaftliche Zusammenarbeit und den Ausbau der gemeinsam genutzten Infrastruktur. Ziel ist es, Handelshemmnisse abzubauen und den freien Austausch von Waren und Menschen in der Region zu fördern. Die ADB stellt dazu Kredite zur Verfügung und hilft, Fördermittel für technische Projekte zu bekommen. So investiert die ADB zum Beispiel aktuell 15 Millionen US-Dollar in alternative Energieprojekte.

Die zur Greater Mekong Subregion zählenden Länder weisen darüber hinaus viele Gemeinsamkeiten auf, und sie werden deshalb im Folgenden in einem gemeinsamen Kapitel behandelt.

THAILAND: UMBRUCH IN EINE PLURALISTISCHE GESELLSCHAFT

Vom Musterschüler Asiens zur Mangorepublik?

Von Andreas Richter

»Thailand ist Asien light«, pflege ich als Rechtsanwalt meinen Mandanten gerne mit auf den Weg zu geben, die, gerade neu im Lande, eine mehr oder weniger große Investition im Königreich planen. Denn im Gegensatz zu den Nachbarländern in Süd- oder Nordasien findet sich der ausländische Unternehmer in Thailand sehr schnell zurecht, trotz der sprachlichen Probleme, der anderen Mentalität und der berühmten »fremden Sitten und Gebräuche«. Neun von zehn Projekten, das ist zumindest mein Erfahrungswert, sind sehr schnell erfolgreich und verdienen gutes Geld. Die sicherlich vorhandenen Herausforderungen und Hürden lassen sich in der Regel innerhalb des ersten Jahres meistern – die, die scheitern, haben oft ungeeignete Mitarbeiter ins Land entsandt, strategische Fehler gemacht oder hatten einfach nur Pech.

Mitte der 90er-Jahre war Thailand auf dem besten Wege, sich zur unbestrittenen Führungsmacht Südostasiens zu entwickeln. Das »Land des Lächelns« war nicht nur Weltmeister im Reisexport, sondern auch bevorzugter Fertigungsstandort eigentlich aller großen Hersteller aus Japan sowie der westlichen Welt. Doch dann kam das Jahr 2006, und alles wurde anders. Nach monatelangen Demonstrationen der regierungsfeindlichen Volksallianz für Demokratie, PAD (die sogenannten »Gelbhemden«), wurde Premierminister Thaksin Shinawatra vom Militär in einem Staatsstreich abgesetzt. Seitdem steckt das Land in einer scheinbar nicht enden wollenden Abwärtsspirale sich unversöhnlich gegenüberstehender Kräfte. Im April und Mai 2010 eskalierte schließlich die Gewalt. Es gab 85 Tote und über 1.300 Verletzte aufseiten des Militärs und der Demonstranten. Es kam zu Brandstiftungen, unter anderem brannte das Luxuskaufhaus Central World aus. In Anlehnung an frühere lateinamerikanische Verhältnisse sprach der ein oder andere ausländische Beobachter bereits von einer »Mangorepublik«, das Wort vom »verlorenen Paradies« macht die Runde.

SWOT-Analyse Thailand

Strengths (Stärken)

- Gute Industriekultur in einigen Sektoren (Kfz, Elektrotechnik)
- Gutes Geschäftsklima
- Stabile Rahmendaten (Verschuldung, Inflation)
- Niedriges Lohnniveau
- Geostrategisch günstige Lage

Weaknesses (Schwächen)

- Geringes Marktvolumen im Vergleich etwa zu Indien, China oder Indonesien
- Niedriges Wachstum im regionalen Vergleich
- Fachkräftemangel (vor allem bei qualifizierten Technikern und Ingenieuren)

Opportunities (Chancen)

- Konjunkturpaket – zweite Phase mit Infrastrukturprojekten im Wert von 30 Milliarden Euro
- Natürliche Ressourcen (alternative Energien und Treibstoffe, Agrobusiness)
- Ausbau als Vertriebszentrum für die Region
- Ausbau von ASEAN/ASEAN Free Trade Area (AFTA)
- Steigende Lohnkosten in China führen zu Verlagerung von Produktion nach Thailand

Threats (Risiken)

- Politische Unsicherheit
- Probleme bei Projekten wegen Gesundheits- und Umweltbedenken
- Alternde Gesellschaft (gleichzeitig ist dies eine Chance für den Absatz von Medizintechnik)

Von Tomaten und Melonen

Die Hintergründe der Unruhen – Proteste im Namen der Demokratie?

Im Grunde genommen stehen sich in Thailand gegenwärtig zwei Fraktionen unversöhnlich gegenüber: die bürgerlichen, konservativen Gelbhemden und die Roten, ein Sammelsurium der Unzufriedenen, die dem ehemaligen Premier Thaksin Shinawatra nachtrauern, und die sich ausgeschlossen fühlen von den Netzwerken der städtischen Eliten.

Gesellschaftlich zieht sich die ideologische Trennlinie bisweilen durch ganze Familien und Betriebe, Polizei und Militär sind ebenfalls politisiert. Die Thais, in ihrer charmanten und oft spielerischen Art und Weise, sprechen gerne von »Tomaten-Polizei« und »Wassermelonen-Militärs«: außen grün und innen rot. Das Verfassungsgericht wiederum lässt sich für politische Zwecke einspannen, und die Presse hat als vierte Gewalt versagt.

Thailand durchlebt im Grunde seit Jahren die Geburtswehen einer sich noch entwickelnden Demokratie. Das Demokratieverständnis des Volkes und seiner Vertreter ist noch wenig ausgereift. Jahrzehntelang hat das Militär mehr oder weniger direkt die Geschicke des Landes bestimmt, nun haben die Bürger politische Freiheiten, mit denen verantwortungsbewusst umzugehen sie aber noch nicht gelernt haben. Mehrheitsentscheidungen der Wähler werden vom politischen Gegner nicht akzeptiert: Ist Rot an der Regierung, geht Gelb auf die Straße und umgekehrt. Zudem sind weder Polizei noch Militär für den Einsatz gegen gewalttätige Demonstranten ausgebildet oder gar ausgerüstet, hier könnte die Berliner Polizei sicherlich noch einen erheblichen Entwicklungshilfebeitrag leisten.

Insoweit sind die Probleme Thailands wahrhaft asiatischer Natur. Nur dass in anderen Ländern der Region bisher die eiserne Hand einer kommunistischen Partei oder diktatorischer Regierungen die Lage unter Kontrolle gehalten hat. Die jüngsten gewaltsamen Streiks und Fabrikbesetzungen in China sind dabei nur ein Beispiel, wie schnell soziale Konflikte in einer sich verändernden Gesellschaft an Dynamik gewinnen können. Gleiches gilt für Vietnam, wo die importierte Inflation, als Beiprodukt des von oben verordneten Wachstums und sozialistischer Planerfüllungsmaximen, sicherlich bedenkliches Potenzial für sozialen Unfrieden birgt.

Chancen für die Zukunft – die »Roadmap« der Regierung

Als Konsequenz der schockierenden Ereignisse vom April und Mai hat die Regierung im Laufe des Jahres 2010 einen Prozess der nationalen Versöhnung eingeleitet, der mehr Chancengleichheit für weite Teile der Gesellschaft herstellen soll. Hierzu zählen vor allem Verbesserungen im Bildungsbereich, eine Medienreform sowie staatliche finanzielle Hilfen zur Selbsthilfe. Auch Ansätze eines Wohlfahrtsstaates sind in den ersten veröffentlichten Gesetzesvorlagen zu erkennen, wobei schwedische Verhältnisse allerdings nicht zu erwarten sind. Es soll auch keine populistischen Geldgeschenke an die bäuerliche Bevölkerung geben, wie unter dem ehemaligen Premier Thaksin geschehen, die nicht nur von Thaksins Gegnern als durchsichtiges Mittel zum Machterhalt gewertet wurden. Ferner sind Verfassungs- und Gesetzesreformen geplant, die das Land von alten Zöpfen befreien sollen. Der ehemalige Premierminister Anand Panyarachun hat von der Regierung das Mandat erhalten, weitere Vorschläge zu erarbeiten und den Versöhnungsprozess aktiv mitzugestalten. Und Premierminister Abhisit Vejjajiva hat einen ehemaligen Generalstaatsanwalt beauftragt, eine unabhängige Kommission aus repräsentativen Kräften der Gesellschaft zu konstituieren, um die Hintergründe im Zusammenhang mit der hohen Zahl der Toten während der Mai-Unruhen aufzuklären.

Trotz allem wird die politische Unsicherheit in Thailand noch länger andauern und den ein oder anderen ausländischen Neuinvestor bei seiner Planung nachdenklich stimmen. Die Investmentbank JP-Morgan jedoch erwartet in ihrer Thailandanalyse vom 24. Mai 2010 eine Stabilisierung der politischen Verhältnisse zur Jahresmitte, und hat nach wie vor eine positive Meinung, was die weitere Entwicklung des Landes angeht. Dies vor allem wegen des soliden wirtschaftlichen Aufschwunges im ersten Quartal 2010, der laut Bank of Thailand mit zwölf Prozent im Jahresvergleich die Erwartungen von 8,4 Prozent weit übertroffen hat. Beeindruckend ist auch der Anstieg der kombinierten Gewinne aller an der thailändischen Börse gelisteten Unternehmen, die zum Ende des ersten Quartals 2010, auf Jahresbasis, um sage und schreibe 85 Prozent zugenommen haben!

Boom statt Krise

»Wirtschaftliches Wachstum und politische Krisen waren in Thailand schon immer voneinander getrennt«, stellt auch Stefan Bürkle fest, der geschäftsführende Direktor der Deutsch-Thailändischen Außenhandelskammer (German-Thai Chamber of Commerce, GTCC) in Bangkok. In ihrer jüngsten Studie zum Thema mit dem bezeichnenden Titel »Thailand – Krise oder Boom?« belegt die GTCC diese Aussage mit Zahlenmaterial, das einen Anstieg sowohl der Exporte als auch des privaten Konsums während des Krisenmonats Mai nachweist. Der Internationale Währungsfonds (IWF) und die Bank of Thailand erwarten für 2010 ein Anwachsen des Bruttoinlandsprodukts von zwischen sieben und zehn Prozent. Dies alles vor dem Hintergrund solider wirtschaftlicher und fiskalpolitischer Rahmendaten, die Inflationsrate bewegt sich in einem Zielkorridor von 0,5 bis drei Prozent, bei einer moderaten Verschuldung von 42 Prozent des Bruttoinlandsprodukts. Zum Vergleich: In den USA liegt die Verschuldungsrate bei fast 100 Prozent!

Thailand hat also hervorragende Chancen für die Zukunft, wenn es sich wieder auf seine traditionellen Stärken besinnt. Im »Doing Business«-Report der Weltbank, einem internationalen Vergleich von Marktzugangs- und Geschäftsmöglichkeiten, hat sich Thailand im Jahre 2009 auf Platz zwölf verbessert und lässt damit an Attraktivität die Industrienation Deutschland auf Rang 25 weit hinter sich. Gleichzeitig baut das Königreich sein Netz von bilateralen Freihandelsabkommen systematisch aus: Australien, Neuseeland, Japan und China sind bereits Signatarstaaten solcher Handelsabkommen mit Thailand, Verhandlungen mit der EU haben gerade begonnen. Die weitere wirtschaftliche Integration innerhalb der ASEAN/AFTA-Staaten, ein Markt von über 500 Millionen Menschen, sollte Thailand darüber hinaus die Möglichkeit verschaffen, sein verhältnismäßig geringes Marktvolumen im Vergleich mit Indien und China mittelfristig zu erhöhen.

CHANCEN & RISIKEN

Harmonie und Business

Wie es sich in Thailand lebt und arbeitet

Um zu versuchen, die Geschäfts- und Verhandlungskultur eines Landes zu verstehen, muss man sich zunächst mit dessen kulturellen und historischen Hintergründen auseinandersetzen. Erst dann entwickelt man (vielleicht) ein Gespür für die Sensitivitäten seiner Bewohner und der Nation als solcher, deren Gepflogenheiten, Traditionen, Tabus und letztendlich, wie mit den fremden Besuchern dort umgegangen wird.

Thailand, oder Siam, wie das Land bis 1931 offiziell hieß, ist ein Land mit 66 Millionen Menschen von sehr unterschiedlicher ethnischer Herkunft, mit verschiedenen Dialekten und Sprachen und einer Staatsreligion (Theravada Buddhismus), dem rund 94 Prozent der Bevölkerung angehören. Das Land ist ein Königreich, dessen Monarch, Bhumibol Adulyadej (auch Rama IX genannt), seit 1946 regiert, was ihn zum am längsten amtierenden Staatsoberhaupt der Welt macht. Das Land wurde von indischen, chinesischen und kambodschanischen Traditionen beeinflusst, Geisterglauben und ein gewisser Hang zum Übersinnlichen sind, in allen gesellschaftlichen Schichten, weitverbreitet. Thailand ist übrigens die einzige Nation Südostasiens, die nie von einer westlichen Macht kolonialisiert wurde. Die außergewöhnliche kulturelle Vielfalt, gepaart mit asiatischen Gepflogenheiten, Tabus und Traditionen, macht es dem Ausländer natürlich schwer, Thailand und seine Menschen wirklich zu verstehen. Gleichzeitig macht dies aber auch den besonderen Charme und Reiz des Landes aus.

Thais und Deutsche – eine uralte Freundschaft

Neben den Unterschieden gibt es jedoch auch jede Menge Gemeinsamkeiten, gerade im thailändisch-deutschen Verhältnis, gewachsen aus gegenseitigem Respekt und Vertrauen. Nur wenige wissen, dass die deutsch-thailändischen Beziehungen bereits seit über 150 Jahren bestehen. Im Jahre 1858 schlossen die Hansestädte Lübeck, Hamburg und Bremen einen Handelsvertrag mit dem Königreich Siam. Dem folgte im Jahre 1862 ein Freundschafts-, Handels- und Schifffahrtsabkommen mit dem damaligen Preußen, und zwar unter Verzicht auf jegliches Kolonialinteresse mit der Unterstützung der Unabhängigkeit Siams. Deutschland avancierte zum wichtigsten Handelspartner Siams, deutsche Posträte übernahmen 1890 den Aufbau des Post- und Telegrafendienstes, das siamesische Eisenbahnnetz wurde unter deutscher Anleitung errichtet, der historische Bangkoker Hauptbahnhof ist das Werk deutscher Architekten.

Viele Deutsche kennen Thailand als Reiseland und sind deshalb über die hohe Lebensqualität, die sie vor Ort finden, nicht überrascht. In der aktuellen Meinungsumfrage des US-amerikanischen Reisemagazins *Leisure & Travel* nimmt Bangkok den ersten Platz der attraktivsten Städte der Welt ein, gefolgt von seiner Schwesterstadt Chiang Mai im Norden und Florenz auf Platz drei. Neben der äußerst schmackhaften Thai-Küche gibt es eine Vielzahl ausländischer Restaurants, in den Supermärkten sind alle westlichen Lebensmittel und Waren erhältlich. Trotzdem ist das Leben noch vergleichsweise günstig, im Vergleich der weltweit teuersten Städte belegte Bangkok 2010 gerade einmal Platz 121.

Hervorragende medizinische Versorgung

Die medizinische Versorgung ist ausgezeichnet, viele der thailändischen Ärzte sind in den USA oder in Europa ausgebildet, die großen Krankenhäuser sind in der Lage, auch Herzoperationen auf internationalem Standard durchzuführen. Neben der staatlichen Versorgung gibt es im Land inzwischen über 400 private Krankenhäuser, die zum Teil international akkreditiert und ISO-zertifiziert sind. Einige dieser Krankenhäuser sind sogar an der thailändischen Börse gelistet. Bei einem Besuch derselben meint der nichts ahnende ausländische Besucher, er habe sich in ein Fünfsternehotel verirrt. Aufgrund des hervorragenden Preis-Leistungs-Verhältnisses gilt Bangkok inzwischen als eines der Zentren des internationalen Medizintourismus für Patienten jeglicher Art, insbesondere aus dem Nahen Osten, Afrikas und zunehmend auch aus Europa und den USA.

Der nach Thailand entsandte Expat findet zumindest in den Ballungsgebieten eine komfortable Infrastruktur vor, die den im Land lebenden Ausländern ein hohes Maß an Lebensqualität beschert. Man wohnt in Bangkok entweder in einem der luxuriös erstellten Hochhäuser, die neben Fitnesscenter und Swimmingpool oft auch noch ein gut geführtes Restaurant anzubieten haben. Wer Haus mit Garten bevorzugt, zieht in eines der bewachten Wohngebiete in den Vororten, die sogenannten »Moo Baans«, oder Siedlungen, mit eigenem Supermarkt, privat organisierter Müllabfuhr und Freizeitanlagen. Die Miete für eine Zweizimmerwohnung im Zentrum Bangkoks liegt bei etwa 1.500 Euro. Häuser sind, je nach Anspruch und Budget, für 2.000 bis 7.000 Euro Monatsmiete zu bekommen. Eine Haushaltshilfe gehört zum Standard und verdient im Monat etwa 300 Euro.

Nach Schätzungen der Deutschen Botschaft in Bangkok haben sich mehr als 60.000 Deutsche in Thailand niedergelassen. Wer mit Familie kommt, und das ist die Mehrheit, findet neben den deutschsprachigen Schulen in Bangkok und in Chiang Mai eine Vielzahl englischsprachiger internationaler Schulen, die eine Ausbildung bis zum Abitur anbieten. Privatschulen waren jedoch noch nie günstig, auch in Thailand nicht: Neben einer Aufnahmegebühr ist mit einem monatlichen Schulgeld von umgerechnet etwa 1.000 Euro zu rechnen.

Eine Besonderheit der Bangkoker Geschäftskultur ist deren Dominanz durch Familien chinesischen Ursprungs. Einige der größten thailändischen Konglomerate in Handel und Industrie werden von etwa 30 Familien in Bangkok beherrscht, deren Großväter Anfang des 20. Jahrhunderts überwiegend über Südchina nach Thailand eingewandert sind. So gehen die Wurzeln des riesigen CP-Konzerns (Charoen Phokphand Group) beispielsweise auf einen Samenhandel zurück, den vier chinesische Brüder 1921 in Bangkoks Chinatown gründeten. Das Konglomerat beschäftigt heute über 250.000 Mitarbeiter und hat Geschäftsinteressen im Agrarbereich, im Handel und im Telekommunikationssektor. Die Thais chinesischen Ursprungs bezeichnen sich nach wie vor als »Chinesen«, chinesische Gebräuche und Traditionen werden innerhalb der Familien weitergegeben und gepflegt. Geschäfte werden bevorzugt mit Partnern gleicher ethnischer Zugehörigkeit getätigt, man vertraut einander, das verdiente Geld wird gespart oder in die Ausbildung der Kinder investiert. Nicht ohne Grund stellen deshalb Thai-Chinesen die Mehrheit der Bangkoker Businesselite.

Vom Gefühl, ein Thai zu sein

Trotz allem gibt es in Thailand keine ethnischen Konflikte wie etwa in Malaysia oder Indonesien, wo es in der Vergangenheit immer wieder zu Übergriffen auf die chinesisch-stämmige Bevölkerungsgruppe kam. Angesichts der ethnischen Vielfalt des Landes definiert sich die nationale Identität des modernen Thailand nämlich über das Gefühl, Thai zu sein, oder »khwaam pen thai«, und nicht etwa über die Zugehörigkeit zu einer Volksgruppe. Nationalistische Gedanken tauchen dabei immer wieder in der Literatur auf, eine gewisse Überheblichkeit der Thais im Umgang mit seinen kambodschanischen oder auch burmesischen Nachbarn fällt auch im Alltagsleben immer wieder auf.

Denn mitunter tun sich die Thais schwer mit all denen, die nicht Thai, und damit irgendwie anders sind. Erwarten Sie als Ausländer in Thailand nicht, dass sich von offizieller Seite jemand für Sie starkmacht. Das enge Geflecht von Beziehungen, die lokalen Netzwerke, sind ausschließlich Domäne der Thais, gewachsen aus familiären Strukturen, gemeinsamer Studienzeit oder anderen langjährigen Verbindungen. In Thailand trifft man allerdings immer wieder den ein oder anderen Ausländer, der sich mit stolz geschwellter Brust rühmt, er kenne einen wichtigen General, der alles für ihn regele. So eine Ansicht ist naiv und zeigt eigentlich, dass diese Leute nicht viel von Thailand verstanden haben. Denn schützenswert sind im Zweifel nur die Thai-Interessen. Der westliche Ausländer ist im allgemeinen thailändischen Sprachgebrauch der »Farang«, die thailändische Bezeichnung für westliche Ausländer, abgeleitet von »Franken« (und nicht, wie oft irrtümlich gesagt wird, von »Farang-se«, das Wort für einen Franzosen), dem hier und da gerne mal mehr für vergleichbare Leistungen berechnet wird als den lokalen Thais.

Sicherlich ist diese Art von Kategorisierung auch Ausdruck einer eingeschränkten Weltsicht, wie sie für die Mehrheit der Thais selbst heute im Zeitalter der Globalisierung noch typisch ist. Trotz der Hochhäuser in Bangkok und seiner glitzernden Fassaden können Thais in vielerlei Hinsicht sehr provinziell sein, Bildung ist auch hier, wie so oft, der Schlüssel zu einem besseren gegenseitigen Verständnis.

Orientalische Handelsstraßen

Eine gut funktionierende Verkehrsinfrastruktur ist für alle Länder Asiens nach wie vor eine große Herausforderung. Marode Straßen in China, Indien und Vietnam haben mit dem wirtschaftlichen Fortschritt dieser Länder bisher nicht mithalten können, und erinnern oft eher an die historischen Handelswege orientalischer Elefantenkarawanen.

Thailand hat die Risiken erkannt, die eine unterentwickelte Infrastruktur für das weitere wirtschaftliche Wachstum des Landes bedeutet. Die nationalen Logistikkosten von gegenwärtig 19 Prozent des BIP sind im internationalen Vergleich nämlich relativ hoch, diese sollen mittelfristig jedoch halbiert werden. Zu diesem Zweck hatte die Thaksin-Regierung bereits verschiedene »Megaprojekte« ins Leben gerufen, die Umsetzung derselben hat sich jedoch aufgrund der häufigen Regierungswechsel der letzten Jahre verzögert.

Ein gut ausgebautes Straßennetz von etwa 60.000 Kilometern, das laufend verbessert wird, verbindet die 77 Provinzen des Landes. So kann der Eastern Seaboard, einer der wichtigsten Industriestandorte des Landes, von Bangkok aus mittlerweile innerhalb von 90 Minuten auf einer teilweise achtspurigen Schnellstraße erreicht werden.

Der berühmt-berüchtigte Straßenverkehr Bangkoks wurde durch die Inbetriebnahme der innerstädtischen Hochbahn (BTS Skytrain) und der Metro erheblich entlastet, Ausschreibungen für die Schienenanbindung der Vororte haben begonnen. Federführend ist hier Siemens Ltd., die lokale Tochter der Siemens AG, die als Hauptauftragnehmerin für die U-Bahn, die Skytrain und den gerade eröffneten Airportlink maßgeblich an der Umsetzung der modernen Schienenkonzepte beteiligt ist.

Logistik – vom Schiff auf die Straße

Mit einer Küstenlinie von 3.200 Kilometern und Binnenwasserstraßen von 4.000 Kilometern ist der Seehandel für Thailand von großer Bedeutung. Wichtige Tiefseehäfen für den internationalen Handel befinden sich außer in Bangkok in Sattahip, Map Tha Phut, Songkhla, Prachuap, Si Racha sowie besonders Laem Chabang, einer der 20 weltweit größten Containerhäfen, dessen Kapazität gegenwärtig auf 10,8 Millionen TEUs (twenty foot equivalent units) ausgebaut wird. Direkte Seeverbindungen von Europa gibt es jedoch nicht, die Container werden entweder über Singapur oder Hongkong nach Thailand geleitet.

Es existieren im Land mehr als 20 Flughäfen, wobei die internationale Luftfracht hauptsächlich neben Bangkok vor allem über Phuket und Chiang Mai abgewickelt wird. Der neue Flughafen Suvarnabhumi in Bangkok ist eines der wichtigsten internationalen Drehkreuze und ist in der Lage, 45 Millionen Passagiere und drei Millionen Tonnen Fracht pro Jahr abzufertigen. Bis 2013 wird ein neuer Terminal in Betrieb genommen, was die Kapazität auf 65 Millionen Passagiere erhöhen wird. Über den älteren Flughafen Don Muang, mit einer Kapazität von 12,5 Millionen Tonnen Fracht, läuft hauptsächlich der inländische Frachtverkehr.

Völlig vernachlässigt ist dagegen der thailändische Schienenverkehr. Das heute knapp 4.000 Kilometer umfassende Streckennetz ist vor über 100 Jahren von deutschen Ingenieuren gebaut worden. Seitdem, so hat man den Eindruck, ist nicht viel in die Verbesserung desselben investiert worden. Die Streckenführung ist überwiegend eingleisig, die Durchschnittsgeschwindigkeit der Züge liegt bei 40 Kilometern in der Stunde. Insoweit überrascht es nicht, dass der überwiegende Teil des nationalen Gütertransportes auf der Straße erfolgt. Nach offiziellen Verlautbarungen verläuft der geplante zweigleisige Ausbau des Schienennetzes jedoch nach Plan. Baubeginn ist im Jahr 2010, die erste Bauphase soll 2016 abgeschlossen sein. Insgesamt sollen umgerechnet 20 Milliarden Euro in die Modernisierung des überregionalen Bahnverkehrs fließen, inklusive neuer Strecken und der Einführung von Hochgeschwindigkeitszügen, der Abschluss der dritten Bauphase ist für das Jahr 2034 vorgesehen.

Ansiedlung: im Industriepark zu Hause

Die meisten ausländischen Unternehmen aus dem Fertigungs-, aber auch dem technischen Servicebereich lassen sich in einem der 34 modernen Industrieparks des Landes nieder, in denen zum Teil auch Freihandelszonen eingerichtet sind. Hier finden sich all die klangvollen Namen multinationaler Hersteller ebenso wie die hoch spezialisierter ausländischer Mittelständler, viele davon sind aus Deutschland. So ist die von uns betreute 100-Millionen-Euro-Neuinvestition des Automobilzulieferers Continental AG im Jahre 2009 gerade abgeschlossen worden, das Unternehmen beschäftigt in Thailand etwa 1.000 Mitarbeiter.

Sich in einem Industriepark niederzulassen hat für viele Unternehmen einen ganz simplen Grund: Es ist einfacher und bequemer. Im Gegensatz zum Bau einer Fabrik auf der grünen Wiese oder etwa einem der vielen Reisfelder findet sich in den Industrieparks eine funktionierende Infrastruktur. Wasser und Strom werden bis ans Werkstor gelegt, oftmals finden sich auch fertigungsbezogene Synergien mit benachbarten Betrieben. Insbesondere die großen Industrieparks im Eastern Seaboard, die seit über 30 Jahren bestehen, haben insoweit Ansehnliches geleistet. Breite Straßen durchziehen die großzügig angelegten Fertigungsstandorte, die Industrieparks selbst sind oft mit eigenen Kraftwerken zur Stromversorgung ausgerüstet. Ausländische Besucher staunen immer wieder und zeigen sich beeindruckt über den hohen Standard. »Das ist ja besser als bei uns zu Hause«, ist eine häufige Bemerkung, wenn Vertreter deutscher Unternehmen einen dieser Industrieparks besichtigen.

Im Gegensatz zu einigen anderen Ländern der Region ist die Stromversorgung in Thailand landesweit grundsätzlich stabil. Da aber die Leitungen oberirdisch verlaufen, kommt es vor allem in der Regenzeit, bei Sturm und Gewittern, gelegentlich zu Stromausfällen. Oftmals ist dann nur eine der vielen Billboards – die gigantischen Werbetafeln, die überall in Asien die Landschaft verunschönern – umgekippt und hat dabei die Oberleitung gekappt. Insoweit sichern viele Unternehmen die Stromversorgung mit eigenen Generatoren für den Notfall zusätzlich ab.

Typisch für ein industrielles Schwellenland wie Thailand ist der stark ansteigende Energieverbrauch sowohl im industriellen als auch im privaten Sektor. Die Gesamtkapazität der thailändischen Stromerzeugung wird bereits in diesem Jahr um 1.620 Megawatt ausgebaut, wobei allein 700 Megawatt aus einem Gaskraftwerk im Norden Bangkoks stammen. Mittelfristig ist geplant, die Erzeugungskapazitäten von gegenwärtig 29.212 Megawatt bis zum Jahr 2030 auf mehr als 65.000 Megawatt zu erhöhen. Dazu werden fast 4,2 Billionen Baht unter anderem in 13 Kohlekraftwerke mit einer Kapazität von 20.000 Megawatt und 20 Gaskraftwerke mit Kapazitäten von 15.800 Megawatt investiert. Auch sollen fünf Kernkraftwerke bis zu 5.000 Megawatt zur Stromerzeugung beitragen.

GESCHÄFTSKULTUR & ARBEITSWELT

Geduld ist gefragt

Wer mit Thais Geschäfte machen will, muss ihre Kultur verstehen

Ein Blick auf das thailändische Wertesystem und seine ethischen Grundsätze vermag dem oftmals ignoranten Ausländer zumindest den Ansatz einer Erklärung geben, wo die kulturellen Unterschiede liegen und warum diese im geschäftlichen Alltag Probleme bereiten können. Die hierbei wohl wichtigste Geisteshaltung, die jede thailändische Mutter ihren Kindern mit auf den Weg gibt – gleichsam als Essenz des thailändischen Charakters –, ist die Eigenschaft, in der Interaktion mit seiner Umwelt und dem individuellen Gegenüber »kreng jai« zu sein. »Kreng« bedeutet dabei zunächst »Angst« oder »ängstlich«. »Jai« ist das Herz. Oft mit »Rücksichtnahme« übersetzt, fehlt es zu kreng jai doch an einem vergleichbaren deutschen Wort, das die Vielzahl der geistig-moralischen Assoziationen dieses Begriffes in seiner tatsächlichen Tiefe wiedergibt. Am ehesten entspricht es der deutschen Höflichkeitsfloskel: »Ich traue mich nicht, das anzunehmen/danach zu fragen.« Im Englischen lautet die Übersetzung: »I am afraid to ...«, was sich ebenfalls von Angst ableitet und so sehr nahe beim thailändischen kreng jai liegt.

Der ausländische Geschäftsmann erfährt den Einfluss von kreng jai auf vielfältige Weise. Sein thailändischer Geschäftspartner macht zum Beispiel mitunter Versprechungen, obwohl er genau weiß, dass er diese nie einhalten kann. Ein hartes »Nein« wäre aus seiner Sicht jedoch unhöflich. Westler verstehen das natürlich nicht und sind frustriert. So kommt es, dass Verträge häufig nicht wirklich ausverhandelt werden und wichtige Punkte offenbleiben, weil das dem ausgeprägten Harmoniebedürfnis des thailändischen Partners entspricht – kreng jai eben. Der Thailänder versucht, Konflikte um jeden Preis zu vermeiden. Stattdessen wird um Kompromisse gerungen, bei denen die Beteiligten möglichst ihr Gesicht wahren können. Das ist der wunde Punkt: Schlimmstenfalls wird sich der thailändische Unternehmer von einem guten Deal abwenden – zum völligen Unverständnis des ausländischen Geschäftspartners – weil sich das asiatische Gegenüber nicht ernst genommen oder gar bloßgestellt fühlt. Und ist der Bogen überspannt, wird auch der freundlichste Thai auf Rache sinnen. Das kann im Extremfall sogar zu gewalttätigen Auseinandersetzungen zwischen Geschäftsleuten führen, zumindest fernab von Bangkok, in den Provinzen.

Ohne »sanuk« läuft gar nichts

In einer Gesellschaft, die in weiten Bereichen von Konformität und hierarchischer Unterordnung geprägt ist, und in der auch auf sachliche Kritik sehr empfindsam reagiert wird, hat das Konzept von sanuk eine herausragende Bedeutung. Sanuk bedeutet so viel wie »Spaß« oder »Freude an einer Sache haben«. Und das gilt auch, oder gerade, für den Arbeitsplatz. Der gut gelaunte Chef, die Weihnachtsfeier sowie der mindestens zweitägige jährliche Betriebsausflug ans Meer tragen ungemein zum sanuk bei und schaffen ganz nebenbei Loyalität und das so wichtige »Wir-Gefühl«. Sanuk ist aber mehr als nur »lustig, lustig«: Den Thais ist es überaus wichtig, Befriedigung und Freude an einer Tätigkeit zu haben. Fehlt dieses Element, wird auch kein noch so gutes Gehalt die Mitarbeiter von einem Arbeitsplatzwechsel abhalten.

Denn Geld ist nicht alles, Wohlbefinden und ein harmonisches Miteinander im Beruf, der Familie, der Nachbarschaft, haben oberste Priorität. Insoweit stellt die thailändische Linguistin Peansiri Vongvipanond in ihrer Untersuchung »Linguistische Aspekte der Thai-Kultur« die interessante These auf, dass die Thai-Begriffe für »Erfolg«, »Ambitionen«, »Leistung«, »Entwicklung« und »Planung« relativ neue Wortschöpfungen sind, und daher traditionell in der thailändischen Kultur nur untergeordnete Bedeutung haben.

Wie dem auch sei, arbeiten in Thailand macht Spaß! Geduld im Umgang mit den lokalen Kräften ist sicherlich gefragt, wer rumbrüllt, verliert nur an Glaubwürdigkeit und Respekt. Die – im Übrigen wahre – Geschichte von dem westfälischen Monteur, der in guter deutscher Manier bei der Einarbeitung seiner thailändischen Kollegen mit dem Hammer nach ihnen warf, spricht dabei Bände.

Wer Fragen stellt, gilt als respektlos

34 Millionen Menschen sind in Thailand berufstätig, wobei die Mehrheit der Arbeitnehmer unter 35 Jahren ist. Angesichts einer Schulpflicht von neun Jahren und inzwischen einigermaßen guten Universitäten ist eine ausreichende Anzahl von hinreichend qualifizierten Arbeitskräften in nahezu allen Branchen zu finden. Viele ausländische Manager klagen jedoch über mangelnde Effizienz und Eigeninitiative ihrer thailändischen Angestellten, die eine übertragene Aufgabe mitunter nicht in dem erwarteten Umfang erledigt bekommen. Frustration und Enttäuschung auf beiden Seiten sind oft die Folge mit negativen Konsequenzen für das Unternehmen. Auch hier ist ein besseres Verständnis für die thailändische Mentalität und Wesensart der Schlüssel zum Erfolg, um loyale und effektive Teams in dem multikulturellen Umfeld des thailändischen Tochterunternehmens zu bilden.

Der unbedingte Respekt vor älteren oder sozial höhergestellten Personen führt bereits zu Mängeln in der Schul- und Universitätsausbildung: »Vorlesung« heißt hier wirklich noch im ursprünglichen Wortsinn, dass der Professor vorne steht und vorliest, Zwischenfragen sind nicht opportun oder erwünscht. Denn wer fragt, impliziert, dass der Herr Professor die Sache nicht richtig erklärt hat, und das wiederum wäre eine Beleidigung; wir erinnern uns: kreng jai. Ferner ist Schwerpunkt der Ausbildung, dass Schüler und Studenten Wissen auswendig lernen und entsprechend wieder abspulen können. Analytisches und kritisches Denken bleiben dabei allerdings oft auf der Strecke.

Englische Sprachkenntnisse sind außerhalb Bangkoks nur rudimentär vorhanden, auch hier haben die Schulen versagt. Ein Teil der jungen Generation der Hochschulabgänger, zumindest die es sich leisten können, macht inzwischen einen weiteren Abschluss in den

USA, England oder auch in Deutschland. Auch wenn der Auslands-
aufenthalt dann oft nur ein Jahr ist, hilft er ungemein, was die Verbesserung der sprachlichen und akademischen Fähigkeiten angeht.

Im Zweifel für den Arbeitnehmer

»Ich mag keine Anwälte in meinem Gerichtssaal«, so wurden wir vor
vielen Jahren einmal von dem Vorsitzenden Richter zu Beginn eines
Arbeitsgerichtsprozesses in Bangkok begrüßt. Dies war in doppelter
Hinsicht misslich, denn ich bin nicht nur Rechtsanwalt, sondern war
in dem erwähnten Verfahren Zeuge in eigener Sache, nämlich als
Partner – und damit Arbeitgeber – der Kanzlei. Schnell wurde dann
auch klar, wie der Hase lief: Die Parteien sollten sich unbedingt vergleichen, und zwar möglichst im Sinne des Arbeitnehmers. So läuft
es eigentlich bei fast allen Arbeitsgerichtsprozessen in Thailand. Der
Arbeitgeber hat einen denkbar schweren Stand, selbst wenn der Arbeitnehmer das Tafelsilber gestohlen hat. Insoweit gilt es hier für
den Arbeitgeber ganz besonders, sofern möglich, Prozesse zu vermeiden.

Die thailändischen Arbeitsgerichte sind also sehr arbeitnehmerfreundlich, ebenso wohl wie die Arbeitsgerichte in Deutschland. Die
arbeitsrechtlichen Vorschriften des Civil und Commercial Code, des
Labour Relations Act und insbesondere des Labour Protection Act
unterscheiden sich dagegen in vielfältiger Hinsicht von den deutschen Regelungen, bis hin zur strafrechtlichen Verantwortlichkeit
der Geschäftsführung bei Verstößen gegen Arbeitsschutzvorschrif-
ten.

Der Kündigungsschutz ist insoweit weniger ausgeprägt als in Europa, als dass einem Arbeitnehmer in Thailand einfacher gekündigt
werden kann, in der Regel unter Zahlung einer Abfindung, dem sogenannten »Severance Pay«. Die Höhe der Abfindung richtet sich nach
der Beschäftigungsdauer, ab 120 Tagen Betriebszugehörigkeit ist bereits ein Monatsgehalt zu zahlen. Besteht die Beschäftigung zwischen
einem und drei Jahren, sind drei Monatsgehälter Abfindung zu zahlen. Die Staffelung setzt sich entsprechend fort, bis schließlich nach
zehn Jahren Beschäftigung ein Abfindungsanspruch von 300 Tagessätzen entstanden ist. Jede Kündigung ist wohlgemerkt mit einer
Frist von 30 Tagen auszusprechen, wird diese nicht eingehalten,

muss zum Ausgleich ein weiteres Monatsgehalt an den Arbeitnehmer bezahlt werden.

Jeder Arbeitnehmer hat Anspruch auf 13 nationale Feiertage und nach einjähriger Beschäftigung auf sechs Tage bezahlten Jahresurlaub. Fällt ein Feiertag auf einen Sonntag, so ist den Arbeitnehmern der nachfolgende Werktag freizugeben. »Compensation Holidays« heißt diese arbeitnehmerfreundliche Regelung, die mir aus sonst keinem anderen Land bekannt ist.

Die Regelarbeitszeit beträgt acht Stunden pro Tag und maximal 48 Stunden pro Woche, der Samstag ist ein Werktag. Überstunden an einem normalen Arbeitstag müssen mit dem 1,5-fachen Stundenlohn bezahlt werden, an einem Feiertag oder an einem vereinbarten freien Tag ist der dreifache Stundenlohn zu entrichten.

Sind Arbeitnehmer erkrankt, so dürfen sie so lange fehlen, bis sie gesundheitlich wiederhergestellt sind, allerdings ist die Lohnfortzahlung im Krankheitsfalle auf 30 Tage pro Kalenderjahr beschränkt.

Nach dem Social Security Act sind Arbeitgeber verpflichtet, die Beiträge der Arbeitnehmer in Höhe von fünf Prozent vom monatlichen Gehalt (bis zu einem Höchstbetrag von 15.000 Baht) einzubehalten und an die Sozialkasse abzuführen.

Nicht billig, aber gut

Es existiert auch ein gesetzlicher Mindestlohn für Arbeitnehmer, dessen Höhe sich jedoch von Provinz zu Provinz unterscheidet. Am höchsten liegt er natürlich in Bangkok, mit 206 Baht, also etwa fünf Euro, pro Tag. Damit gehört Thailand sicherlich nicht mehr zu den Ländern in Asien mit den niedrigsten Lohnkosten, das Königreich ist schon lange nicht mehr »Billiglohnland«. Allerdings sind die thailändischen Arbeitskräfte im industriellen Bereich weit besser ausgebildet als die vieler seiner asiatischen Nachbarn. Entsprechend sind gerade thailändische Arbeitskräfte für anspruchsvollere Tätigkeiten in der Fertigung besonders geeignet.

BRANCHEN & MÄRKTE

Chancen für Mittelständler

Thailand ist der Exportweltmeister Südostasiens

Ähnlich wie Deutschland ist Thailands Wirtschaft stark exportorientiert, der Außenhandel trägt inzwischen 60 Prozent zum Bruttoinlandsprodukt bei. 2010 trat das AFTA-Abkommen in Kraft, wodurch die Importzölle für eingeführte Waren aus den Mitgliedsstaaten Thailand, Singapur, Malaysia, Indonesien, Philippinen und Brunei wegfielen. Kambodscha, Laos, Myanmar und Vietnam werden im Jahr 2015 folgen. Damit besteht die Möglichkeit, in Thailand hergestellte Waren in einen Markt mit mehr als 500 Millionen Menschen zollfrei exportieren zu können. Nimmt man dann noch das Freihandelsabkommen ASEAN-China hinzu, ist durch diesen Verbund die inzwischen drittgrößte Freihandelszone der Welt entstanden, mit einem Markt von mehr als zwei Milliarden Menschen.

Risiken für die Exportwirtschaft des Landes sieht die thailändische Regierung insbesondere in der Dollar- und Euro-Schwäche, die Exporte in diese Regionen immer teurer werden lässt. So hat der Wechselkurs des Euro zum thailändischen Baht seit dem Jahr 2008, ein Euro ist gleich ca. 49 Baht, konstant abgenommen, und liegt aktuell bei 41,88 Baht, Tendenz: weiter sinkend. Hier ergeben sich wiederum Chancen für deutsche Exporteure, deren Produkte aufgrund des schwachen Euro deutlich günstiger angeboten werden können.

Das Detroit Asiens

Mit einem Anteil von fast zwölf Prozent am BIP sind die Automobilindustrie und deren Zulieferbetriebe einer der wichtigsten Industriezweige Thailands, der mehr als 300.000 Menschen beschäftigt. »Thailand, das Detroit Asiens«, damit hat bis vor Kurzem noch einer der großen Industrieparks für das Königreich als Fertigungsstandort für die Automobilindustrie geworben. Angesichts der Tragödie um die US-amerikanische Autoindustrie, die natürlich Detroit besonders hart getroffen hat, wurde besagter Werbeslogan stillschweigend eingestellt. Thailand ist inzwischen nämlich der siebtgrößte Exporteur von Kraftfahrzeugen auf der Welt, der Sektor boomt, die Zuwachsraten im ersten Halbjahr 2010 sind die höchsten der letzten zehn Jahre. Honda, Toyota, GM, Isuzu und Mitsubishi betreiben große Fabriken im Land, die jeweils bis zu 200.000 Fahrzeuge pro Jahr produzieren können; insgesamt sollen 2010 mehr als 1,6 Millionen Fahrzeuge hergestellt werden, so Vallop Tiasiri, der Präsident des Thailändischen Automobilverbandes. Neben den großen japanischen Herstellern bauen auch Ford und General Motors ihre lokalen Fertigungskapazitäten strategisch aus, finanziert mit dem Geld thailändischer Banken! Automobile der Kompaktklasse sowie Transporter (Pick-ups) dominieren den lokalen Markt. Insoweit führen die deutschen Automobilhersteller in Thailand naturgemäß eher ein Nischendasein, dennoch produziert BMW seit vielen Jahren seine 3er-, 5er- und 7er-Modelle erfolgreich in Thailand. BMW Group Thailand erwartet für 2010 Zuwachsraten von 60 Prozent im Vergleich zum Vorjahr, Präsident Michael Kordys zeigt sich optimistisch:»Sollte der Markt weiter wachsen, wird auch BMW im nächsten Jahr entscheiden, seine Kapazitäten in Thailand zu erhöhen. Wir stehen hinter unserer Investition in Thailand und machen uns hinsichtlich der Entwicklung des Landes keine Sorgen.«

Angesichts einer dynamisch wachsenden Automobilindustrie sind auch die Zulieferer in Thailand enorm gut vertreten. 1.800 Zulieferbetriebe sind vor Ort. In den Jahren 2002 bis 2007 ist die lokale Zulieferungsindustrie um über 386 Prozent gewachsen und stellt inzwischen 50 bis 70 Prozent der Komponenten eines Pkw her. Chancen für Zulieferer bestehen nach wie vor jedoch bei der Herstellung von Pkw-Motoren, Einspritzpumpen, Differenzialgetrieben, Autoelektronik, Turboladern und Anti-Blockier-Systemen, um nur einige zu nennen. Ferner fördert Thailand die Herstellung umweltfreundlicher Kleinwagen, der sogenannten»Eco-Cars«, mit einem Verbrauch von nicht mehr als fünf Litern auf 100 Kilometer. Die Pkw-Produktion soll dadurch um weitere 650.000 Einheiten pro Jahr gesteigert werden, womit das Königreich dann endgültig in die Spitzengruppe der automobilherstellenden Länder aufsteigen wird.

Fernseher und Raffinerien

Mehr als 30 Prozent der Exporte entfallen auf die elektronische Industrie, die mit einem Umsatz von mehr als 30 Milliarden US-Dollar und mehr als 370.000 Beschäftigten einen weiteren wichtigen Industriezweig darstellt. Internationale Konzerne wie Philips, Fujitsu und LG produzieren seit Langem im Land. Unter anderem hat sich LG im Oktober 2009 für Thailand als Standort innerhalb der ASEAN für die Produktion von Fernsehgeräten der neuesten Generation entschieden. Es wird ein jährlicher Absatz von über drei Millionen Fernsehgeräten erwartet.

In Zeiten des Klimawandels investiert Thailand zunehmend in den Umweltschutz, der Ausbau alternativer Energien hat staatliche Priorität. Die neuen Richtlinien des BOI zur Investitionsförderung vom April dieses Jahres weisen insoweit den Umweltschutz, die Herstellung umweltfreundlicher Produkte, Hochtechnologie und Healthcare als besonders geförderte Schlüsselindustrien aus. Deutsche Technologie ist auch in den Bereichen weltführend und wird in Thailand zweifellos dringend gebraucht.

Thais kaufen von Thais

Wer in Asien etwas verkaufen will, muss vor Ort beim Kunden sein. Dies gilt sicherlich auch für Thailand, persönliche Verbindungen, die sogenannten »Relationships«, sind wesentlicher Bestandteil der Geschäftskultur. Man kauft voneinander, weil man sich kennt und gegenseitig schätzt. Insoweit haben ausländische Vertriebsmanager bei thailändischen Kunden einen schweren Stand, schon die sprachlichen Barrieren helfen nicht gerade, Brücken zu bauen. Thais kaufen dann doch eben nur von Thais ist die simple, aber wichtige Erkenntnis.

Viele ausländische Unternehmen engagieren einen lokalen Agenten, der in seiner Angebotsliste dann oft ein Sammelsurium verschiedener Marken und Produkte dem Kunden anbietet. Das klappt in der Regel mehr schlecht als recht, für den ein oder anderen mag dies eine zufriedenstellende Lösung sein. Wer jedoch ernsthaft im Lande verkaufen will, oder auch innerhalb der Region, kommt in der Regel um die Gründung eines eigenen Vertriebsunternehmens nicht herum. Die Hürden liegen hierbei für ausländische Unternehmen relativ hoch – denn verkaufen können wir auch selber, ist hierzu die Meinung des thailändischen Gesetzgebers. Der Foreign Business Act verlangt ein Stammkapital von umgerechnet fast 2,5 Millionen Euro (100 Millionen Baht), damit eine mehrheitlich ausländisch gehaltene Vertriebsgesellschaft ihre Produkte frei auf dem thailändischen Markt verkaufen kann. Eine Investition in der Höhe ist sicherlich nicht jedermanns Geschmack, obwohl wir in den Jahren eine Vielzahl dieser 100-Millionen-Baht-Gesellschaften bei der Gründung beraten haben.

Es gibt aber auch gute Nachrichten, der berühmte Silberstreif am Horizont ist hier auch wieder die Investitionsförderung durch den Thailand Board of Investment, BOI. Denn zumindest für den Vertrieb für Produkte aus dem technischen Bereich hat der BOI eine Förderungskategorie geschaffen, die es einer mehrheitlich ausländisch gehaltenen Vertriebs- und Servicegesellschaft in Thailand ermöglicht, ihre Produkte zu verkaufen. Dies alles ohne Anforderung an die Kapitalisierung des Unternehmens, allerdings ist Voraussetzung, dass die Vertriebsgesellschaft jährlich mindestens zehn Millionen Baht (etwa 250.000 Euro) an Betriebsausgaben nachweist. Der direkte Verkauf der Produkte ist dann zwar nur an Großhändler erlaubt, in typisch thailändischer Manier hat der BOI aber eine Hintertür geöffnet, die es der geförderten Betriebsgesellschaft erlaubt, vor Ort, beim thailändischen Kunden, die Muttergesellschaft beim Verkauf zu unterstützen. Das bedeutet, der Verkauf der Maschinen oder Komponenten findet auf Rechnung der ausländischen Muttergesellschaft statt, und dort werden die Gewinne auch versteuert. Die thailändische Tochtergesellschaft bekommt allenfalls eine Servicegebühr, der BOI vermeidet das zu sehr nach Verkauf klingende Wort »Provision«, ansonsten aber geht Thailand leer aus. Ob das alles Sinn macht, wage ich zu bezweifeln, jedoch ist diese Scharade offensichtlich politisch so gewollt.

Entsprechend dem Wachstum der thailändischen Wirtschaft steigt auch der Import von Waren aller Art in das Land. Über ein Drittel aller thailändischen Importe entfallen auf Maschinen. Die Einfuhr von Maschinen und vergleichbaren Gütern wird mittelfristig weiter ansteigen, um den Bedarf der Wachstumsbranchen Automobil, Maschinenbau und chemische Industrie weiter zu decken. Auch in der Landwirtschaft ist eine verstärkte Nachfrage nach Maschinen zu erwarten, da es erklärtes Ziel der Regierung ist, die Produktivität der Landwirtschaft dauerhaft zu steigern.

Aber auch der Lifestyle- und Gesundheitsmarkt wächst rapide mit jährlich acht Prozent, der Bedarf an Medizintechnik steigt entsprechend. Angesichts von geschätzten zwei Millionen Gesundheitstouristen im Jahr investieren die Krankenhäuser in moderne Apparate und Diagnosegeräte nach internationalen Standards. Fast 75 Prozent des Umsatzes der Medizintechnik entfallen dabei auf Importe. Die besten Absatzchancen dürften dabei Röntgen-, Labor- und Test- sowie zahnmedizinische Geräte haben. Die meisten Waren können problemlos eingeführt werden. Elektrische Geräte müssen den Vorgaben des Thai Industrial Standards Institute entsprechen, bestimmte Lebensmittel und alle pharmazeutischen und Kosmetikprodukte müssen bei der thailändischen Food and Drug Administration geprüft und zugelassen werden. Falls der Vertrieb im Herstellungsland verboten ist, dann kann auch eine Zulassung in Thailand nicht gewährt werden.

Kampf den Piraten!

Wer auf die thailändischen Nachtmärkte geht, in Bangkok, Chiang Mai, Pattaya oder anderswo, findet sie immer noch: die berühmten Rolex-Kopien, Louis-Vuitton-Handtaschen, Raubkopien der neuesten Hollywood-Kassenknüller und Videospiele auf DVD. Wem das importierte italienische Designersofa oder Abendkleid zu teuer ist, kann sich beim Laden um die Ecke ein lokales Modell anfertigen lassen, über Qualität lässt sich streiten, aber zumindest sieht es dem Original aus Mailand ziemlich ähnlich. Produktfälschungen sind in ganz Asien nach wie vor weitverbreitet und, was dabei nicht übersehen werden sollte, auf der ganzen Welt entsprechend nachgefragt. Nach Angaben des deutschen Zolls stammten fast 20 Prozent aller in Deutschland im Jahre 2009 sichergestellten Warenfälschungen aus Thailand, wobei dies sicherlich auch mit dem hohen Reiseverkehr zwischen den beiden Ländern (es reisen etwa 500.000 Deutsche jedes Jahr nach Thailand) zusammenhängt. Was der interessierte Besucher in Thailand jedoch vergeblich suchen wird, ist das Fälschen von Maschinen ausländischer Hersteller oder anderen komplexeren Produkten, dies ist nach wie vor die Domäne der chinesischen Nachbarn im Norden.

Recht haben – und recht bekommen

Thailand ist Signatarstaat aller wichtigen internationalen Übereinkünften zum Schutz des geistigen Eigentums, zum Beispiel Agreement on Trade-Related Aspects of Intellectual Property Rights (TRIPS), World Intellectual Property Organization (WIPO), der Berner Übereinkunft zum Schutze von Werken der Literatur und Kunst sowie die Stockholmer Fassung der Pariser Verbandsübereinkunft zum Schutz des gewerblichen Eigentums (PVÜ). Am 24. September 2009 ist Thailand außerdem dem Patent Cooperation Treaty (PCT) beigetreten, wodurch nun auch die thailändische Anmeldung eines internationalen Patents den Schutz in allen Mitgliedsstaaten ermöglicht.

Im Jahre 1997 ist in Thailand der Intellectual Property and International Trade Court gegründet worden, der als Spezialgericht sich ausschließlich mit internationalen Handelsstreitigkeiten sowie Streitigkeiten aus dem Bereich des geistigen Eigentums beschäftigt. Nach unseren Erfahrungen führt dieses Gericht seine Prozesse fair und professionell und genießt auch international einen ausgezeichneten Ruf. Im Jahre 2009 hat das Gericht 6.612 Fälle von Verletzungen des geistigen Eigentums verhandelt. Diese setzten sich je zur Hälfte aus Urheberrechts- und Markenverletzungen zusammen, interessanterweise gab es aber nur zehn Fälle von Patentrechtsverletzungen. Rein formal gesehen besteht also ein sehr guter Schutz für das geistige Eigentum, und auch die Durchsetzbarkeit dieser Rechte macht Fortschritte.

Um allerdings recht zu bekommen, muss man zunächst einmal eine vertretbare rechtliche Position haben. Insbesondere mittelständische Unternehmen übersehen leider oftmals, dass zu einem geschäftlichen Engagement im Ausland auch eine angemessene Markenschutzstrategie gehört. Hier ist die rechtzeitige Registrierung der wichtigsten Marken eines Unternehmens sicherlich dringend anzuraten, denn ist das Kind erst mal in den Brunnen gefallen, hilft oft gar nichts mehr. Manchmal hat man aber einfach auch nur Pech, wie eine hochpreisige deutsche Modemarke erfahren musste, die sich gegen den Vertrieb von Modeartikeln unter der thailändischen Marke Espada gewehrt hatte. Espada ist in allen großen Kaufhäusern Bangkoks vertreten, und zwar mit Damenmode im unteren Preissegment. Dies war dem deutschen Hersteller natürlich ein Dorn im Auge, der zu Recht eine Verwechslungsgefahr mit seinen qualitativ überlegenen Produkten befürchtete. Die Krux war nun, dass die Marke Espada in Thailand einige Monate länger registriert war als die ähnlich klingende deutsche Marke. Und hier gilt im thailändischen Markenrecht der einfache Grundsatz, wer zuerst kommt, mahlt zuerst. Unserem Mandanten blieb in dem Fall also nichts anderes übrig, als sich mit der Gegenseite zu vergleichen, aus wirtschaftlicher Sicht sicherlich sehr ärgerlich.

Der Gang zur Polizei bleibt meist vergeblich

Mühsam kann auch der Versuch sein, seine Schutzinteressen mithilfe der Polizei durchzusetzen, selbst wenn die Rechtsverletzung offenkundig ist. Die Verletzung geistigen Eigentums kann zwar auch in Thailand strafrechtlich geahndet werden, allerdings hat die lokale Polizei den Ruf, gerne wegzusehen, oder sie wird nur gegen eine entsprechende »Aufwandsentschädigung« tätig. Erfolgreich kann ein Unternehmen seine Interessen nur dann durchsetzen, wenn es Präsenz vor Ort zeigt und seine Interessen mit Hartnäckigkeit vertritt. Das heißt in der Praxis, der Polizeieinsatz ist zu initiieren und zu koordinieren, von den geeigneten Maßnahmen zur Motivation habe ich bereits gesprochen. Auf dem Wege ist es einem Hamburger Handelshaus gelungen, die chinesische Kopie einer seiner Maschinen von der Metalex-Messe in Bangkok polizeilich entfernen zu lassen, zu Verhaftungen kam es aber nicht.

Produktfälschung ist für Asiaten nach wie vor ein Kavaliersdelikt, entsprechend niedrig fallen die Strafen aus. Verurteilungen zu Haftstrafen erfolgen insoweit eher selten, obwohl für Produktfälschung Haftstrafen von bis zu vier Jahren möglich sind. Insgesamt wurden im Jahr 2009 in Thailand über 7.000 Menschen wegen des Verdachts der Verletzung des geistigen Eigentums verhaftet und in diesem Zusammenhang wurden 5.151.887 Gegenstände konfisziert. Interessant in dem Zusammenhang ist auch die Kampagne des thailändischen Zolls, gegen die Ausfuhr gefälschter Waren aus dem Land vorzugehen. Leidtragende waren hier unter anderem auch Touristinnen, denen bei der Ausreise nach Europa auf dem Flughafen Suvarnabhumi deren gefälschte Handtaschen abgenommen wurden. Nach Statistiken des thailändischen Zolls wurden bei Kontrollen an der Landesgrenze im Jahr 2009 insgesamt 346.527 Gegenstände konfisziert.

Insbesondere auch auf erheblichen Druck der amerikanischen Regierung ist eine spürbare Verbesserung vor Ort eingetreten und auch politisch zeigt sich mehr und mehr der Wille, gegen Produktpiraten vorzugehen. So wurde 2009 das National Committee on Intellectual Property Policy gegründet, an dessen Spitze der Premierminister steht und dessen Aufgabe es ist, Verbesserungsvorschläge zur Problematik zu erarbeiten. Der thailändische Zoll hat ein Koordinierungszentrum (Intellectual Property Rights Coordination Centre in the Investigation and Suppression Bureau) eingerichtet, um das Vorgehen und die Zusammenarbeit der verschiedenen Behörden, namentlich der thailändischen Polizei, des Zolls und des Department of Special Investigation, bei Verletzungen des geistigen Eigentums zu koordinieren und zu verbessern. Weiter wurden spezielle Schulungen für Polizeibeamte durchgeführt, um diese für die Thematik mehr zu sensibilisieren. Bezeichnend ist insoweit auch, dass der Schutz des geistigen Eigentums ab dem nächsten Jahr auf dem Lehrplan der thailändischen Schulen steht, so weit ist man in Deutschland noch nicht.

WIRTSCHAFT & STEUERN

Gesetze, von Geschäftsleuten gemacht

Thailand unternimmt erhebliche Anstrengungen, Auslandsinvestoren ins Land zu bringen

»Wie geht das denn nun eigentlich, sich in Thailand geschäftlich niederzulassen?« Diese Frage stellt man mir meist zu Anfang eines Beratungsgespräches. Die andere lautet: »Brauche ich einen thailändischen Mehrheitsgesellschafter in meinem Unternehmen? Das soll ja sehr kompliziert sein, man hört da doch so einiges!«

Zunächst muss man wissen, dass in Thailand die Gesetze von einem Parlament gemacht werden, das mehrheitlich von Geschäftsleuten besetzt ist. Da verwundert es wenig, dass die gesetzlichen Rahmenbedingungen als solche entsprechend wirtschaftsfreundlich sind. Im aktuellen »Doing Business«-Report der Weltbank, der in einem Vergleich der wichtigsten 183 Ländern untersucht, wie einfach in dem jeweiligen gesetzlichen Umfeld die unternehmerische Betätigung ist, nimmt Thailand Rang zwölf ein; China liegt auf Rang 89, gefolgt von Vietnam auf Rang 93 und Indien auf Platz 133.

Immerhin lässt sich in Thailand eine Company Limited, die rechtlich in etwa einer deutschen GmbH entspricht, innerhalb von drei Werktagen registrieren. Entsprechend ist diese Organisationsform sowohl unter ausländischen als auch lokalen Unternehmern die am weitesten verbreitete, und damit in der Praxis wohl auch relevanteste.

Ausländer als Anteilseigner: Regeln und Ausnahmen

Es gibt dennoch verschiedene rechtliche Beschränkungen, die die geschäftliche Betätigungsfreiheit für ausländische Unternehmen im Königreich betreffen. Diese Beschränkungen ergeben sich vorwiegend aus dem sogenannten Foreign Business Act sowie verschiedenen Spezialgesetzen, wie etwa dem Telekommunikationsgesetz und dem Gesetz für Reiseveranstalter. Der Fertigungsbereich ist allerdings für ausländische Unternehmen uneingeschränkt offen, hier sind nur die für jedermann geltenden allgemeinen Gesetze zu beachten, wie etwa das Einholen einer Bau- und Betriebsgenehmigung.

Der Foreign Business Act untersagt ausländischen natürlichen Personen sowie juristischen Personen mit ausländischer Gesellschaftermehrheit, sich in Thailand in verschiedenen Bereichen wirtschaftlich zu betätigen. Die eigentliche »Verbotsliste« befindet sich dabei im Anhang der Gesetzgebung. Sie regelt Geschäftstätigkeiten, die Bezug zur nationalen Sicherheit haben (Waffenhandel, Luftfahrt), sowie traditionell thailändische Wirtschaftszweige (zum Beispiel Landwirtschaft oder Antiquitätenhandel), die für ausländische Unternehmer schlichtweg tabu sind. Die geschäftliche Betätigung in den Bereichen Dienstleistungen und Vertrieb wiederum ist für Ausländer zwar zunächst beschränkt, Ausnahmegenehmigungen sind aber möglich. Diese sind in der Praxis jedoch eher die Regel, zumindest für ernsthafte Investitionen, insbesondere aus dem technischen Dienstleistungsbereich. Angehende ausländische Barbesitzer müssen allerdings weiterhin thailändische Strohmänner (oder Strohfrauen) als Eigentümer vorschieben. Diese Praxis der sogenannten »Nominee-Shareholder« ist in bestimmten Bereichen der Wirtschaft nach wie vor verbreitet, ist aber illegal und entsprechend mit strafrechtlichen Konsequenzen bewehrt.

Der Foreign Business Act geht zurück auf die Mitte der 70er-Jahre, stammt also aus der Zeit, als in Thailand der Industrialisierungsboom gerade begann. In Anbetracht der geringeren Entwicklungsstufe des Landes glaubte der thailändische Gesetzgeber seinerzeit, das ungleiche Kräfteverhältnis der ausländischen und lokalen Marktteilnehmer regulieren zu müssen, um nationale Wirtschaftsinteressen und kulturelle Sensitivitäten zu berücksichtigen. Bezeichnend ist dabei die Begründung zu Annex 3 des Foreign Business Act, dass Thais in diesen Bereichen noch nicht wettbewerbsfähig seien und deshalb besonderen Schutzes bedürfen. So konnte sich über die Jahre in vielen Sektoren eine vom internationalen Wettbewerb weitestgehend geschützte lokale Wirtschaft entwickeln, oft mit Monopolcharakter, zum Nutzen einiger weniger.

Thailändische KMU haben sich aber trotzdem in ihrer Wettbewerbsfähigkeit nicht so entwickelt, wie sich der Gesetzgeber das gewünscht hat. Gerade was Effizienz sowie Produkt- und Servicequalität angeht, können die thailändischen Unternehmen oft nicht mit den ausländischen Anbietern vor Ort mithalten. Diese sind in der Regel einfach besser aufgestellt, sodass sich gerade auch hier Chancen für deutsche Mittelständler ergeben. Die Erkenntnis, dass Protektionismus nicht immer zum Nutzen der thailändischen Verbraucher ist, geschweige denn die lokalen Unternehmen im Zeitalter der Globalisierung wettbewerbsfähiger werden lässt und damit eher eine Wachstumsbremse sein kann, hat in der Praxis bereits seit über zehn Jahren eine De-facto-Liberalisierung stattfinden lassen. Die Beschränkungen des Foreign Business Act werden dabei überwiegend durch die sehr flexible Investitionsförderungspolitik des BOI, außer Kraft gesetzt.

Vertrauen in Thailands wirtschaftliche Zukunft

Die für den ausländischen Investor in Thailand wichtigste Behörde ist der Board of Investment, die staatliche Behörde zur Investitionsförderung. Der BOI unterstützt die Ansiedlung von ausländischen Fertigungsunternehmen sowie Dienstleistern, vor allem im technischen Servicebereich und der Softwareentwicklung. Die Förderungspolitik ist sehr liberal. Es gibt weder Auflagen im Sinne von Exportquoten, noch sind lokale Materialien oder Dienstleistungen in der Fertigung zu verwenden. Die vom BOI gewährten Anreize sind vielfältig und beinhalten je nach Sektor folgende Privilegien:

- 100 Prozent der Anteile des geförderten Unternehmens können von ausländischen Gesellschaftern gehalten werden;
- Steuerbefreiung von bis zu acht Jahren auf die Körperschaftssteuer und der Repatriierung von Gewinnen in Form von Dividenden;
- Befreiung beziehungsweise Reduzierung der Importzölle auf Maschinen und Rohstoffe;
- das Recht, Landeigentum zu erwerben;
- vereinfachte Genehmigung von Visum und Arbeitserlaubnis.

Im Fertigungssektor richtet sich der Umfang der gewährten Investitionsförderung unter anderem danach, wo im Lande der geförderte Betrieb angesiedelt wird. Der BOI hat hierzu Thailand in drei Zonen unterteilt: der Großraum Bangkok als Zone eins, die umliegenden Nachbarprovinzen als Zone zwei und schließlich Zone drei, die die weiter entfernt liegenden Provinzen umfasst. Die intensivste Förderung erhalten Investitionen in der Zone drei. Der Hintergrund ist klar, die Ansiedlungspolitik ist auch Strukturpolitik, Wachstum und Wohlstand sollen auch die von Bangkok entfernteren Provinzen erreichen.

Ferner hat der BOI bestimmte Industrien als besonders förderungswürdig erkannt und räumt diesen in der Genehmigungs- und Förderungspraxis besondere Bedeutung ein. Hierbei handelt es sich insbesondere um die Automobilindustrie und Kfz-Zulieferer sowie die Bereiche Gesundheit, Elektronik und Informationstechnologie.

Eine besondere Stellung innerhalb der thailändischen Investitionsförderung nimmt das Konstrukt der Regional Operating Headquarters (ROH) ein. Gemeint ist damit die thailändische Niederlassung eines in der Regel multinationalen Unternehmens, das aus Thailand heraus Tochter- oder Schwesterunternehmen der Gruppe in der Region als Dienstleister betreut. Das Antragsverfahren für ausländische Unternehmen läuft über den BOI, die Bonbons jedoch verteilt das Finanzamt: eine erhebliche Reduzierung der Körperschaftssteuer ebenso wie der persönlichen Einkommensteuer für die ausländischen Mitarbeiter des ROH. Thailand versucht offenkundig, Bangkok als Standort der Asienzentrale ausländischer Unternehmen attraktiv zu machen. Viele dieser Zentralen befinden sich gegenwärtig in Hongkong oder Singapur, und Mitarbeiter zum Umzug zu bewegen kann ein schwieriges Unterfangen sein. Über die Jahre jedoch haben wir verschiedene Unternehmen bei der »Umsiedlung« von Singapur nach Bangkok beraten, was bei diesen aufgrund der geringeren Lohn- und Lebenshaltungskosten in Thailand zu erheblicher Kostenersparnis geführt hat.

Damit sich ein Unternehmen für BOI-Förderung qualifiziert, beträgt die Mindestinvestitionssumme für Fertigungsunternehmen eine Million Baht, was in etwa 25.000 Euro entspricht. Technische Dienstleister wiederum, die sich etwa in den Bereichen Entwicklung sowie Wartung und Reparatur von Maschinen betätigen, haben jährliche Betriebsausgaben von zehn Millionen Baht nachzuweisen, also in etwa 250.000 Euro. Das Genehmigungsverfahren bis zur Erteilung des Förderungsbescheides dauert je nach Umfang und Art der beantragten Förderung in aller Regel zwischen vier und acht Wochen, und ist damit ausgesprochen schnell, zur allgemeinen Freude der Antragsteller.

Fangprämie für Zollsünder

Seit 1967 besteht zwischen Deutschland und Thailand ein Doppelbesteuerungsabkommen, das seiner Intention, nämlich eine Doppelbesteuerung im Einzelfall zu vermeiden, gerecht wird. Entsprechend wird die zehnprozentige Quellensteuer zum Beispiel, die in Thailand auf die Überweisung von Unternehmensgewinnen in Form von Dividenden erhoben wird, in Deutschland auf den zu versteuernden Gewinn der Muttergesellschaft angerechnet.

Der Körperschaftssteuersatz beträgt für Unternehmen 30 Prozent vom Nettogewinn. Damit liegt Thailand im regionalen Vergleich an der Spitze, wenn auch in der Praxis die tatsächliche Steuerbelastung aufgrund einer großzügigen Anerkennung von Betriebsausgaben deutlich niedriger ausfällt. Aktuell erwägt die Regierung eine Reduzierung des Steuersatzes auf 25 Prozent, ein wichtiger Schritt, sicherlich auch mit Blick auf die Wettbewerbsfähigkeit Thailands innerhalb der Region. Bei kleineren Unternehmen, abhängig von der Höhe des Stammkapitals, beträgt der Steuersatz ohnehin nur 20 beziehungsweise 25 Prozent, gestaffelt nach der Höhe der zu versteuernden Gewinne.

Der Mehrwertsteuersatz ist gesetzlich auf zehn Prozent festgelegt, beträgt zur Konjunkturbelebung seit der Asienkrise 1997 aber nur sieben Prozent. Es besteht auch die Möglichkeit eines Vorsteuerabzuges, vergleichbar mit dem System in Deutschland.

Ein echtes Ärgernis ist für viele die Zollpraxis und entsprechende Gesetzgebung, nach der die Zollbehörde, aber auch der anzeigende Private, bei Zollvergehen 30 Prozent der gesetzlichen Strafe als »Fangprämie« erhalten. Die eigentliche Strafe, neben Säumniszuschlägen und Strafzinsen, kann bis zu 200 Prozent des »gesparten« Einfuhrzolls ausmachen. Hier hat schon der ein oder andere Unternehmer teures Lehrgeld bezahlt, der im festen Glauben, dass man das in Thailand ja so machen könne, seine Ware unter Wert eingeführt und entsprechend geringer verzollt hat. Und der kürzlich entlassene Mitarbeiter der Importabteilung des Unternehmens reibt sich die Hände ...

VIETNAM: JENSEITS DER STÄBCHENGRENZE

Vietnam ist das Preußen Asiens

Von Gunter Denk

Vietnam verbinden heute noch viele mit dem *Tod im Reisfeld* (Titel eines Buches von Peter Scholl-Latour) und einer der schwersten kriegerischen Auseinandersetzungen nach dem Zweiten Weltkrieg. Die Vielzahl der Kriege, in die Vietnam verwickelt war, macht es vielen schwer, dieses Land als ernst zu nehmenden Wirtschaftsstandort zur Kenntnis zu nehmen. Dabei sind Vietnamesen ebenso wenig »kriegerisch« wie etwa die Deutschen, deren Geschichte ja auch noch nie zuvor eine so lange Zeit des Friedens kannte, wie wir sie seit dem Zweiten Weltkrieg erleben dürfen. Es war nicht zuletzt die strategische Lage, die Vietnam immer wieder Kriege aufgezwungen hat. Allerdings hat die schwierige eigene Geschichte die Menschen Vietnams außerordentlich diszipliniert, zäh und »hart im Nehmen« gemacht.

Lange Zeit stand sich Vietnam beim wirtschaftlichen Fortschritt ein wenig selbst im Wege. Dennoch hat es sich – vergleichbar mit China – schon sehr früh und seit 1986 auch formell für marktorientierte Wirtschaftsaktivitäten geöffnet. Ich erinnere mich noch sehr gut, als zu Beginn der 90er-Jahre staatlich kontrollierte Zeitungen stolz von »offiziellen« und »inoffiziellen«, also auch legalen und illegalen ausländischen Repräsentanzen im Lande berichteten. Die wachsende Zahl der illegal oder »inoffiziell« im Land tätigen Ausländer wurde als positives Ergebnis staatlicher Wirtschaftspolitik betrachtet. Schon damals verhalf eine politisch loyale, marktwirtschaftlich orientierte, junge Elite in der Kommunistischen Partei dem Land zu beginnendem wirtschaftlichem Aufschwung. Diese »praktische Koexistenz« zwischen doktrinärem Kommunismus in der Staatsführung und »öffentlichem Wegschauen« bei nützlichen marktwirtschaftlichen Entwicklungen kennzeichnet im Übrigen die Anfangsjahre der politischen Öffnung in China und Vietnam gleichermaßen.

Inzwischen zählt Vietnam zu den sechs Kernländern der Bundesregierung im Hinblick auf die deutsche Außenwirtschaft und die wirtschaftliche Zusammenarbeit. Das bedeutet, dass in Zukunft verstärkt Bundesmittel für Projekte der wirtschaftlichen Kooperation verfügbar sein werden und damit Vietnam noch Aufmerksamkeit seitens deutscher Unternehmen finden wird. Neue Investments aus Deutschland und Start-ups sind ein guter Grund, das Land und seine Voraussetzungen für Investitionen näher zu betrachten.

Vietnam verbindet durch seine kombiniert konfuzianischen und indisch-buddhistischen Wurzeln den wirtschaftlichen Eifer und die Disziplin der ostasiatischen Erfolgswirtschaften Koreas, Japans und Chinas mit den etwas »kleinteiligeren« und auf Ausgleich bedachten Strukturen des südostasiatischen Raums.

Sichtbar wird das für den Fremden an der Ess- und Wohnkultur. Im Norden des Landes wohnen die Menschen ähnlich wie in China in Steinhäusern und essen mit Stäbchen. Im Süden hingegen dominieren südostasiatische Pfahlbauten und gegessen wird mit Löffel und Gabel. Stäbchen, und das ist kein dummer Scherz, werden in erster Linie für die Suppe verwandt. Man nutzt sie, um feste Bestandteile wie Nudeln und Fleisch aus der Brühe zu fischen.

Noch unterschiedlicher ist die Mentalität. Nördlich der »Stäbchengrenze« herrscht die erwähnte Disziplin, für Ausländer eine oft etwas trübe Ernsthaftigkeit, während der Süden des Landes und insbesondere Ho-Chi-Minh-Stadt eher von temperamentvoller Lebensfreude geprägt sind.

Dementsprechend gestaltet sich auch das Beziehungsgeflecht im Lande. Nur selten reichen Netzwerke und Verbindungen von einem Teil des Landes in den anderen. Wer einen Geschäftspartner findet, der – aus dem Süden stammenden – mit seinen guten Beziehungen im Norden kokettiert, dem sollte man dies nicht unbesehen abnehmen. Die Menschen im Norden schauen mit gehöriger Skepsis auf die »Leichtfüßigkeit« ihre südlichen Landsleute, während man im Süden eher mit Kopfschütteln den Ernst und die vermeintliche Freudlosigkeit im Norden belächelt.

SWOT-Analyse Vietnam

Strengths (Stärken)

- Politisch stabiles Land
- Günstige Arbeitskosten insbesondere für einfache Arbeiten
- Gut entwickelter Arbeitsmarkt
- Gute Arbeits- und damit Produktqualität für »Commodity Products«

Weaknesses (Schwächen)

- Intransparente und komplizierte Verwaltungswege
- Ausufernde Korruption
- Schlechte Infrastruktur
- Unterentwickelte Zulieferindustrie
- Schlechte Energieversorgung

Opportunities (Chancen)

- Interessantes Investitionsland für Zulieferindustrie (»Supporting Industries«) und Infrastrukturanbieter
- Großer Inlandsmarkt (90 Millionen Einwohner)
- Ab 2015 zollfreie Lieferung in Vietnam produzierter Produkte nach China mit kurzen Wegen und niedrigen Transportkosten

Threats (Risiken)

- Entwicklung schlecht vorhersehbar
- Rechtsunsicherheit
- Inflationsgefahr bei zu schnellem Wachstum
- Infrastrukturelle Unterversorgung

LAND & LEUTE

Stabilität ohne Demokratie

Vietnam öffnet sich nur zögernd

Vietnam ist auch 35 Jahre nach Ende der großen Kriege mit Frankreich und den USA noch immer eine kommunistische Einparteiendiktatur. Lange Zeit stand sich das Land dadurch beim wirtschaftlichen Fortschritt selbst im Wege. Dennoch hat es sich – vergleichbar mit China – schon seit 1986 auch formell für marktorientierte Wirtschaftsaktivitäten geöffnet. Seither herrscht »praktische Koexistenz« zwischen doktrinärem Kommunismus in der Staatsführung und marktwirtschaftlicher Orientierung in der Wirtschaftspolitik. Lange hatte man sich im Westen mehr gewünscht und erhofft. Insbesondere die wirtschaftliche Öffnung betrachteten viele als kurzfristige Zwischenstufe zu einer wirklich demokratischen Entwicklung. Davon aber kann nach über 20 Jahren »Doi Moi«, wie die rechtliche Absicherung der wirtschaftlichen Öffnung 1986 bezeichnet wird, nur noch sehr eingeschränkt die Rede sein.

Natürlich will niemand das Rad zurückdrehen und die alte kommunistische Staatswirtschaft wieder einführen. Und dennoch, in Gesprächen mit Politikern des Landes begegnet man einem spürbaren Respekt vor den Ergebnissen, die der große und ungeliebte Nachbar China mit seiner Lenkungswirtschaft auch wirtschaftlich erreicht hat. Dieses scheinbare Vorbild – scheinbar, weil sich auch die Schwächen der chinesischen Lenkung schon heute nicht allzu weit am Horizont abzeichnen – zusammen mit dem gemeinsamen Festhalten am kommunistischen System erleichtert eine Öffnung der politischen Pluralität nicht.

Unruhen gibt es, ganz im Gegenteil zu den jährlich rund 60.000 kleineren und größeren Aufständen in China, so gut wie nicht. Spontane Gewalt richtet sich allenfalls gegen ausländische und häufig chinesische Unternehmen, die aus Kostengründen ihre Fertigung nach Vietnam verlagerten und dann allzu ausbeuterisch mit Bezahlung und Arbeitsschutz der Mitarbeiter umgingen.

Vorsicht vor dem Volk

Gegen die staatlichen Autoritäten kommt es ausnahmsweise dann zu Unmut und Gewaltandrohung, wenn lokale Amtsträger allzu offensichtlich bei der örtlichen Landentwicklung in die eigene Tasche wirtschaften. Aber auch die politische Führung in Vietnam muss mit gewisser Vorsicht vor dem Volk operieren und sich zumindest den Anschein des uneigennützigen Sachwalters der Interessen des Volkes geben. Die kommunistische Diktatur in Vietnam ist keine »Marcos-Diktatur«, in der ein einzelner Machthaber praktisch uneingeschränkt herrschen und beherrschen kann. Dazu ist die Leitfigur Ho Chi Minh und die von diesem Führer geschaffene Wertordnung noch zu sehr Messlatte für alle seine Nachfolger.

Diese Verwundbarkeit der Regierung macht sie zum »Gastgeber« – und gleichzeitig zur Bremse auf dem Weg zu mehr Pluralismus oder gar Demokratie. Zu dringend ist die Sorge, dass ein politischer Öffnungsprozess sich verselbständigen und außer Kontrolle geraten könnte. Zu groß ist auch das wirtschaftliche Interesse der herrschenden Kader an der Machterhaltung, als dass man es durch Demokratisierung und damit zeitliche Begrenzung der Macht aufs Spiel setzen könnte.

Selbst die Hoffnung vieler, dass der Beitritt Vietnams zum ASEAN-Bündnis vor mehr als einem Jahrzehnt die Demokratisierung stärken könnte, verblasst mehr und mehr. Die gesellschaftliche und demokratische Entwicklung Thailands, das zu den treibenden Kräften rechtsstaatlicher Fortschritte gehörte, weist eher in die entgegengesetzte Richtung. Die staatliche Kontrolle von Medien, das Verbot von Parteien, das Einspannen von Gerichten für politische Ziele und die Unterdrückung von Opposition scheinen eher denen recht zu geben, die von vornherein mit solchen »Spielereien« gar nichts zu tun haben wollten.

So sind heute viele im Lande schon froh darüber, wenn es Fortschritte im Bereich der Menschenrechte gibt und zum Beispiel die Todesstrafe abgeschafft werden soll. Kein Zweifel, das ist begrüßenswert. Man sollte sich allerdings hüten, dies mit einer pluralistischen, demokratischen und rechtsstaatlichen Tendenz zu verwechseln.

Kein Land für Asienanfänger

Korruption und schwache Infrastruktur

Nachdem über Jahre in der deutschen Industrie Asien mit China gleichgesetzt wurde, sprach es sich angesichts der wachsenden Probleme gerade für mittelständische Unternehmen im Reich der Mitte langsam herum, dass es durchaus auch Alternativen zu diesem Investitionsort gibt. Japaner und Koreaner hatten diese längst in Thailand und Vietnam erkannt. Und so entwickelte sich Mitte des ersten Jahrzehnts nach der Jahrtausendwende Vietnam zu dem Standort, bei dem die Augen selbst ernannter Asienexperten zu leuchten begannen. Es lockten deutsche Sprachkenntnisse der in der ehemaligen DDR ausgebildeten Oberschicht, eine durchaus mit China vergleichbare Emsigkeit und Billiglöhne, wie sie es in China schon bald nicht mehr geben würde.

Die »paar Probleme« mit Korruption, fehlenden Gerichten, fehlender Infrastruktur, wenig ausgebildeten Fachkräften und insgesamt eben doch dem Status als kommunistischer Einparteienstaat würden sich praktisch von selbst auflösen, so meinten nicht nur chronische Optimisten.

2008 kam dann die Ernüchterung: Eine galoppierende Inflation ließ die Preise für das tägliche Leben der Beschäftigten im Lande um 30 und mehr Prozent ansteigen. Die inflationäre Entwicklung beeinflusste auch die Erwartungshaltung korrupter Beamter, die für Genehmigungen, Bescheinigungen oder bestimmte Dienstleistungen Beträge verlangten, die schon nicht mehr als »Trinkgeld« bezeichnet werden konnten. Büromieten erreichten schwindelerregende Höhen, die sich selbst westliche Unternehmen kaum noch leisten konnten.

Mit entsprechender Zurückhaltung beurteilte deshalb auch mitten im Boom die Weltbank den Investitionsstandort Vietnam: Hinsichtlich des Geschäftsklimas und der Einfachheit von Geschäften rangierte Vietnam weit hinten auf Platz 91 in der Rangliste dieser Organisation, während zum Beispiel Thailand auf Platz 12 und damit noch vor Deutschland lag.

Die Wirtschaftskrise im Jahre 2009 kam in dieser Situation gerade recht. Das überhitzte Wachstum kühlte ab und die Inflation sank auf fast annehmbare zwölf Prozent. Der Aufschwung 2010 verläuft moderat. In Vietnam liegt die Inflationsrate unter zehn Prozent und das Wirtschaftswachstum unter sechs Prozent. Die Regierung konnte jetzt eher »relaxed« reagieren, nachdem sie in den Zeiten der Überhitzung als Feuerwehr Brandherde an allen Ecken bekämpfen musste.

Hohe Hürden für Investoren

Es war der vietnamesische Minister für Planung und Investitionen selbst, der in einer Umfrage sechs Hindernisse für Auslandsdirektinvestitionen in Vietnam ermittelte. Es sind dies das vietnamesische Rechtssystem, die mühsamen administrativen Prozesse, die Unterentwickelung der Infrastruktur und Transportsysteme, hoher Input, hohe Ausgaben für Land und ineffektive Investitionsförderung.

Zwar geben Verfassung und das Law of Foreign Investment (LFI) Ausländern heute eine formale Rechtssicherheit im Wirtschaftsleben, die nicht weniger verlässlich ist als in anderen Ländern Asiens. Was hilft dies aber, wenn die Praxis alles andere als verlässlich ist? Es fängt bereits bei Statistiken an. Wer in Vietnam investieren möchte, stößt schon bei der sorgfältigen Vorbereitung des Projektes auf Probleme. Niemand weiß so richtig alles in diesem Land. Es gibt kaum Marktdaten und kaum vollständige oder gar eindeutige Statistiken.

Weiter geht es, wenn die Firma erst einmal gegründet ist. Jede Company Limited braucht einen Chief Accountant, der beim Finanzamt zugelassen sein muss und deshalb in aller Regel Vietnamese ist. Seine Macht ist ähnlich groß wie die des Geschäftsführers, denn jede steuerlich relevante Handlung und Erklärung braucht seine Unterschrift. Zudem muss er wöchentlich dem zuständigen Finanzamt berichten und sich mit ihm abstimmen, was seine Verfügbarkeit im Unternehmen nicht unerheblich beeinträchtigt.

Fast alle Unternehmen sind darüber hinaus auf den Import zumeist von Rohmaterialien und Komponenten angewiesen. Dies bietet eine hervorragende Gelegenheit zum »Abgreifen« für jeden, der das Glück einer Einstellung bei den Zollbehörden hat. Eine elektronische Zollabfertigung mit fest eingegebenen Zollsätzen befindet seit etwa zehn Jahren in der Erprobung. Ihre praktische Einführung allerdings wird auf sich warten lassen, da sie die wirtschaftlichen Interessen der Beamten nicht unerheblich gefährdet.

Die Ursachen für so manchen bürokratischen Prozess liegen in einer ausufernden Korruption und einem unzureichenden Rechtssystem. Im Ergebnis sind die ohnehin komplizierten Entscheidungswege der Behörden damit obendrein intransparent und kaum vorhersehbar in Zeit und Ergebnis.

Platz 120 auf dem Korruptionsindex

Nur Burma, Laos, Kambodscha und die Philippinen werden von der international anerkannten Organisation Transparency International unter den ASEAN-Staaten schlechter bewertet als Vietnam. Sieht man die Entwicklung der letzten fünf Jahre, so hat sich die Positionierung des Landes in diesem Zeitraum sogar noch um 13 Plätze verschlechtert.

Zwar zeichnet die Regierung das häufig und gerne weiterverbreitete Bild, sie selbst ginge entschlossen und nachhaltig gegen Korruption vor.»Die Macht des Kaisers endet an der Dorfgrenze«, hört man nur allzu häufig als wohlklingende Entschuldigung und Erklärung für die Missstände.

Alleine, Zweifel nicht nur an der Fähigkeit, sondern auch an der Entschlossenheit der Herrschenden, die Korruption zu bekämpfen, sind durchaus angebracht. Zwar müssen schon einmal hochrangige Politiker ihren Hut nehmen, weil zum Beispiel in ihren Ministerien Beamte bei Fußballwetten mit sechsstelligen Dollarsummen ertappt wurden und die Herkunft dieser Gelder sicherlich nicht mit den üblichen Monatsgehältern zu erklären war.

Auch werden von Zeit zu Zeit führende Politiker oder Wirtschaftskräfte öffentlich vor Gericht gestellt und abgestraft, um den Willen zur Integrität zu demonstrieren. Das hindert die Regierung aber nicht daran, den Journalisten, der die Missetaten aufgedeckt hat, ein Jahr später wegen Geheimnisverrats ebenfalls anzuklagen und einzusperren.

Das Bewusstsein, Unrecht zu tun, ist dabei durchaus bei den Entscheidungsträgern vorhanden. Dies allein unterscheidet das System bereits von Erscheinungsformen der Korruption zum Beispiel in vielen Ländern Afrikas, wo Korruption so intensiv und normal ist, dass bei den Betroffenen schon das Unrechtsbewusstsein fehlt. Dem Auslandsinvestor gibt dieses »Problembewusstsein« der nehmenden Klasse die Möglichkeit, sich selbst Grenzen zu setzen, wie weit man dieses Spiel mitzumachen bereit ist. Wer diese Grenzen auch dem Gegenüber klarmacht, hat durchaus Chancen, die eigene Betroffenheit von Korruption in Grenzen zu halten.

Vielleicht ist dies auch der Grund dafür, dass in einer Umfrage unter deutschen Investoren praktisch alle die Präsenz von Korruption bestätigen, aber dennoch nur der geringere Teil sich dadurch in seinen Geschäften nachhaltig beeinträchtigt sieht.

Gesetzeskommentare sind verboten

Auch in anderer Hinsicht setzt die Regierung selbst die Ursachen für schwierige Verwaltungsabläufe und die Bestechlichkeit der Entscheidungsträger. Dass das Rechtssystem in einem kommunistischen Staat keine unabhängigen Gerichte kennt, ist kein Geheimnis und nichts Ungewöhnliches.

Dass aber verbindliche Gesetzeskommentare schlicht verboten sind, ist ein deutlicher Hinweis darauf, dass die Verantwortlichen für die Gesetzgebung sich selbst und ihren Parteigenossen Spielräume zur Interpretation und damit natürlich auch zur Manipulation lassen wollen. Eine verbindliche und damit auch für die Behörden maßgebliche Auslegung findet nicht statt.

Wer immer zivilrechtliche Verträge schließt, dem ist zu raten, sich möglichst an internationale Rechtsvorschriften anzulehnen. Sie eröffnen auch den Weg zu internationalen Schiedsgerichten, die nach dem neuen Schiedsgerichtsgesetz nun auch in Vietnam mit ihren Schiedssprüchen anerkannt sind.

Wer allerdings jetzt glaubt, er habe damit den Königsweg zur Rechtssicherheit in diesem Land erfahren, den muss ich enttäuschen: Die Vorschriften und Verfahren zur Durchsetzung dieser formell anerkannten Schiedssprüche sind bislang weder erlassen noch bekannt. Wer die Rechtspraxis in Vietnam kennt, wird hier auch nicht so schnell mit einer nachhaltigen Lösung rechnen.

Auch Druck aus der Bevölkerung, mehr Rechtssicherheit zu schaffen, ist kaum zu erwarten. Dafür fehlt der Gesellschaft das Sozialbewusstsein. Wo Europäer an die Rechtsstaatlichkeit ihrer Ordnung glauben, da glaubt der Vietnamese eher an sein persönliches Recht.

Für Europäer wie Vietnamesen gleichermaßen gilt daher die Maxime:»Zu den Gerichten darf eine Streitigkeit nicht gehen!« Konflikte müssen in Gesprächen und im Ausgleich wirtschaftlicher Interessen gelöst werden. Alles andere ist langwierig, teuer und am Ende in den meisten Fällen auch nicht zielführend.

Die Infrastruktur hält kaum Schritt

Mängel in Infrastruktur und Transportsystemen waren weitere Gründe, die die Regierung in Hanoi als wesentliche Hindernisse für Auslandsinvestitionen erkannt hat. Die Anstrengungen des Landes, dieses Hindernis zu beseitigen, sind unbestritten. Während bislang verschiffte Güter noch über »Feeder«, also Zubringerboote, zu den Tiefseehäfen in Thailand, Singapur oder Hongkong gebracht werden müssen, entstehen in Haiphong und Ba Ria Vung Tau südöstlich von Ho-Chi-Minh-Stadt neue Tiefseehäfen, die die zentrale Funktion Vietnams für Südostasien benutzen und stärken werden.

In Ho-Chi-Minh-Stadt selbst, dessen Kanalisation für gerade einmal vier Millionen Menschen ausgelegt war, arbeitet man fieberhaft und überall sichtbar daran, diese Grundversorgung für die inzwischen mehr als sieben Millionen Einwohner zu schaffen. Siemens darf nach politischen Zusicherungen der Regierung in Hanoi an die deutsche Bundesregierung fest damit rechnen, die neue U-Bahn in Ho-Chi-Minh-Stadt bauen zu dürfen.

Dennoch, von funktionierender Infrastruktur und zumutbaren Verkehrswegen ist das Land Jahre entfernt. Dies drückt sich aus in langen Transportzeiten und dadurch hohen Transportkosten, mit denen Investoren rechnen müssen. Industriell nutzbare Schienenwege gibt es praktisch nicht. Die Stromversorgung ist von einer statistischen Unterdeckung von 15 Prozent gekennzeichnet. In der Praxis bedeutet dies, dass mittelständische Unternehmen ständig mit Stromausfällen von Stunden oder ganzen Tagen rechnen müssen. Diese als »Wartungszeiten« entschuldigten Versorgungslücken führen zu Ausfällen oder zumindest zu hohen Aufwendungen für Einrichtungen der Notversorgung im Unternehmen. Zurzeit diskutiert man obendrein höhere Stromkosten, weil selbst der Mangel noch überteuert produziert wird und häufig die Produktionskosten der Energie nicht gedeckt werden.

An der Entwicklung der Infrastruktur zeigt sich, dass Wachstum Segen und Fluch zugleich sein kann. Selbst die größten Anstrengungen, Flughäfen, Straßen, Häfen, Strom-, Wasser- und Abwasserversorgung zu verbessern, helfen nicht, wenn der Bedarf schneller wächst, als die Verbesserungen erreicht werden.

Eine etwas langsamere wirtschaftliche Entwicklung kann dem Land deshalb auf Dauer gesehen auch Nutzen bringen. Das Wachstum wird stabiler und die Investitionen werden lohnender und damit nachhaltiger ins Land fließen. Angesichts des Rufs der Bevölkerung nach besserem Einkommen und höherer Lebensqualität wird es der Regierung allerdings schwerfallen, hier die Wirtschaft zu richtiger Balance zu steuern.

Charmante Plauderer

Nirgendwo sind Deutsche so angesehen wie in Vietnam

»Vietnamesen lieben deutsche Wurst, deutsche Wertarbeit und deutsche Tugenden. Mit ihnen lassen sich prima Geschäfte machen. Man müsste sich nur trauen!« Diese Aussage von Gerhard Walter in einem Aufsatz für das Wirtschaftsmagazin *brand eins* beschreibt ebenso erfrischend wie zutreffend die Chancen deutscher Mittelstandsinvestitionen in Vietnam.

Es gibt kaum ein deutschfreundlicheres Land in Südostasien. Deutschland und sehr wohl auch deutsche Firmen im Lande werden zumeist als »alte Freunde« gesehen. Dabei hat man nicht vergessen, dass die DDR während des Vietnamkrieges nicht nur vietnamesische Kinder aufnahm, sondern dass auch über 50.000 Vietnamesen dort einen Studienplatz hatten. Noch bei der Wiedervereinigung 1990 gab es in den neuen Bundesländern 60.000 Vertragsarbeiter, wie die Stiftung für Wissenschaft und Politik (SWP) Berlin in einer vergleichenden Studie feststellt.

Netzwerke wie den Moritzburger Kreis, so genannt nach den rund 350 Vietnamesinnen und Vietnamesen, die in den 50ern ihre Schulzeit in Moritzburg (DDR) verbrachten, gibt es in Vietnam einige. Sie pflegen die Verbindung untereinander und zu ihrer zeitweiligen Heimat und sind heute in wichtigen Positionen von Politik und Wirtschaft.

Das sind hervorragende Voraussetzungen gerade für Deutsche, wie sie es in keinem anderen Land Südostasiens gibt. Aber auch andere Ausländer sind gerne gesehen. Das gilt auch und sogar für Amerikaner. Vietnam stellt sich hier gerne großmütig dar und verzeiht. Warum auch nicht, man hat ja den Krieg gegen die Amerikaner gewonnen. Diesen Hinweis allerdings müssen sie sich hier und da gefallen lassen.

Vorsicht vor der »Wohlfühlfalle«

Doch trotz aller Deutschfreundlichkeit, es ist Vorsicht geboten. Vietnamesen sind äußerst charmante Plauderer und schaffen es gerade in Verbindung mit ihren deutschen Sprachkenntnissen hervorragend, deutsche Partner um den Finger zu wickeln. »Was für ein Glück«, so fühlt der Deutsche sich schnell wohl, »dass ich diesen netten Kerl getroffen habe! Und dann kennt er sich auch noch so gut aus und hat so gute Beziehungen. Das ist sicher der ideale Geschäftspartner in Vietnam.«

Vietnamesen erzählen viele und geschickte Storys. Zu schnell sind Deutsche davon angetan. Doch die Sprache alleine macht es nicht. Überprüfen Sie sorgfältig, ob die vorgeblich vorhandenen Netzwerke überhaupt bestehen und nutzbar sind.

Skeptisch sollte man insbesondere sein, wenn der Geschäftsmann aus dem Süden vorgibt, auch in Nordvietnam beste Beziehungen in die Märkte zu haben. So etwas wäre die absolute Ausnahme. Vorsicht auch mit Vietnamesen, die in Deutschland aufgewachsen und ausgebildet sind. In der Regel verfügen sie über keine verwertbaren Verbindungen oder Netzwerke mehr. Sie verstehen es aber, mit ihrer Herkunft zu kokettieren und dem Mittelständler glauben zu machen, als Deutscher mit vietnamesischer Abstammung seien sie in der »alten Heimat« noch bestens informiert und verbunden.

Sogar das Gegenteil ist meistens der Fall. Ähnlich wie Heimkehrer aus dem Ausland in China werden auch Auslandsvietnamesen von den Einheimischen mit großer Skepsis betrachtet. Man nennt sie »Bananen«, nämlich außen gelb und ihnen weiß. Sie sind eher ungeliebte Fremde und haben es im Land besonders schwer, Anerkennung zu finden. Deutschen Mittelständlern zu helfen, sind sie praktisch fast nie in der Lage. Sie brauchen viele Jahre, um alte Verbindungen der Eltern aufleben zu lassen oder eigene zu schaffen. Deshalb ist bei jungen Leuten hier besondere Skepsis erforderlich. Wo sollten sie nach Jahrzehnten in Deutschland auch die Verbindungen herhaben? Vorsicht also bei Geschäftspartnern, Mitarbeitern und externen Helfern vor der Wohlfühlfalle der deutschen Sprache.

Verhandlungskultur: Jeder darf mitreden

Zwischen der Geschäfts- und Verhandlungskultur in China und in Vietnam liegen Welten. In China beginnen Verhandlungen oft erst nach dem Vertragsabschluss. Chinesen fühlen sich als der klügere Part und tun alles, um das Vertragsergebnis ausschließlich für sich selbst positiv zu gestalten.

Vietnamesen dagegen wollen sich an geschlossene Verträge halten. Verhandlungen werden sehr formalistisch geführt. Jede Klausel wird außerordentlich detailliert und exakt ausgehandelt und formuliert. Der Verhandlungsstil ist eher defensiv. Das Streben nach »Rückversicherung« erweckt manchmal sogar den Eindruck der Unsicherheit. Aber wenn etwas »unterschrieben und abgestempelt ist«, dann geht man von dem besten Willen aller Beteiligten aus, sich an das Vereinbarte auch zu halten.

Natürlich ist diese »defensive Vorsicht« nicht immer mit reiner Freude verbunden. So erscheint es bisweilen geradezu »nervig«, wenn man nach langen Verhandlungen plötzlich feststellen muss, dass das Gegenüber zur eigentlichen Entscheidung weder willens noch befugt ist. Die eigentlichen Entscheidungsträger hatten zunächst einmal einen »Pfadfinder« vorausgeschickt, der die Möglichkeiten erkunden und ihnen die Optionen der Vertragsgestaltung vortragen sollte. Erst dann halten es die Entscheidungsträger für richtig, sich selbst in die Gespräche einzuschalten. Dass dabei vieles erneut oder auch aus anderem Winkel neu besprochen werden muss, versteht sich von selbst. Gerade im Umgang mit Behörden kann dies eine wahre Geduldsprobe für den entscheidungsfreudigen Mittelständler aus Deutschland sein. Das Wissen um den Konsensgedanken, wonach »keiner alles zu sagen hat, aber jeder etwas«, macht diese Vorgehensweise aber zusätzlich verständlich.

Trotz aller Defensive erwartet jeder im Übrigen von der Gegenseite Klarheit und Offenheit. Wird man beim Täuschen erwischt, riskiert man das gesamte Geschäft. Vietnamesen wollen die »Win-win-Situation«, also den alle Seiten zufriedenstellenden Deal. Beides, das Verhandeln mit unterschiedlichen Verhandlungsführern und die Suche nach für alle Seiten nützlichen Lösungen, entstammt dem Konsens- und Harmoniestreben, das die vietnamesische Gesellschaft prägt.

Niedrige Lohnkosten und hohe Loyalität

Die niedrigen Löhne in Vietnam machen einen Teil seiner Attraktivität für Auslandsinvestitionen aus. Wer zum Beispiel in Leichtlohnindustrien auf eine Vielzahl ungelernter oder angelernter Mitarbeiter angewiesen ist, für den ist das Lohnniveau außerordentlich interessant. Die Mindestlöhne liegen zwischen 1,60 und zwei Euro. Schließt man die gesetzlichen und die üblicherweise gewährten freiwilligen Sozialleistungen mit ein, liegt der Tageslohn gleichwohl immer noch unter etwa drei Euro, in manchen Regionen sogar sehr deutlich darunter.

Der Kostenvorteil gegenüber China und auch den Nachbarn Malaysia oder Thailand wird allerdings etwas geringer, je höher die Qualität des Mitarbeiters steigt. Maschinenführer verdienen bereits gut das Dreifache des ungelernten Arbeiters und einfache Angestellte werden für rund 200 Euro im Monat beschäftigt. Wirkliches Management, sei es lokal oder auch unter Expats rekrutiert, ist hingegen gar nicht mehr so preiswert. Die Ursache liegt in der geringen Verfügbarkeit einheimischer Manager und wohl auch darin, dass Expats sich die doch etwas geringere Lebensqualität in einem unterentwickelten Land bezahlen lassen. Unter 3.000 Euro im Monat ist hier in der Regel nichts zu machen. Zwölf bezahlte, öffentliche Feiertage und neun Urlaubstage sind gesetzlich vorgeschrieben.

Die Loyalität der Mitarbeiter zum Unternehmen ist in der Regel hoch. Natürlich muss man etwas dafür tun. Weiterbildung, Respekt und ordentlicher Umgang sind eine Grundvoraussetzung für die Betriebstreue auch in diesem Land. Die Erkennbarkeit der Zugehörigkeit zum und der Stellung im Unternehmen hat größte Bedeutung. Dies geht bisweilen so weit, dass ähnlich den militärischen Rangabzeichen auch die Stellung im Unternehmen an der »Uniform« erkennbar wird.

Wenn wir Vietnam als eine Konsensgesellschaft bezeichnet haben, die durch ein hohes Bedürfnis nach Harmonie geprägt ist, dann wirkt sich dies auch auf die Einstellung zum Arbeitsplatz aus. Man sucht die »Nestwärme« der vertrauten Gemeinschaft im Betrieb und trennt sich nicht so schnell von Kollegen und Arbeitsplatz. Gemeinsamkeitsgefühl und Gruppendenken sind starke Bindeglieder zum Unternehmen.

Bei der Ausbildung gibt es noch einiges zu tun. 70 Prozent der jungen Leute sind in der Landwirtschaft tätig und haben kaum eine Chance, industriell ausgebildet und damit eines Tages besser bezahlt zu werden. 70 Prozent der Menschen sprechen kein Englisch. Selbst in der Tourismusindustrie, die immer mehr an Bedeutung gewinnt, spricht nur etwa die Hälfte der Beschäftigten eine Fremdsprache. Betriebliche Weiterbildung ist deshalb ein Muss.

Das Arbeitsrecht ist streng. Kündigungen sind nur unter ganz bestimmten Voraussetzungen und mit einer dreimonatigen Kündigungsfrist möglich. Befristete Arbeitsverträge zur Umgehung des Kündigungsschutzes sind eingeschränkt und maximal auf sechs Monate begrenzt. Zumeist sind Kündigungen zudem verbunden mit beträchtlichen Abfindungen, die sich etwa auf ein Monatsgehalt pro Jahr Betriebszugehörigkeit belaufen. Arbeitsgerichtsverfahren sollte man tunlichst durch rechtzeitige Einigung vermeiden. Die Richter sind außerordentlich arbeitnehmerfreundlich und es macht wenig Sinn, sich auf umständliche Verfahren einzulassen. Gewerkschaften spielen übrigens, wie dies in kommunistischen Staaten die Regel ist, keine Rolle.

Paradies für Zulieferer

Noch befindet sich das Land im Aufbau

Wer sich nun mit etwas Erfahrung im Asiengeschäft den genannten Problemen zu stellen traut, den erwarten allerdings in Vietnam große Chancen. Der Bedarf an sogenannten »Supporting Industries«, also unterstützenden Industrien und Zulieferanten, ist gigantisch.

Die internationalen Konzerne aus Japan, Korea, Europa und auch den USA haben Südostasien und damit auch Vietnam schon lange als oftmals bessere Alternative zu China erkannt. Mittelfristig, also wenn die Infrastruktur erst einmal steht, hat Vietnam eine bevorzugte, zentrale Lage in Asien als großen Pluspunkt auf seinem Konto. China ist praktisch auf dem Landweg erreichbar und mit neuen Tiefseehäfen ist man schneller in Japan, Korea, Schanghai oder auch den USA als von Malaysia oder Thailand aus. Das wissen internationale Konzerne und planen langfristig. Sie bauen und planen Fabriken. U-Bahnen, Eisenbahnen, Brücken und Kraftwerke werden gebraucht. Dass Bosch mehrere Hundert Millionen US-Dollar in verschiedene Entwicklungs- und Fertigungsprojekte steckt, weist klar auch auf eine zukünftige Autoindustrie hin. Volkswagen, das lange zwischen Malaysia und Vietnam als zentralen Standort schwankte, erkannte den hohen Bedarf an Pick-ups als großen und zentralen Markt.

All diese Konzerne aber stehen jetzt schon und auch in Zukunft vor der Herausforderung, lokale Zulieferanten zu finden. Für die Chemieindustrie gibt es keine Standardplastiktonnen, qualifizierte Hersteller von Kesseln, Druckbehältern, Kompressoren und ähnlichen industriell gefragten Produkten fehlen. Es gibt kaum Lagertechnik im Land. Gefragt ist hier nicht das vollautomatische Lager, das mit Hochhäusern Aufträge konditioniert. Gefragt ist Grundausstattung. »Steinböcke«, Stapler, Regale, »Ameisen« und Werkzeug müssen überwiegend importiert werden. Das ist aufwendig und kostet der Industrie Zeit und Geld.

Wenn wir wissen, dass Vietnam schon heute eine Unterdeckung bei der Industrieversorgung um 15 Prozent hat, dann ist nur unschwer daraus zu schließen, dass Zulieferteile für Kraftwerke, Stromleitungen und Energieversorgung insgesamt einen weiteren Markt darstellen. Aber wohlgemerkt, dabei geht es um Grundausstattung. Erneuerbare Energien oder Technologie zum Einsparen von Energie stehen noch nicht im Mittelpunkt. Solarenergie findet zwar Abnehmer im privaten Bereich, für die staatliche Energieplanung spielt sie noch keine Rolle. Auch Windenergie gibt es, ähnlich wie in Thailand, in Vietnam kaum. Chemische Produkte müssen fast zu 100 Prozent importiert werden. Auch hier ist mit dem Aufbau einer Industrie zu rechnen, die viele Zulieferanten benötigt.

Und wenn man weiß, dass vietnamesische Frauen und Mädchen ohnehin von der Natur mit sehr viel Charme gesegnet sind, dann muss man nicht lange raten, ob es einen großen Bedarf an kosmetischen Produkten gibt. Richtig, der Bedarf ist da. Kosmetikartikel werden aber fast ausschließlich importiert. Das ist eine Chance auch für kleinere Firmen, denn wer sich als Mittelständler in diesem Bereich engagiert, findet nicht nur einen riesigen Markt vor, sondern kann auch zu äußerst günstigen Lohnkosten und Bedingungen seine in Vietnam hergestellten Waren weiter exportieren und auch im Heimatmarkt zu Hause verkaufen.

»Quality Goods for Good Prices«

Noch einmal: Vietnam ist nicht unbedingt ein Hightech-Markt. Flatscreen-Fernseher mit LED-Technik werden (noch) nicht in Vietnam produziert. Dies wird auch noch etwas dauern.

Aber die Qualität ist in Ordnung. Es sind keine Waren für Harrods in London oder das KaDeWe in Berlin, die in Vietnam hergestellt werden. Die Vietnamesen bedienen den Bedarf von Menschen, die bei Wal-Mart, Metro oder Carrefour einkaufen. Ordentliche Qualität zu guten Preisen, also »Quality Goods for Good Prices«, so lautet das Motto. Das ist dann auch der Zielmarkt der Industrie für die nächsten Jahre.

Apropos Metro: Der deutsche Konzern ist zwar ganz bestimmt nicht Mittelständler, aber seine Politik in Vietnam ist genial und hilft nicht nur dem Ansehen der Firmengruppe. Das kommt nicht alleine daher, dass die bestehenden fünf Märkte zu den besten in der Region zählen und die Planung von weiteren vier Märkten damit rechtfertigen.

Um qualitativ gute Waren auch aus dem lokalen Markt anbieten zu können, hat die Metro mittlerweile rund 100.000 vietnamesische Bauern in Lebensmittelhygiene oder den Voraussetzungen für eine die Frische der Waren garantierende Lieferkette ausgebildet. Dies hilft dem Unternehmen, aber natürlich auch den Bauern, die diese Kenntnisse nutzen, um ihre Waren exportfähig zu machen und Verluste bei der Produktion zu vermeiden.

Outsourcing von IT und Zahntechnik

Neben diesen eher einfachen Industrien, die zugegebenermaßen noch von den meist niedrigen Löhnen leben, bildet sich allerdings bereits ein neuer Sektor ab, wo nicht nur günstige Preise, sondern vor allem auch gute Qualifikation entscheidet. Outsourcing ist und wird ein großes Thema in Vietnam. Nach Indien und den Philippinen gilt Vietnam mittlerweile als der kommende Markt für diesen Dienstleistungssektor. Programmierbüros für westliche IT-Firmen sind inzwischen keine Seltenheit mehr. Im Gegensatz und als Vorzug gegenüber Indien finden allerdings in Vietnam auch kleinere Firmen mit vielleicht 15 Mitarbeitern dort Interesse und eine echte Chance, die richtigen Fachleute zu gewinnen. In Indien würde so ein »kleiner Laden« kaum karrieregetriebene Fachkräfte finden. Dass Bosch in Vietnam ein Forschungszentrum bauen wird, beweist, dass auch Großprojekte in diesem Sektor schon eine Chance haben.

Bekannt ist Vietnam auch für die Qualität seiner zahntechnischen Leistungen, insbesondere Zahnersatz, der auch an europäische Patienten geliefert wird. Zusammen mit der wachsenden Tourismusbranche zeichnet sich hier schon jetzt ein Markt ab, der auch in Thailand oder auf den Philippinen einen wichtigen Wirtschaftsfaktor darstellt, nämlich der Schönheits- und Gesundheitstourismus.

Clustereffekt um Ho-Chi-Minh-Stadt

Drei Viertel der westlichen Unternehmen, die in Vietnam investiert haben, sitzen im Süden rund um Ho-Chi-Minh-Stadt. Im Norden siedeln sich eher Institutionen oder auch Firmen an, die auf die Zusammenarbeit mit der Regierung in Hanoi angewiesen sind. Auch vietnamesische Unternehmen investieren verstärkt in dieser Kernregion. In den ersten sieben Monaten des Jahres 2010 verzeichnete zum Beispiel die Ho Chi Minh Export Processing and Industrial Zone (HEPZA) heimische Investitionen von 235 Millionen US-Dollar, verteilt auf 35 Projekte. Foreign Direct Investments (FDI) hingegen beschränken sich auf 136,3 Millionen US-Dollar, verteilt auf 27 Projekte. Dies spricht für die Anziehungskraft bereits bestehender Industrien auf Neuansiedlungen, den sogenannten Clustereffekt.

Die Regierung in Hanoi bemerkt dies wohl und bemüht sich um einen Ausgleich. Schon das Übergewicht der Metropole Ho-Chi-Minh-Stadt im Vergleich zur Hauptstadt Hanoi passt nicht ganz in das politische Konzept. Kurzerhand wurden zahlreiche ländliche Gemeinden im Großraum Hanoi eingemeindet, um so zumindest einen statistischen Ausgleich zu schaffen. In der Konsequenz, so spöttelt der eine oder andere in Hanoi, ist die Hauptstadt Vietnams wohl bald die einzige in Südostasien, die mehrheitlich von Bauern bewohnt wird. Dennoch, auch die Investitionspolitik soll zukünftig mehr an der Landesentwicklung ausgerichtet werden. Es ist damit zu rechnen, dass Auslandsinvestitionen in Nordvietnam zumindest mit zusätzlichen Vergünstigungen bedacht werden, oder sogar die Anreize für Ansiedlungen im Süden reduziert werden.

Dem Mittelständler ist zu empfehlen, die Risiken der mangelnden Infrastruktur und die Anfälligkeit gegenüber Begehrlichkeiten regionaler »Verwaltungsfürsten« durch die Ansiedlung innerhalb eines geschlossenen Industriegebiets zu reduzieren. Besonders um Ho-Chi-Minh-Stadt gibt es einige recht gut entwickelte Industriezonen, wobei man bei den Verhandlungen sehr wohl beachten muss, dass die Investitionsförderung wiederum von Zone zu Zone sehr unterschiedlich sein kann. Das weiter unten beklagte Investitionshindernis, Fördermaßnahmen von Fall zu Fall ausloten und verhandeln zu müssen, gilt leider auch für eine Ansiedlung in diesen ausgewiesenen Industriegebieten.

Förderung ist Verhandlungssache

Auch kleinere Investoren sind gern gesehene Gäste

Insgesamt tat sich Vietnam anfangs schwer mit der Förderung und Akzeptanz von Auslandsinvestitionen. Zwar wurde die wirtschaftliche Öffnung 1986 mit Doi Moi offizielle Regierungspolitik. Ein Investitionsgesetz als spätere Grundlage für die Umsetzung der Vereinbarungen mit der World Trade Organization (WTO) wurde allerdings erst 2006 geschaffen und die WTO-Regeln wurden somit erst 2007 wirksam.

Inzwischen aber ist Vietnam ein attraktives Investitionsland geworden. Allein im Jahre 2009 investierten Ausländer mehr als 21 Milliarden US-Dollar und damit 70 Prozent mehr in Vietnam, als dies noch 2008 der Fall war. Unter den Europäern waren die Niederlande mit 40 Projekten größter Investor des Jahres 2010. Der deutsche Mittelstand tut sich in Vietnam noch etwas schwer, wobei dies allerdings auch für andere Länder Südostasiens gilt.

Dabei ist gerade für Mittelständler Vietnam insofern interessant, als das Land nicht ausschließlich auf Investitionen spekuliert. In Vietnam ist der Auslandsinvestor, der fünf oder auch nur zwei Millionen Euro bringt, anerkannt und gern gesehen. In China würden die Wirtschaftsbehörden wahrscheinlich nicht einmal mit ihm sprechen, geschweige denn seine Interessen lokal berücksichtigen. Auch Vietnam bietet einen ganzen Katalog von Vergünstigungen für ausländische Investoren.»Hauptattraktion« ist eine Befreiung von der Körperschaftssteuer, die üblicherweise 25 Prozent beträgt, für einen Zeitraum von bis zu 14 Jahren. Die weiteren Vergünstigungen sind zum Beispiel die Befreiung von Einfuhrsteuern für importierte Anlagen, Rohmaterialien und Komponenten.

Keine Regeln für Vergünstigungen

Anders als in den Nachbarländern wie zum Beispiel Thailand sind die möglichen Vergünstigungen allerdings»Verhandlungssache«. Und hier sind wir wieder bei der Kompliziertheit und der Korruptionsanfälligkeit der Verwaltung. Verlässliche Regeln, welche Vergünstigungen wer und in welchem Umfang erhält, gibt es nicht. Geschweige denn einen durchsetzbaren Rechtsanspruch.

Landeigentum allerdings kann man in Vietnam nicht erwerben. Wie in anderen kommunistischen Staaten gibt es nur die Möglichkeit, langfristige Mietverträge (»Land-Leasing«) abzuschließen. Die Höchstdauer dieser Verträge ist 50 Jahre. Das Recht auf Leasing ist auch nicht frei handelbar, wie dies zum Beispiel derzeit bei Privatgrundstücken in China der Fall ist. Einen solchen»Einstieg in einen Immobilienmarkt« gibt es in Vietnam noch nicht.

Entsprechend den Bestimmungen der WTO besteht im Lande ohne Weiteres für Auslandsinvestoren die Möglichkeit, die Anteile ihres Unternehmens zu 100 Prozent zu halten. Als Betätigungsform für Mittelständler kommt hauptsächlich ein Joint Venture oder auch die 100-prozentige Tochtergesellschaft in Betracht. Zum Schutz essenzieller nationaler Interessen sind wie in vielen Ländern bestimmte Branchen und Betätigungsfelder allerdings von ausländischen 100-Prozent-Investition ausgeschlossen.

Auch die Betätigungsform eines Representative Office (RO) ist in Vietnam zulässig. Die Genehmigung zur Errichtung einer Repräsentanz wird nach den Vorgaben des Dekretes 72 für fünf Jahre erteilt. Zuständig sind die Handelsabteilungen der lokalen Verwaltungen. Der Name des Representative Office hat den Namen der Muttergesellschaft sowie die Stellung als abhängiges Liaisonbüro auszuweisen. Zu beachten ist allerdings, dass ein solches RO keine eigenständigen Geschäfte betreiben darf. Dies wird streng überwacht. Als Beratungsbüro, Einkaufsbüro oder auch »Brückenkopf« für ein später geplantes eigenes Unternehmen ist das RO aber eine Überlegung durchaus wert.

Der Markt ist offen

Gemäß den Vorgaben der WTO-Verpflichtungsvereinbarung wurde zum 1. Januar 2009 erstmals der Markt für ausländische Handelsunternehmen vollständig geöffnet. Nach den WTO-Vorgaben dürfen ausländische Unternehmen daher Import/Export sowie Distribution und Einzelhandel sowohl in Form eines Joint Ventures als auch als Foreign Owned Enterprise (FOE) ausüben. Nach den gesetzlichen Regelungen ist für die Erteilung einer Geschäftslizenz für Handel und Vertrieb regelmäßig die Zustimmung des Handelsministeriums erforderlich. Die Eröffnung von Zweitfilialen ist ebenfalls nur mit Genehmigung des Handelsministeriums möglich; ob eine Genehmigung erteilt wird, ist abhängig vom Ausgang des sogenannten Economic Needs Tests (ENT). Im Rahmen dieses auf WTO-Kriterien beruhenden ENT überprüft die Genehmigungsbehörde, wie viele vergleichbare Dienstleister/Händler bereits in der jeweiligen geografischen Umgebung angesiedelt sind, die Marktstabilität im entsprechenden Segment sowie sonstige geografische Auswirkungen. In der Genehmigungspraxis bleiben bislang allerdings viele Fragen offen; eine landesweit einheitliche Handhabung des Komplexes Handel und Vertrieb durch ausländische Investoren wurde noch nicht erreicht.

Steuerlich ist Vietnam durchaus interessant und wettbewerbsfähig gegenüber seinen Nachbarn. Der niedrige Satz der Corporate Income Tax (CIT) von 25 Prozent zwingt inzwischen den Nachbarn Thailand, über eine Herabsetzung dieser von 30 Prozent auf ebenfalls 25 Prozent oder noch darunter nachzudenken. Abhängig von Betätigungsform und Standort des Unternehmens gibt es in Vietnam darüber hinaus zeitlich auf zehn und 15 Jahre begrenzte Sondersätze von zehn Prozent oder auch 20 Prozent des Unternehmensertrags. Exportsteuern gibt es nicht. Die zehn Prozent Value Added Tax werden bei Export der Produkte regelmäßig erstattet. Lästig allerdings sind die Wartezeiten auf die Vorsteuererstattung: Da geht schon einmal ein Dreivierteljahr ins Land, wenn man nicht sogar gänzlich darauf verwiesen wird, Erstattungsansprüche erst mit späteren Steuerschulden zu verrechnen.

Die Repatriierung von Gewinnen ist in aller Regel ohne Probleme möglich. Allerdings wird erwartet, dass zunächst vorgetragene Verluste ausgeglichen werden und die Finanzierung des Unternehmens durch die Repatriierung nicht gefährdet wird. Natürlich müssen auch die örtlichen Steuern vorab beglichen sein. Darlehen mit einer Dauer von mehr als einem Jahr müssen bei der vietnamesischen Staatsbank registriert werden. Die Withholding Tax, eine Art Quellensteuer, auf Zins- und Lizenzzahlungen im Ausland entfällt, wenn das Unternehmen in Vietnam mit einer eigenen Rechtsperson vertreten ist.

Beachten sollte man, dass auch Vietnam zunehmend die internen Verrechnungspreise mit der Muttergesellschaft oder ausländischen Holdings zum Beispiel in Hongkong, die gerne zur Gewinnverteilung zwischen »Mutter« und »Tochter« eingezogen werden, beobachtet. Keine Finanzbehörde liebt es, wenn durch Transferpreise Gewinne in steuerlich günstigere Länder verlagert werden.

KAMBODSCHA: **DER NÄCHSTE TIGER**

Kambodscha fängt bei null an – und kann deshalb nur wachsen

Von Tim Cole

Wenn heute jemand im Westen von Kambodscha spricht, dann fällt in aller Regel gleich zu Beginn der Begriff »Killing Fields«. Das Bild des Landes ist in den Köpfen der meisten Europäer und Amerikaner von dem gleichnamigen Film geprägt, der in Deutschland mit dem Untertitel »Schreiendes Land« erschien und 1984 gleich mit drei Oscars ausgezeichnet wurde. Der Film erzählt ungeschminkt die Geschichte vom Massenmord der Roten Khmer an der eigenen Bevölkerung in der Zeit von 1975 bis 1979, als irgendwo zwischen drei und fünf Millionen Menschen zur »Umerziehung« aus den Städten hinaus aufs Land getrieben wurden, wo sie zum Teil verhungerten, zum Teil brutal erschlagen wurden. Besonders einprägsam sind die Bilder gewesen von den Tausenden von Totenschädeln, die wie Ackersteine aus dem Boden ragten.

Kaum jemand erinnert sich heute, dass Kambodscha in den 50er-Jahren das Drehkreuz Südostasiens war: ein stolzes, aufblühendes Wirtschaftszentrum mit einer richtigen Schwerindustrie, einem ausgebauten Schienen- und Straßennetz und sogar eigener Automobilindustrie! Im Land wurden zahlreiche Ingenieure ausgebildet, und das Land machte sich sogar Hoffnung, Ausrichter der Olympischen Spiele zu werden und baute schon mal »auf Verdacht« zwei Sportarenen, die damals zu den modernsten der Welt gehörten. In einem hätten bis zu 67.000 Besucher Platz gehabt.

Über Nacht eine Geisterstadt

Stattdessen nutzten die brutalen Machthaber, die jahrelang einen Dschungelkrieg gegen die von den Amerikanern während des Vietnamkriegs eingesetzte Militärregierung geführt hatten, das Oval als Sammelstelle für die Gefangenen auf dem Weg in die Killing Fields. Phnom Penh, die vibrierende Hauptstadt der »Schweiz Südostasiens«, wurde innerhalb von 24 Stunden zu einer Geisterstadt. Beamte, Intellektuelle und buddhistische Mönche wurden in Folterlager wie die berüchtigte »Schule Nummer 21«, die heute eine Gedenkstätte für die Opfer der Khmer Rouge ist, gesteckt. Bis zu 20.000 Menschen wurden hier in den Klassenzimmern, die mit Verschlägen aus Ziegelsteinen in Zellen unterteilt waren, festgehalten, gefoltert und ermordet. 1978 machten die Vietnamesen mit ihrem Einmarsch dem roten Spuk ein Ende, aber die Wunden sind bis heute nicht verheilt.

Kambodscha ist offiziell eine konstitutionelle Monarchie. Der König, Norodom Sihamoni, war der älteste Sohn von König Norodom Sihanouk, dessen wechselvolle Lebensgeschichte den Stoff für mehrere Romane abgeben würde: Im Alter von 18 Jahren von der Kolonialmacht Frankreich zum König ausgerufen, musste er 1955 abdanken, wurde 1960 zum Staatsoberhaupt (aber nicht mehr zum König) erklärt, wurde 1970 von den Khmer Rouge vertrieben, traute sich 1975 wieder ins Land zurück, nur um von 1976 bis 1979 im Königspalast unter Hausarrest zu sitzen, und durfte schließlich von 1993 bis zu seinem Tod 2004 wieder auf dem Thron des nach der Vertreibung der Roten Khmer wiedergegründeten »Kingdom of Cambodia« sitzen. Seine Lebensgeschichte könnte stellvertretend stehen für das Schicksal seines Landes, das einmal das Drehkreuz Südostasiens war, dann fast in die Steinzeit zurückfiel und heute dabei ist, sich mühsam wieder seinen Weg nach oben zu bahnen.

SWOT-Analyse Kambodscha

Strengths (Stärken)	Weaknesses (Schwächen)
▪ Junge Bevölkerung	▪ Kriegszerstörte Infrastruktur
▪ Zentrale Lage	▪ Allgegenwärtige Korruption
▪ Freie Marktwirtschaft	▪ Schwerfällige Bürokratie
▪ Mitgliedschaft in ASEAN und WTO	▪ Fehlende Rechtssicherheit
	▪ Kaum qualifizierte Arbeitskräfte

Opportunities (Chancen)	Threats (Risiken)
▪ Großer Binnenmarkt für Dinge des täglichen Bedarfs	▪ Inflationsgefahr
▪ Erdölvorkommen	▪ Rechtsunsicherheit
▪ Ausbau des Verkehrswesens	▪ Abhängigkeit von NGOs
▪ Infrastruktur muß erneuert werden	

LAND & LEUTE

Zurück zu alter Größe

Kambodscha war mal »Drehkreuz des Südens« - und will es wieder sein

Ein paar Tage in Phnom Penh genügen, um dem Kambodschabesucher die letzten Illusionen zu verhageln. Schuld sind die Hilfsorganisationen, von denen es angeblich über 2.000 hier gibt, und die zusammen ungefähr so viel zum Bruttosozialprodukt des Landes beitragen wie der Rest der Wirtschaft. Anders ausgedrückt: Kambodscha hängt am Tropf der »NGOs«, der »non-governmental organizations«, deren westliche Mitarbeiter von morgens bis abends die vielen Cafés und Bars entlang des Mekong zu bevölkern scheinen, wo sie den Neulingen ihre immer gleichen Geschichten erzählen von Korruption, Zwangsenteignung und Landvertreibung, von Militäreinheiten im Sold von Konzernen und krummen Politikern, von Menschen- und vor allem Mädchenhandel und von einem erstarrten System der Vetternwirtschaft. Nein, in Kambodscha bewegt sich nichts, sagen sie, und bestellen sich noch einen Latte.

Dr. Sok Siphana erzählt eine ganz andere Geschichte. Zum Beispiel diese:»We don't need another economist, we need business people.« Seitdem das Pol-Pot-Regime die Elite des Landes in den 70er-Jahren in die Killing Fields getrieben und damit das Land mehr oder weniger führungslos zurückgelassen hat, streiten nämlich Volkswirtschaftler und Unternehmensberater darüber, wie der Übergang von einer kaputten Planwirtschaft zu einer funktionierenden sozialen Marktwirtschaft zu bewerkstelligen sei. Sie kommen damit nicht weiter, weil sie regelmäßig an den Eigeninteressen der mächtigen Familienclans scheitern, die alle Schaltstellen von Politik, Bürokratie und Wirtschaft unter sich aufgeteilt haben.

Clans beherrschen die Wirtschaft

Auch Sok Siphana gehört zu einem solchen Familienverbund. Seine Frau ist die Schwester eines Ministers, er selbst war eine Zeit lang Regierungsmitglied, verhandelte erfolgreich den Beitritt des Landes zur Welthandelsorganisation WTO. Aber dann stieg er aus und ging nach Genf zum Internationalen Handelszentrum der UNO, ging noch einmal zurück an die Uni in Neuseeland und schrieb seine zweite Doktorarbeit zum Thema »Role of Law and Legal Institutions in Cambodia Economic Development: Opportunities to Skip the Learning Curve«, in der er argumentierte, dass Kambodscha eine Abkürzung nehmen soll auf dem Weg zu einem stabilen Rechtsstaat, indem es auf den Lehren anderer aufbauen soll, statt selbst alle typischen Anfängerfehler zu machen – ein ehrgeiziges Ziel in einer Region, die von mehr oder weniger »benevolent autocracies« – wohlmeinenden Alleinherrschaften – umgeben ist.

Als er die Abhandlung fertig hatte, ging er zurück nach Phnom Penh und gründete eine kleine Anwaltsfirma, um seine Theorie in die Praxis umzusetzen. Heute hilft er Firmen, ihre Rechtsansprüche in dem undurchsichtigen Geflecht von Abhängigkeiten und Beziehungen zwischen Richtern und Politikern durchzusetzen. Aber anders als die abgebrühten NGO-Typen in den Cafés strahlt Sok Siphana Optimismus und Aufbruchstimmung aus. »Let's face it, we have a lot of crooks«, sagt er: Ja, es gibt bei uns einen Haufen Ganoven, aber die Zeiten seien vorbei, wo es genügte, einen Minister zu kennen, und schon lief alles wie geschmiert.

Raffen und Schieben war gestern

In den letzten Jahren seien eine Menge talentierter junger Menschen von den Unis gekommen, hätten Firmen gegründet und Geld verdient. »The time of opportunistic growth is over«, sagt er: Vorbei die Zeiten des Raffens und Schiebens, jetzt seien gezielte und langfristige Investitionen gefragt, echte Partnerschaften. Der Schwerpunkt verschiebe sich weg von Landbesitz und Immobilien hin zu richtiger Produktion. Die neuen Wirtschaftszonen, die an allen Ecken und Enden des Landes eingerichtet worden sind, seien ein deutlicher Fingerzeig, wohin die Reise geht. »Cambodia is the most capitalistic country in the world after the United States«, sagt er, und strahlt dabei übers ganze Gesicht.

Sok Siphana sieht Kambodschas Zukunft darin, wieder als Drehkreuz Südostasiens zu fungieren, so wie es in den 50ern und 60ern war, als man hier noch Schwerindustrie hatte und sogar Automobilbau. »We are caught between two ideologies, but we're also nicely caught between two huge markets«, sagt er – auf der einen Seite die aufstrebenden »small tigers« wie Malaysia, Thailand, Indonesien und Vietnam, auf der anderen der riesige postkommunistische Moloch China mit seinen unersättlichen Märkten. Kambodscha könnte die Zwischenstation sein, der Service Provider, ein wichtiges Glied in der Wertschöpfungskette und das Logistikzentrum der ganzen Region. Gut, der Tiefseehafen in Sihanoukville hängt seit Jahren im Projektstadium fest, aber es gibt Straßen in alle Nachbarstaaten, die Transportkosten sind gering, die Mobilität ist hoch.

Das Haupthindernis ist, das weiß auch er, das Fehlen eines stabilen, verlässlichen Rechtssystems. Die Kambodschaner sind Buddhisten, für sie sind Familienstrukturen wichtig. Sie bilden die eigentlichen Beziehungsnetzwerke des Landes. Die Richter des Landes verstehen sich als verlängerter Arm der Regierung, eine Firma bekommt nur dann ihr Recht, wenn sie die richtigen Minister oder Staatssekretäre kennt. Es hat also keinen Sinn, vor Gericht zu gehen. »Okay, dann gehen Sie eben nicht vor Gericht. Es gibt andere Wege für mich, meine Anwaltsgebühren zu verdienen, nämlich durch direktes Verhandeln, oder indem ich mit den richtigen Leuten rede.« Und das seien zunehmend nicht mehr die alten Männer an der Machtspitze, sondern die jungen Menschen, die inzwischen massenweise nachrücken. »Die Revolutionsgeneration ist inzwischen über 70, die machen es nicht mehr lange«, sagt er.

Ein paar Jahre noch, und dann werden sich viele Probleme des Landes von alleine lösen. Inzwischen mache das Wirtschaftswachstum, das sogar in den Krisenjahren angehalten hat, den Alten an der Spitze Mut zum Wandel:»Sie fühlen sich sicher und trauen sich deshalb, die Zügel ein wenig schleifen zu lassen. Diese Entwicklung ist nicht mehr zu stoppen, und das ist gut so.« Dass diese Reformen kommen müssen, steht für Dr. Sok Siphana, Wirtschaftsberater der Regierung im Ministerrang und ehemals Repräsentant des Landes bei der WTO, außer Frage. Er setzt sich für eine zunehmende, praktische Öffnung für ausländische Investoren ein, die zu 100 Prozent einsteigen wollen. Bislang sähen sich Ausländer oft in der Zwangslage, für eine erfolgreiche Tätigkeit im Land einen lokalen Partner mit seinem Beziehungsnetzwerk finden zu müssen. Seriöse Investoren schrecke dies ab. In der Folge hätte viele Kambodschaner am Ende eine Beteiligung entweder an erfolglosen Unternehmen oder fänden sich als Partner eines »Cowboy-Kapitalisten« wieder, der eher auf Beziehungswirtschaft und halbseidene Geschäfte baue als auf seriöse Technologie und nachhaltige Geschäfte.

Das Land braucht, was Siphana bestätigt, professionelle Investoren in einem echten industriellen Umfeld. Die Zeit pseudoindustrieller Investitionen in Gaststätten und Bars sei Vergangenheit. Kambodscha sei nicht mehr »green field«, sondern »brown field«.

CHANCEN & RISIKEN

Kapitalismus pur

In Kambodscha ist alles Verhandlungssache

Kambodscha ist vermutlich das kapitalistischste Land der Erde. Auf jeden Fall ist es das Land mit dem freisten und am meisten ungezügelten Kapitalismus in Südostasien. Jeder kann problemlos eine Firma als 100-prozentiger Eigentümer eröffnen, auch Ausländer. Ein Jahresvisum und eine Arbeitsgenehmigung stellen für Ausländer kein Problem dar. Jeder kann ein Bankkonto eröffnen. Jeder kann sein Geschäft aufmachen und arbeiten.

Das Land ist ein »Dollarland«, das heißt, alle Geschäfte können mit Dollars getätigt werden, und Dollars sind frei handel- und exportierbar. Dies sieht man im Land auch als klaren Vorteil gegenüber zum Beispiel Vietnam, wo es im Währungsverkehr auch für private Firmen immer wieder zu Engpässen bei der Verfügbarkeit von US-Dollars kommt. Bislang ist kein großer Fall bekannt, wo Investoren mit ihrem Engagement in Kambodscha auf die Nase gefallen wären. Es gibt kaum ein formelles Investitionsrisiko.

Dennoch besteht große Zurückhaltung bei Investoren. Dies liegt zunächst daran, dass in Kambodscha zwar alles verhandelbar ist, aber auch alles verhandelt werden muss. Dazu gehört auch die Anwendung gesetzlicher Regeln und selbst der Steuergesetze. Es gibt »offizielle« und »inoffizielle« Steuern und Zölle, die entrichtet werden müssen. Selbst Warenverluste auf dem Weg von der Fabrik zum Hafen sind durchaus üblich. Ohne lokalen Verhandlungsgehilfen haben Ausländer da natürlich keine Chance.

Natürlich wurde unter dem damaligen Machthaber Pol Pot auch die gesamte Infrastruktur des Landes zerschlagen. Derzeit gibt es zum Beispiel keinen Tiefseehafen, was Exporteure zwingt, auf Zubringerschiffe, sogenannte »Feeder«, nach Singapur, Hongkong, Malaysia oder Laem Chabang in Thailand zurückzugreifen. Straßen werden zwar landesweit gebaut, allerdings oft in so schlechter Qualität, dass sie schon nach kurzer Zeit nur noch mit dem Geländewagen befahrbar sind. Mehrere internationale Flughäfen sind in Planung.

Recht hat, wer am meisten bezahlt

Vor Gerichten erhält recht, wer mehr Geld hat und damit dem Richter mehr bezahlt. Ausländer führen zumeist Schiedsverfahren im Ausland, bevorzugt in Singapur, durch. Allerdings gibt es in Kambodscha danach keine Um- oder Durchsetzungsverfahren ausländischer Schiedsurteile. Eine eigene Schiedsgerichtsbarkeit im Lande ist geplant; deren Umsetzung wird aber wohl unter den gleichen Problemen leiden müssen wie die Gerichtsbarkeit insgesamt.

Zu den Sektoren, die für Auslandsinvestoren in Kambodscha interessant sein können, zählen vor allem die exportorientierte Industrie, die Landwirtschaft, Infrastrukturmaßnahmen, Tourismus, Energie, Öl und Gas. Kambodscha wächst im Vergleich zu den dynamischeren

Nachbarn wie Thailand oder Vietnam zwar langsam, aber stetig und gilt deshalb unter Fachleuten als der »nächste Tigerstaat«. Nun, wer quasi am Nullpunkt steht, bei dem kann es ja eigentlich auch nur bergauf gehen. Die Lohnstückkosten sind selbst im innerasiatischen Vergleich sehr niedrig und werden es wohl auch bleiben angesichts des Bevölkerungswachstums, mit dem der Jobmarkt nicht Schritt halten kann.

Sprungbrett nach ASEAN

Kambodscha ist also ein ideales Sprungbrett zu den anderen ASEAN-Staaten. Darüber hinaus locken zahlreiche im innerasiatischen Vergleich ansprechende Steuervorteile und andere Privilegien inzwischen immer mehr Investoren an. In Kambodscha enthalten offiziell die unter dem Titel »Law on the Investment of the Kingdom of Cambodia« herausgegebenen Regelungen des Council of Development of Cambodia (CDC) die gesetzlichen Regelungen zur Investitionsförderung. Das Gesetz enthält einen feststehenden Katalog möglicher Fördermaßnahmen, zu denen zum Beispiel auch die Befreiung von Importzöllen für exportorientierte Produktionsunternehmen gehört. Dies ist angesichts der fehlenden Grundmaterialien für die heimische verarbeitende Industrie auch dringend erforderlich.

Ausländische Investoren können rechtlich problemlos 100 Prozent ihres Unternehmens halten, wenngleich in der Praxis ohne einen kambodschanischen Partner und dessen Verbindung noch kaum etwas geht. Die Gründung eines Wholly Foreign Owned Enterprise (WHFOE) dauert in der Regel vier bis sechs Wochen einschließlich der notwendigen Erteilung der Tax- und VAT-Lizenzen beziehungsweise -Registrierungen.

Ein Land – drei Währungen

Bankkonten können in US-Dollar eingerichtet werden, was logisch ist, denn die US-Währung ist auch im Geschäftsalltag allgegenwärtig. Es gibt Schätzungen, wonach etwa 80 Prozent des in Kambodscha umlaufenden Geldes Dollars sind. Eigentlich gibt es in Kambodscha sogar drei Währungen, denn neben der offiziellen Landeswährung, dem Riel, und dem US-Dollar wird im weitläufigen Grenzgebiet zu Thailand der Baht ebenso selbstverständlich benutzt. So kann es passieren, dass die Speisen auf der Karte eines Restaurants in Dollar ausgewiesen sind, man die Rechnung in Baht bezahlt und als Wechselgeld Riel bekommt. Für den Kambodschabesucher ist es nur wichtig zu wissen, dass alle drei Währungen problemlos verwendbar sind.

Auslandsfirmen können in Kambodscha kein Land erwerben, sondern bekommen Landzuteilungen, die Ähnlichkeit mit Mietverträgen haben. Ein Problem für Investitionen mit Landzuteilung ist, dass oftmals auch Land zugeteilt wird, auf dem andere bereits seit Jahren ein geduldetes Bleiberecht genießen. Holt man die Behörden zu Hilfe, kann es durchaus zu gewaltsamen Auseinandersetzungen zwischen alten und neuen Landnutzern kommen.

In der Praxis suchen Unternehmen in der Regel informelle Partnerschaften mit lokalen Armee-Einheiten, deren Kommandeure meistens die mächtigsten Männer vor Ort sind. Die Unternehmen »sponsern« die Armee-Einheit, und dafür schützen die Soldaten das Unternehmen vor Übergriffen.

Es gibt in Kambodscha 21 Special Economic Zones. Das sind lizenzierte Industrieparks, die teils mit Freihandelszonen verbunden sind. Allerdings sind nur sehr wenige davon bereits fertig und nutzbar. Der Ausbau verläuft schleppend, da immer wieder Regionalbehörden versuchen, sich ihren Einfluss auf diese Zonen und ihre Erträge zu sichern.

Kambodscha besitzt ein liberales Handelssystem ohne protektionistische Tendenzen und quotenmäßige Beschränkungen. Eine Einfuhrlizenz ist nur für wenige Produkte erforderlich (Waffen, Militärfahrzeuge, Edelmetalle und -steine, Medikamente). Die Einfuhr von Narkotika und speziellen Giften ist verboten. Auch bestimmte Exporte (zum Beispiel Reis, Holz, Waffen, Militärfahrzeuge, Medikamente, Antiquitäten) sind genehmigungspflichtig.

Geheimtipp für Auslandsinvestoren

Insgesamt sind die Rahmenbedingungen für Auslandsinvestoren dennoch nicht so schlecht. So ist es zum Beispiel jederzeit uneingeschränkt möglich, Gewinne und Erträge zurückzuführen. Leider findet das Land aber bislang kaum Interesse bei Investoren aus dem Ausland, es sei denn bei Unternehmen, die nicht viel mehr als eine verlängerte Werkbank für Massenwaren suchen und die deshalb auch keine qualifizierten Arbeitskräfte benötigen. Gegenwärtig dominiert noch die zumeist chinesisch kontrollierte Textilindustrie, in der rund 250.000 Arbeitsplätze die verlängerte Werkbank für immer mehr unter Lohndruck geratene chinesische Firmen besetzen. Die Ware einfachster Qualität geht in der Regel in die USA. Bessere Qualitäten für Europa kommen eher aus Laos. Hinzu kommt eine etablierte Schuhindustrie.

Da fast alle Rohstoffe und Materialien bis hin zu den Reißverschlüssen importiert werden müssen, bieten sich hier Ansatzpunkte für andere, etwas höher qualifizierte Industrien. Wer etwa diese Reißverschlüsse, Klettbänder oder gar Textilien im Land produzieren wollte, dem winkt ein durchaus interessanter Absatzmarkt. Gleiches gilt natürlich dann auch für Textilmaschinen.

Das Land bietet durchaus auch in anderen Bereichen gute Chancen. Mittelfristig will man sich als Exporteur von Reis und anderen Lebensmitteln etablieren. Der Produktionsüberschuss bei Reis liegt bei drei Millionen Tonnen, aber nur 200.000 bis 300.000 Tonnen werden offiziell exportiert. Der Rest wird »informell exportiert«. Deshalb lassen sich selbst diese Reisüberschüsse nicht aus offiziellen Exportstatistiken ablesen.

Es gibt auch zunehmend Palmöl- und Kautschukplantagen, Seidenproduktion und den Anbau von Cashewnüssen, die sich bei richtiger Handhabung zu einer erfolgreichen Exportindustrie ausbauen lassen.

Die Entdeckung bedeutender Erdöl- beziehungsweise Erdgasvorkommen im sogenannten Khmerbecken im Golf von Thailand vor der kambodschanischen Küste durch das Chevron-Texaco-MOECO-LG-Konsortium gibt Hoffnung für die ökonomische Entwicklung des Landes, sobald die Förderung 2011 angelaufen ist.

Der Jugend eine Chance

Kambodscha kämpft mit Korruption und fehlender Rechtssicherheit

Die Grundstimmung zu Auslandsinvestoren ist in Kambodscha durchaus positiv, zumal Investitionen meist mit inländischen Partnern (nichts läuft ohne inländische Verhandlungsgehilfen) durchgeführt werden und diese natürlich das Geld des ausländischen Partners schätzen. Seriöse Investoren sollten sich mit jungen Kambodschanern verbinden, denen es nicht um die Bereitstellung von Beziehungen, sondern um echte Mitarbeit am Unternehmen gehe. »Sweat-Shares«, also Minderheitsbeteiligungen für den lokalen Komanager, sind durchaus ein Weg des Erfolgs für Auslandsinvestoren und junge Kambodschaner gemeinsam. Diese jungen Geschäftsleute, die in einem neuen System erfolgreich werden wollen, gibt es zuhauf. Sie sind die Zukunft des Landes und machen Kambodscha zu einer Empfehlung.

Es gibt in Kambodscha durchaus Arbeitskräfte zur Genüge, nur sind sie meist ungeschult. Man muss sie ausbilden und ständig an das erinnern, was man sie geschult hat. Führungskräfte und Ingenieure sind kaum vorhanden, dafür haben die Khmer Rouge in den Killing Fields gesorgt. Wenn überhaupt, dann gibt es sie nur auf dem Papier: Ingenieurdiplome kann man nämlich für runde 1.500 US-Dollar auf dem Schwarzmarkt kaufen.

Die Löhne liegen mit 70 bis 100 US-Dollar im Monat am unteren Ende der Skala in Südostasien. Angestellte müssen sich mit ca. 150 US-Dollar bescheiden. Dennoch, der Arbeitsplatz wird geschätzt und die Loyalität ist vergleichsweise hoch. Deshalb steht der Wunsch nach Ausbildung auch zunehmend im Zentrum des Interesses junger Menschen: Fast jeder kann Englisch sprechen, was sogar ein deutlicher Vorteil gegenüber Vietnam und sogar Thailand ist. Ausbildung in Sprache, IT, Business Administration, Banking und Accounting stehen im Mittelpunkt des Interesses junger Kambodschaner.

Kambodschaner sind im Grunde geduldig. Sie haben die Bereitschaft, ein gemeinsames Ziel zu akzeptieren, und können auch ein gewisses Maß an Härte und Entbehrung ertragen. Aber wehe, man geht zu weit, und sie explodieren. Dann geht jede Kontrolle verloren und Gewalt ist das Mittel der Wahl. Eine Eigenart, die übrigens vielen Asiaten im buddhistischen Kulturkreis zwischen Indien und Südostasien gemein ist. 13 Stufen des Lächelns spiegeln den Gemütszustand noch immer in geduldiger Weise wider. Der Schritt zu Feindseligkeit jenseits des Lächelns ist übergangslos. Das sollten Europäer wissen und im Umgang mit dem Gegenüber beachten.

Loyalität steht hoch im Kurs

Kambodschaner stehen im Grunde durchaus loyal zu getroffenen Vereinbarungen und wollen sie auch einhalten. Die chinesische Unart, Verträge abzuschließen, um die andere Seite zu erfreuen, sich aber keinesfalls an sie zu halten, ist nicht typisch für Kambodschas Kultur.

Um dennoch keine Illusionen aufkommen zu lassen: Die Grenze der Loyalität liegt dort, wo die Bereitschaft endet, auch einmal einen Nachteil hinzunehmen. Verträge und Vereinbarungen gelten nichts. Loyalität zu vereinbaren entspringt eher der Angst, der Geschäftspartner könnte wichtige Leute kennen und seine Beziehungen im Falle des Vertragsbruchs gegen einen ausspielen.

Die Verhandlungskultur ist einfach zu verstehen: Gleich zu Beginn wird die Hand aufgehalten und die Antwort auf die Frage »Wie viel?« entscheidet über den weiteren Fortgang der Verhandlung.

In Kambodscha ist Korruption allerdings allgegenwärtig. Für jede staatliche Leistung muss bezahlt werden. Ob Wirtschaft, Zoll, Militär, Ministerien oder Industrie, sie alle stellen Einnahmequellen für die jeweiligen Entscheider über Verwaltungsakte, Beförderungen oder Aufträge dar. Dieses System erklärt auch, warum das relativ kleine Land immerhin rund 2.500 Generale ernannt hat, und damit wahrscheinlich über mehr Militärführer verfügt als die USA.

Gut geschmiert ist halb gewonnen

Dass Korruption und Vetternwirtschaft dem Land nicht nützen und die Entwicklung behindern, liegt dabei auf der Hand. Auf einen Lichtblick weist allerdings Dieter Billmeier hin, jahrelang in Kambodscha erfahren und auch in die Gesellschaft des Landes gut vernetzt: Jüngere Kambodschaner, darunter sehr wohl auch gut ausgebildete Söhne der Etablierten, fokussieren mehr und mehr auf das Wohl des Landes. »Alles geht zu langsam«, erkennt Billmeier, »aber es wird doch besser.«

Das Gesundheitswesen Kambodschas ist, gelinde gesagt, eine Katastrophe. Das könnte sich allerdings zumindest für die Bewohner der Hauptstadt Phnom Penh demnächst ändern, denn das für höchste Standards bekannte Bangkok Hospital wird 2011 und 2012 zwei supermoderne Kliniken eröffnen. Bis dahin heißt es für Ausländer und betuchte Kambodschaner bei ernsthaften Erkrankungen, so schnell wie möglich nach Bangkok, Pattaya oder Saigon auszufliegen. Für den einfachen Kambodschaner ist das natürlich unbezahlbar.

Kambodscha besitzt die Grundelemente eines staatlichen Wohlfahrtsnetzes. Diese sind aber finanziell unterversorgt und daher nicht in der Lage, Älteren, Armen, Kranken und Schwachen der Gesellschaft wirkungsvoll zu helfen. Insbesondere Arme haben kaum Zugang zur Krankenversorgung. Und da es im Land kein Rentensystem gibt, sind Ältere auf die Unterstützung durch ihre Familien angewiesen. Die Arbeitslosigkeit ist groß und wächst tendenziell noch, weil der Arbeitsmarkt nicht mit dem Bevölkerungswachstum mithalten kann. So sitzen Tausende junger, schlecht qualifizierter Kambodschaner im Wortsinn auf der Straße.

Arbeitsrecht steht noch am Anfang

Die Arbeitsgesetze in Kambodscha sind streng – aber keiner beachtet sie. Auf diesen kurzen Nenner lässt sich das Thema Sozialgesetzgebung bringen. Ja, es gibt auch Gewerkschaften, aber auch um die kümmert sich niemand wirklich. Und wenn doch, dann geht es ihnen so wie Chea Vichea, einem prominenten Arbeiterführer, der beim Zeitungskauf an einem Kiosk in Phnom Penh niedergeschossen wurde. Angeblich, so erzählt man sich unter der Hand, weil sich ein hoher Regierungsfunktionär über ihn geärgert hatte. Die Täter wurden zwar gefasst, eine Verbindung zu den Auftraggebern wurde aber nie nachgewiesen.

Das heißt nicht, dass das Land keine Fortschritte auf diesem Gebiet macht. Dafür sorgt aber meist der Druck von außen. 1999 startete

Kambodscha eine »Better Factories«-Initiative, um die Arbeitsbedingungen im Land zu verbessern. Im Gegenzug erhielt man von der US-Regierung höhere Einfuhrquoten.

Der 1997 verabschiedete Labor Code sieht einen Mindestlohn von 50 US-Dollar im Monat vor, die Kinderarbeit wurde verboten (Mindestalter heute: 15 Jahre), die maximale Arbeitszeitdauer ist auf acht Stunden am Tag und 48 Stunden pro Woche begrenzt. Überstunden dürfen nur mit Zustimmung des betroffenen Mitarbeiters geleistet werden und zwei Stunden am Tag nicht überschreiten. Dem Mitarbeiter stehen 18 Tage bezahlter Jahresurlaub zu. Nach der Geburt ihres Kindes stehen Mitarbeiterinnen 90 Tage Mutterschaftsurlaub zu, während der sie die Hälfte ihres normalen Gehaltes ausgezahlt bekommen müssen. Dafür gibt es im Krankheitsfall keine Lohnfortzahlung.

Aufbauhilfen verlaufen im NGO-Sumpf

Die Arbeit der teils dubiosen NGOs hat nicht nur Nachteile. Die vielen Hilfsprogramme und Entwicklungshilfemaßnahmen spielen natürlich beim Aufbau des Landes eine wichtige Rolle. Auch hier ist aber die Handhabung durchaus unterschiedlich und oft nicht besonders effizient: 46 Prozent der von den Geberländern bereitgestellten Finanzmittel gehen zurück an die verteilenden Organisationen. Dies gilt im Prinzip gleichermaßen für deutsche und andere Entwicklungshilfe. Zyniker behaupten deshalb, auch deutsche Entwicklungshilfe bestehe im Grundsatz darin, den Empfängern das Geld zu zeigen und es dann als sattes Gehalt der eigenen Mitarbeiter und »Helfer« wieder einzustreichen!

Bei Chinesen und Japanern kommt hinzu, dass die gewährten Mittel durchaus nicht uneigennützig eingesetzt werden. Kein Zweifel wird darüber auch nur erörtert, dass zum Beispiel mit chinesischen Mitteln finanzierte Straßen oder Eisenbahnlinien auch von chinesischen Firmen gebaut werden.

Deutsche Stellen tun sich da mit der Auftragsvergabe schwerer: Die das Projekt zu 100 Prozent finanzierende KfW-Bank akzeptierte in Kambodscha schon einmal einen japanischen Gutachter, der das Angebot der deutschen Bieterfirma zerriss und kurzerhand japanische Landsleute als günstigste Bieter bewertete, obgleich diese deutlich über dem Preis des deutschen Anbieters lagen. Nur dem couragierten und durchaus nicht immer üblichen Einschreiten der örtlichen deutschen Diplomatie war es zu verdanken, dass schließlich eine faire Auswertung auch zum Zuschlag für die deutsche Firma führte. Zu den Hauptinvestitionshindernissen gehören aber weiterhin ein rudimentäres Rechtssystem und ein ineffektiver und korrupter öffentlicher Dienst. Deutsche tun sich besonders schwer mit der oft weltfremden Bürokratie und mit Staatsanwälten, die wahrscheinlich außer in ihren ausgiebigen Urlaubsreisen kaum etwas mit asiatischen Kaufleuten zu tun hatten. Besonders seit dem Bestechungsskandal bei Siemens hat jede Zahlung einer »Vermittlungsprovision« postwendend ein Ermittlungsverfahren wegen aktiver Bestechung zur Folge. Wer Kambodscha und die Mehrzahl der Länder Asiens kennt, der weiß sehr genau, dass ohne gewisse Zuwendungen für »soziale Organisationen« im Lande kein Angebot für ein staatliches Infrastrukturprojekt auch nur den Hauch einer Chance auf den Zuschlag hat. Und die Projektverantwortlichen in den Regierungsstellen kümmern die Sorgen des Staatsanwalts in Wanne-Eickel oder sonst wo in deutschen Landen herzlich wenig.

Industrielles Neuland

In Kambodscha fehlt es oft am Allereinfachsten

Kambodscha gehört mit einem Pro-Kopf-Einkommen von durchschnittlich 806 US-Dollar (2008) zur Gruppe der Least Developed Countries (LDC). Trotz beträchtlicher Reformanstrengungen und massiver Geberunterstützung bleibt die Wirtschaftsbasis des überwiegend ländlich geprägten Entwicklungslandes schwach. 2008 erwirtschafteten die rund 13,4 Millionen Kambodschaner ein Bruttoinlandsprodukt von schätzungsweise 10,8 Milliarden US-Dollar. Das Wachstum des BIP lag 2008 nur noch bei etwa sechs Prozent nach zweistelligen Zuwachsraten im Schnitt der letzten fünf Jahre. 2009 gab es infolge der internationalen Finanzkrise sogar eine leichte Rezession, die aber ein Jahr später bereits vorbei war. 2010 rechnet der IWF mit einem Plus von 4,25 Prozent.

Inflation vorerst gebremst

Alle für die Wirtschaft Kambodschas wichtigen Bereiche wie der Textilsektor, der Tourismus und die Bauwirtschaft wurden zwar durch die Finanzkrise in Mitleidenschaft gezogen, da die Nachfrage in den Hauptabnehmerländern kambodschanischer Produkte zurückging. Bedingt durch hohe Preissteigerung für Energie und Lebensmittel stieg die Inflationsrate 2008 auf durchschnittlich 20 Prozent und hat sich seither wieder auf ein Niveau von unter zehn Prozent eingependelt.

Die Land- und Forstwirtschaft ist nach wie vor der bedeutendste Wirtschaftssektor für die Entwicklung Kambodschas und die Bekämpfung der Armut. Ihr Anteil am Inlandsprodukt geht zurück und liegt bei weniger als einem Drittel, obwohl noch immer mehr als vier Fünftel der Bevölkerung auf dem Lande leben und arbeiten – allerdings zumeist in kleinen und unproduktiven bäuerlichen Betrieben ohne Marktzugang. Die Stärkung und Diversifizierung der landwirtschaftlichen Produktion bleibt als Aufgabe der Politik auf der Tagesordnung.

Wirtschaftskrise als nationales Trauma

Der Industriesektor ist kaum entwickelt. Nur jeder 13. Kambodschaner arbeitet im industriellen Sektor, der aber mehr als ein Viertel des Inlandsprodukts erzeugt. Wichtigster Industriezweig ist die Textil- und Lederwarenbranche, in der bisher knapp 330.000 Menschen, vor allem Frauen, beschäftigt waren. Der Verlust von 65.000 Arbeitsplätzen in der Textilindustrie infolge der internationalen Finanzkrise war für das Land ein traumatisches Erlebnis.

Im Dienstleistungssektor ist etwa ein Sechstel der Bevölkerung beschäftigt. Sie erwirtschaften fast die Hälfte des Inlandsprodukts. Wichtigster Zweig bleibt der Tourismus. 2008 haben allein knapp 59.000 Deutsche Kambodscha besucht. Die Gesamtzahl der Touristen lag 2008 bei 2,1 Millionen. Ein großer Teil besuchte die Tempelanlagen von Angkor. Knapp zwei Drittel der Besucher stammten aus Asien.

Bislang allerdings machen die Verantwortlichen in Kambodscha beim Aufbau der Tourismusindustrie alle nur erdenklichen Fehler:

Reizvolle Buchten werden vollständig verbaut. Idyllische Inseln, wie zum Beispiel Snake Island, werden an reiche Ausländer verkauft oder durch große Brücken mit dem Festland verbunden, was alle gerade inseltypischen Reize für den gehobenen Tourismus zerstört. Der Bebauungsstil wechselt vom Charakter grauer Trabantenstädte über unangepasste Hochhäuser bis hin zu städtetypischen Shophouse Cities, die mit ihren langen Häuserreihen jede Individualität vermissen lassen.

Mit zwölf Millionen Einwohnern und äußerst geringem Einkommen ist Kambodscha natürlich kein Importland, sonder ein Produktionsland mit Exporten vornehmlich in die benachbarte Region. Für ausländische Investoren bieten sich dennoch beste Vertriebs- und Inestitionschancen im Zusammenhang mit Verarbeitung von Lebensmitteln wie Reis und Früchten an (Food Processing). Reinigungs- und Filteranlagen, die es in Deutschland von bester Qualität gibt, stünden am Anfang einer solchen Produktionskette.

Die gute Verfügbarkeit von Arbeitskräften und die niedrigen Lohnkosten sind zudem reizvoll für jedwede Art von Leichtindustrie. Besondere Bedeutung werden in Zukunft Zulieferindustrien für die vorhandenen Industrien in der Textil- und Lederverarbeitung, zum Beispiel Reißverschlüsse oder Schuhsohlen, bieten. Auch einfachste Ersatzteile und Metallteile wie Schrauben und Scharniere, einfache Lagertechnik sind nicht nur preiswert herzustellen, sondern finden auch ihre lokalen Käufer. Europäische Textilverarbeiter, die höhere Qualitäten bevorzugen, finden günstige Löhne und aus der Textilindustrie zumindest teilweise vorgebildete Arbeitskräfte.

Zum Kopieren fehlt das Know-how

Kambodscha besitzt gegenwärtig das beste System zum Schutz geistigen Eigentums, das man sich überhaupt vorstellen kann: Es fehlen ganz einfach die Industrieanlagen, mit deren Hilfe Plagiate und Raubkopien überhaupt hergestellt werden können, sowie ausgebildete Ingenieure, die »gestohlenes« Know-how überhaupt verwenden könnten. Gesetzliche Schutzregelungen gibt es zwar, aber es fehlen sowohl Wille als auch Anlass, diese erkennbar durchzusetzen.

Obwohl entsprechende Gesetze erlassen wurden, ist bislang kein einziger hochrangiger Regierungsbeamter verurteilt worden. Vielmehr wurden etliche Amtsträger, die ihr Amt zur Sicherung der politischen Dominanz der Regierungspartei KPK missbraucht hatten, mit Beförderungen und Schutz vor rechtlicher Verfolgung belohnt.

WIRTSCHAFT & STEUERN

Investoren gesucht

Günstige Rahmenbedingungen sollen Ausländer ins Land locken

Ausländische Direktinvestitionen in Kambodscha betrugen 2008 rund 820 Millionen US-Dollar, wobei Inlands- und Auslandschinesen mehr als die Hälfte aller Investitionen tätigten. Bei den Firmenneugründungen führt Korea vor China, Vietnam, Japan und Malaysia. Deutschland rangiert irgendwo unter ferner liefen.

Die kambodschanische Regierung unternimmt durchaus Versuche, Auslandsinvestitionen ins Land zu holen, beispielsweise durch Steuerbefreiungen von bis zu acht Jahren, Verlustabschreibung bis zu fünf Jahren, Befreiung von Einfuhrzöllen und Ausfuhrsteuern sowie ungehinderte Gewinnrückführung in das Heimatland.

Die Einbindung in die südostasiatische Staatengemeinschaft ASEAN, die Mittellage in der Entwicklungsregion Greater Mekong Subregion sowie die mögliche Positionierung als Exportbasis über die künftigen Export Processing Zones (EPZ) und nicht zuletzt der WTO-Beitritt verschaffen Kambodscha allerdings Vorteile, deren Nutzen auch deutsche Investoren im Auge behalten sollten.

Kambodscha ist an einer verstärkten Zusammenarbeit mit der ASEAN Investment Area (AIA) und der ASEAN Industrial Cooperation (AICO) interessiert. Kambodscha ist dabei, seine Zollsätze auf das Niveau der ASEAN Free Trade Area (AFTA) schrittweise spätestens bis zum Jahre 2015 zu senken. Der Anpassungsdruck durch den Beitritt zur WTO hat eine eigene Dynamik gewonnen und wird weitere Wirtschaftsreformen anstoßen.

Mit dem Finanzamt kann man reden

In Kambodscha ist alles wie gesagt Verhandlungssache, und das gilt natürlich auch für die Steuerlast eines Auslandsunternehmens. Offiziell beträgt der Körperschaftssteuersatz 20 Prozent, die Einkommenssteuerschuld bemisst sich nach einem Stufentarif zwischen fünf und 20 Prozent – mit viel Luft zum Feilschen. Der Mehrwertsteuersatz beträgt zehn Prozent, die Kapitalertragssteuer zwischen vier und 15 Prozent.

Für Importe gilt ein vierstufiger Zollsatz: Primärprodukte und seltene Rohstoffe sind grundsätzlich steuerfrei, Zwischenprodukte werden mit sieben, Maschinen und Ausrüstung 15, Luxusgüter (einschließlich Pkw) mit 35 Prozent besteuert. Für Exporte aus Kambodscha fallen grundsätzlich Steuern in Höhe von zehn Prozent an. Güter, die auf Grundlage des Investitionsgesetzes produziert und exportiert werden, sind vollständig von Exportzöllen befreit. Ausländische Investoren erhalten unter bestimmten Voraussetzungen mehrjährige Steuerbefreiungen und Einfuhrvergünstigungen.

LAOS: TIGER IN LAUERSTELLUNG

Laos wird als Wirtschaftsstandort häufig unterschätzt

Von Ramon Brüsseler

Für die meisten deutschen Unternehmen ist Laos noch ein weißer Fleck auf der Landkarte. Abgesehen von zwei Mercedes-Filialen und einigen Investitionen in Nischenbereichen glänzen Mitteleuropäer in Laos eher durch Abwesenheit, obwohl das Land mit regelmäßig sechs bis acht Prozent Wachstum in diesem Jahrtausend bislang eine sehr solide Wirtschaftsentwicklung aufweist. So war in Laos nichts von der 2008 einsetzenden globalen Wirtschafts- und Finanzkrise zu spüren. Im Gegenteil: Das Bruttoinlandsprodukt expandierte im »annus horribilis« 2009 um sage und schreibe sieben Prozent! In der Region ist nur China besser »über die Krise« gekommen.

Die Gründe für die bisherige Laosabstinenz deutscher Unternehmen sind vielschichtig, aber eine Rolle dürfte wohl auch in der unruhigen Geschichte des Landes vor allem in der zweiten Hälfte des 20. Jahrhunderts zu finden sein, die 1975 in der Machtübernahme durch die Rebellen der kommunistischen Pathet Lao gipfelte. Nach wie vor ist Laos eines von nur fünf offiziell von kommunistischen Parteien regierten Ländern der Erde (die anderen sind die Volksrepublik China, Nordkorea, die Mongolei und Vietnam). Davon ist allerdings im Tagesgeschäft kaum etwas zu spüren. Politisch ist Laos als Staatsdiktatur sogar äußerst stabil. Und ähnlich wie China und Vietnam, an denen man sich politisch in vielen Bereichen orientiert, verfolgt die Regierung in Laos eine Politik der gezielten wirtschaftlichen Öffnung. Eine Gefährdung der Macht der Elite und des Systems ist derzeit nicht erkennbar.

SWOT-Analyse Laos

Strengths (Stärken)

- Politische Stabilität
- Hohes Wirtschaftswachstum
- Wirtschaftsfreundlicher Reformkurs
- Gute Energieversorgung
- Niedriges Lohnniveau
- Gute Lebensbedingungen für Ausländer

Weaknesses (Schwächen)

- Kleiner Binnenmarkt
- Niedriges Ausbildungsniveau
- Unzureichende Infrastruktur
- Hohe Transportkosten
- Rudimentäres Banken- und Finanzsystem
- Fehlendes Doppelbesteuerungsabkommen mit Deutschland

Opportunities (Chancen)

- Natürliche Ressourcen
- Privilegierter Zugang zum EU-Markt
- Viele Infrastrukturprojekte
- Tourismus wächst
- Geringe Konkurrenz

Threats (Risiken)

- Rechtsunsicherheit
- Intransparente Verwaltung
- Korruption

Aus Kommunisten werden Kapitalisten

Laos leidet bis heute an seiner bewegten Vergangenheit

Im Herzen des kontinentalen Südostasien gelegen, umgeben von starken Nachbarn, musste Laos im Laufe seiner Geschichte immer wieder um seine territoriale und politische Selbständigkeit fürchten. Das wirkt bis heute nach.

Benannt ist das Land nach dem im 13. Jahrhundert eingewanderten Thai-Volk der Lao. 1355 begründete der Thai-Prinz Fa Ngum im heutigen Laos das Königreich Lan Chang, das 1707 in drei rivalisierende Reiche zerfiel, die im 19. Jahrhundert an Siam (Thailand) kamen. 1893 forderte Frankreich von Siam die Abtretung des Gebiets östlich des Mekong und unterstellte es 1917 dem Generalgouvernement Indochina. 1941 kam es zur Besetzung durch Japan. Eine laotische Untergrundgruppe, die Lao Issara, formierte sich, die gegen die Japaner kämpfte, aber gleichzeitig die Rückkehr der Franzosen zu verhindern suchte. 1954 wurde Laos als Monarchie in die endgültige Unabhängigkeit entlassen, aber Konflikte zwischen den Royalisten, den neutralen und den kommunistischen Splitterparteien hielten an. Die USA bombardierten ab 1964 nordvietnamesische Truppen auf dem Ho-Chi-Minh-Pfad in Ostlaos, was den Konflikt zwischen der royalistischen Regierung in Vientiane und der kommunistischen Pathet Lao anheizte, die an der Seite der Nordvietnamesen kämpfte.

Als die Amerikaner 1975 aus Südvietnam abzogen, verließen die meisten Royalisten Laos, und die Pathet Lao rief die Demokratische Volksrepublik Laos aus. Die mit den vietnamesischen Kommunisten eng verbündet blieb. Nach 1975 wurden viele private Betriebe geschlossen, doch kam es seit 1989 zur Lockerung der staatlichen Regulierungsmaßnahmen und zur Belebung des Landes durch die Zuwendung zur Marktwirtschaft. Durch den Beitritt in die südostasiatische Zollunion ASEAN im Juli 1997 konnte Laos zudem die Beziehungen zu seinen Nachbarn verbessern.

Zur neuen wirtschaftlichen Orientierung, offiziell als »New Economic Mechanism« bezeichnet, entschloss man sich in den 80er-Jahren, nachdem die Kollektivierungsmaßnahmen der Pathet Lao in eine desaströse Sackgasse geführt hatten. Die Regierung ersetzte die erfolglose sozialistische Kommandowirtschaft durch eine Orientierung hin zur Marktwirtschaft, privatisierte die meisten Staatsbetriebe und begann, einen – allerdings bis heute immer noch lückenhaften – gesetzlichen Rahmen für die Wirtschaft zu schaffen. Seit 2003 können sogar Landnutzungsrechte gehandelt und vererbt werden – das Land selbst befindet sich natürlich nach alter kommunistischer Tradition weiterhin im »Volksbesitz«.

Obwohl es ein eindeutiges Bekenntnis der Regierung zur Marktwirtschaft gibt, gehen manchen die Reformen nicht schnell und nicht weit genug. Das eher vorsichtige und gemächliche Tempo dürfte jedoch auch in Zukunft beibehalten werden, denn eines will die herrschende Laotische Revolutionäre Volkspartei auf keinen Fall: durch radikale Wirtschaftsreformen den Weg für ebenso radikale politische Reformen bereiten, die dann eventuell in den Verlust oder die Beschneidung der eigenen Macht münden könnten.

Mitgliedschaft in der Greater Mekong Region trägt erste Früchte

Im Jahr 2000 wurde die Mekong River Commission (MRC) gebildet, in der Thailand, Vietnam, Kambodscha, Laos und seit 1996 auch China und Myanmar gemeinsam die Wasserressourcen des Mekong verwalten und diskutieren. Inzwischen ist die Demokratische Volksrepublik Mitglied in mehr als zwei Dutzend weiteren internationalen Organisationen.

Sofern die ASEAN ihre Rivalitäten, nationalen Alleingänge und inneren Konflikte in den Griff bekommt, dürfte Südostasien durch kulturelle Gemeinsamkeiten, gemeinsame Wertvorstellungen und kräftige wirtschaftliche Entwicklung mittelfristig eine stärkere geopolitische Rolle spielen. Dies gilt umso mehr unter Berücksichtigung der immer stärkeren Verflechtungen Südostasiens mit China. In diesem Fall käme Laos zumindest geografisch eine wichtige Bedeutung zu. Das Binnenland schickt sich an, zum »land linked country« zu werden, liegt es doch an den Verbindungsrouten zwischen Beijing und Bangkok sowie zwischen dem vietnamesischen Küstentiefland und dem siamesischen Kernland. Eine gut ausgebaute Straße verbindet heute bereits den Nordwesten des Landes mit der südchinesischen

Provinz Yunnan. Bis 2013 soll die Trasse durch eine Mekong-Brücke an das thailändische Straßennetz angeschlossen werden. Aber Laos verfügt über einige weitere nicht zu unterschätzende Standortvorteile. Neben der schon erwähnten politischen Stabilität sind vor allem die umfangreichen natürlichen Ressourcen wie Kupfer, Bauxit, Silber und Gold zu erwähnen, touristische Attraktionen, großes und nur teilweise genutztes Hydroenergiepotenzial, niedrige Löhne, privilegierter Zugang zum Europäischen Binnenmarkt sowie grundsätzlich wirtschaftsfreundliche Gesetzgebung gerade für Auslandsinvestitionen.

CHANCEN & RISIKEN

Leben wie Gott in Laos

Infrastruktur und Rechtssystem im Aufbau

Die politische Lage in Laos ist, wie gesagt, sehr stabil und dürfte dies auch auf absehbare Zeit bleiben. Der umfassende Überwachungsapparat sorgt nicht nur für das Überleben der herrschenden Elite, sondern auch für eine gute Sicherheitslage, die weit besser sein dürfte als in den meisten europäischen Großstädten. Ausländern begegnet man offen, freundlich und hilfsbereit, was jedoch nicht heißt, dass diese etwa Parteimitglied werden könnten, was aber eine wesentliche Rolle bei wichtigen Verwaltungsentscheidungen spielt, oder dass die Regierung bei ihnen systemkritische oder gar systemgefährdende Handlungen tolerieren würde.

Ethnische Spannungen bestehen in begrenztem Umfang zwischen der staatstragenden Bevölkerung der Tiefland-Laoten und der bedeutenden Minderheit der Hmong, von denen Teile im Indochinakrieg gegen die Pathet Lao kämpften. Allerdings ist es in der jüngeren Vergangenheit nicht mehr zu gewalttätigen Auseinandersetzungen gekommen.

Ein Straßennetz verbindet ganz Südostasien

Mit Ausnahme der Mekong-Ebene und einigen intramontanen Becken ist der größte Teil von Laos aufgrund seines ausgeprägten Reliefs und der dichten Vegetation verkehrsfeindlich. Früher spielte sich der Waren- und Personentransport daher überwiegend auf den Flüssen ab. Heute dominiert der Verkehr auf dem Lande, und auch international besteht nunmehr eine recht gute und immer stärkere Verkehrsanbindung. Es besteht ein ausreichendes Netz von National Highways, das die wichtigsten Zentren des Landes ganzjährig erreichbar macht.

Über die Thai-Lao-Freundschaftsbrücke zwischen dem thailändischen Nong Khai und laotischen Thanaleng in der Nähe von Vientiane führt die einzige funktionsfähige Eisenbahnlinie des Landes, die zwar den Schienenweg nach Bangkok eröffnet, aber in Laos schon nach etwa 3,5 Kilometern an einem verschlafenen Bahnhof endet. Studien für die Anlagen weiterer Schienenwege in dem bisher ansonsten eisenbahnfreien Land werden derzeit mit ausländischer Unterstützung angefertigt, und mit chinesischer Hilfe soll innerhalb der nächsten Jahre eine Trasse von der chinesischen Grenze über Vientiane bis nach Thakhek gebaut werden.

Laos verfügt über neun Flughäfen mit befestigten Rollbahnen, von dreien finden auch Flüge ins benachbarte Ausland statt, wobei Vientiane über den wichtigsten internationalen Flughafen des Landes verfügt.

Zu den Vorzügen des Landes gehört insbesondere eine sichere Energieversorgung, die fast ohne »Brownouts« funktioniert und zu niedrigen Kosten arbeitet. Laos verfügt über ein umfangreiches Wasserkraftpotenzial, das bisher nur teilweise genutzt wird. Damit möchte man sich in Zukunft als die »Energiezelle Südostasiens« positionieren. Auf der anderen Seite macht ein fehlendes landesweites Distributionsnetz immer noch Stromimporte notwendig – den fast zwei Milliarden exportierten Kilowattstunden stehen etwa 1,2 Milliarden importierte gegenüber.

Mobiltelefone sind im ganzen Land weitverbreitet, die Verbindungen halbwegs zuverlässig und die Gespräche, auch ins Ausland, in der Regel billig. Internet ist auch in allen Städten zugänglich, allerdings relativ teuer und bei der laotischen Bevölkerung nicht sonderlich populär – auf 1.000 Einwohner kommen nur etwa elf Internetnutzer.

Alles, was man braucht

Für Europäer sind die Lebensbedingungen zumindest in der Hauptstadt durchaus angenehm. Schließlich war Laos lange Zeit eine französische Kolonie, und Überreste der französischen Lebensart sind noch deutlich zu spüren. Man lebt »wie Gott in Laos«, wie ein lange hier ansässiger Expat einmal sagte. Die meisten Güter des täglichen Bedarfs und auch gewohnte Nahrungsmittel sind, wenn auch nicht unbedingt in der gewohnten Vielfalt, problemlos erhältlich. Wem die Auswahl nicht ausreicht, der versorgt sich im weniger als 20 Kilometer entfernten Nong Khai auf thailändischer Seite. Die eher Genussorientierten machen unterwegs Station in einem der zahlreichen und reichlich sortierten Duty-free-Shops.

Internationale Schulen und Kindergärten sind vorhanden und verlangen internationale Preise. Möblierte Wohnhäuser amerikanischen Standards sind ab etwa 600 US-Dollar Monatsmiete erhältlich.

Das Beschäftigen von Dienstpersonal (zum Beispiel als Haushaltshilfen, Gärtner oder Nachtwächter) ist durchaus üblich und hat den angenehmen Nebeneffekt, dass einem zahlreiche Behördengänge von den eigenen Leuten abgenommen werden, die zudem mit Sprache und Sitten bestens vertraut sind.

Weniger gut steht es landesweit mit der Gesundheitsversorgung, die selbst in der Hauptstadt internationalen Ansprüchen kaum gerecht wird. Entsprechend lassen sich kranke Parteifunktionäre vorzugsweise in Hanoi behandeln, während Expatriates und wohlhabende Laoten selbst für einen Zahnarztbesuch die gut ausgestatteten Krankenhäuser in Thailand bevorzugen.

Kontaktpflege ist alles

Traditionell bestimmen in Laos einige wenige Familienclans das Geschehen des Landes. Man findet eine Häufung der entsprechenden Familiennamen in Verwaltung, Politik, Partei und dem einflussreichen Militär wie auch in der Wirtschaft. Für große Geschäfte ist ein Kontakt zu diesen Kreisen zumindest sehr förderlich und wird von den bedeutenden lokalen Unternehmen auch entsprechend gepflegt.

Dabei ist Laos gerade gegenüber Auslandsinvestoren im Grunde positiv eingestellt. Es gibt sogar so etwas wie den Versuch, eine »One-

Stop-Anlaufstelle« für Investoren einzurichten, die alle Behördengänge und Genehmigungen an einem Ort konzentriert. Die Effizienz dieser Stelle lies in der Praxis bisher zwar oft zu wünschen übrig, aber der neue Fünfjahresplan (2011 bis 2015) sieht hier Verbesserungen vor.

Rechtssystem mit großen Lücken

Das Rechtswesen ist in seiner Gesamtheit eher unterentwickelt. Das Parlament erlässt Gesetze »im Prinzip«, die dann noch mal von der Verwaltung überarbeitet und konkretisiert werden, ohne dass es zu einer neuen Lesung kommen muss. Über die Durchführungsvorschriften diskutiert die Administration manchmal jahrelang, ohne sie bisweilen jemals zu verabschieden.

Die Gesetzeslage ist insgesamt lückenhaft, verschiedene Gesetze widersprechen sich, ein Verfassungsgericht existiert nicht, und viele gesetzliche Regelungen sind den Behörden vor allem in der Provinz nur unzureichend oder gar nicht bekannt. Generell ist die Implementierung von Gesetzen und Regelungen lückenhaft. Ein Gesetzesblatt, in dem alle neuen Gesetze veröffentlicht werden, existiert nicht, es erfolgt lediglich ein Hinweis in der Parteizeitung, in manchen Fällen ansatzweise auch in der Tageszeitung.

Seit einigen Jahren versucht man, diese Probleme mit deutscher Hilfe, aber auch mit Unterstützung des IFC zumindest für den Wirtschaftssektor in den Griff zu bekommen, indem die Wirtschaft in einen regelmäßigen und formalisierten Dialog mit der Exekutive tritt. Hierbei wird vor allem ein Augenmerk auf die Durchführung von bestehenden Gesetzen gelegt.

»Nein« hört man nicht gerne

Laoten sind Meister des Verhandlungsspiels

In Laos ist so ziemlich alles verhandelbar, und es wird auch über nahezu alles verhandelt. Der laotische Verhandlungspartner möchte, was legitim ist, profitabel für sein Unternehmen oder seine Organisation abschließen, manchmal aber auch, was von westlichen Geschäftsleuten häufig übersehen wird, persönlich nicht zu kurz kommen und einen privaten Vorteil genießen.

Die laotische Verhandlungskunst ähnelt aus europäischem Blickwinkel in mancher Hinsicht der chinesischen (entsprechende Erfahrungen sind also von Vorteil), ist aber oft nicht ganz so ausgefeilt. Dies bedeutet allerdings nicht, dass die erfahrenen laotischen Geschäftsleute ihren europäischen Pendants nicht dennoch oft verhandlungstaktisch überlegen wären.

Generell gilt es, das Gesicht zu wahren und sein laotisches Gegenüber in seinem Stolz nicht zu verletzen. Das Wort »nein« wird nur selten benutzt (entsprechend bedeutet ein »Ja« nicht unbedingt, dass man einverstanden ist), voneinander abweichende Positionen werden in der Regel nicht schon bereits zu Anfang »klargestellt«. Dies könnte zum vorzeitigen Abbruch der Gespräche führen. Wie bei jeder gut vorbereiteten und durchgeführten Verhandlung gilt es, sich in die Gegenseite hineinzuversetzen und das selbst gewünschte Ergebnis aus diesem Blickwinkel vorzubereiten.

Das wichtige persönliche Kennenlernen braucht Zeit und Engagement, das nicht im Konferenzraum endet, sondern sich auch auf Geschäftsessen und andere gemeinsame Aktivitäten erstreckt. Man will und muss sich ein unmittelbares Bild vom Gegenüber machen, was auch das Hinhören auf »Zwischentöne« bei Verhandlungen umfasst, denn ein guter Geschäftsplan alleine reicht nicht aus, um Vertrauen zu bilden. Daher dauern Verhandlungen, gerade wenn es um das erste gemeinsame Geschäft geht, oft lange. War dieses Geschäft erfolgreich und die Zusammenarbeit für beide Seiten angenehm, so lassen sich weitere Geschäfte oft erstaunlich unkompliziert anbahnen.

Man sollte sich nicht davon irritieren lassen, dass bei größeren oder neuartigen Geschäften Vertreter öffentlicher Einrichtungen, etwa eines Ministeriums oder der Kammer, mit am Tisch sitzen. Die laotische Seite ist manchmal unsicherer als der ausländische Verhandlungsführer, und auch sie versucht möglichst viel »Rückendeckung« zu haben.

Ist der Vertrag zustande gekommen, so empfiehlt sich ein weiterer enger Kontakt, um sicherzustellen, dass er auch entsprechend implementiert wird. Potenzielle Fallstricke sind hier zeitliche Verzögerungen und Qualitätsmängel, teilweise auch Lieferquantitäten.

Generell verbringt der in Laos tätige Geschäftsmann viel Zeit mit seinen Geschäftspartnern und öffentlichen Entscheidungsträgern, auch außerhalb der Arbeitszeit. Der Aufbau einer solchen geschäftlich-privaten Beziehung lohnt unbedingt, denn man will nicht plötzlich von Informationen abgeschnitten oder von der Konkurrenz ausgebootet werden. Außerdem macht man lieber Geschäfte mit Freunden als mit Fremden.

Der Betrieb als verlängerte Familie

Dank deutscher Unterstützung wurden seit 1963 eine Reihe neuer Berufsschulen errichtet, in denen Fachkräfte herangebildet werden. Dennoch: Ausgebildete Facharbeitskräfte oder akademisch gut gebildete Arbeitskräfte sind absolute Mangelware. Selbst die nationale Universität operiert weitgehend eher auf College-Niveau. Sogar in der Textilindustrie mangelt es an einfachen Näherinnen, was allerdings auch in den niedrigen Löhnen, einem der wichtigsten Wettbewerbsvorteile der Branche, begründet ist. Wer am unteren Ende der Lohnskala die Chance hat, ein paar Kip mehr zu verdienen, wirft den Job hin. Das tun viele übrigens vorübergehend auch schon dann, wenn aktuelle Familienfeiern, Reisernten oder andere persönliche Interessen in den Vordergrund treten.

Gutes Personal zu bekommen ist nicht ganz einfach, es zu behalten noch schwerer. Für viele Angehörige des mittleren Managements hat der Lohn erstaunlicherweise nur mäßige Anreizqualität. Dies gilt insbesondere dann, wenn man über eine gute Ausbildung verfügt, einige Berufserfahrung gesammelt und gute Beziehungen hat. Es kommt durchaus vor, dass jemand, der bei einem internationalen Arbeitgeber das Fünf- oder Zehnfache eines Abteilungsleiters in einer laotischen Organisation verdient, seinen Job an den Nagel hängt, auch ohne unmittelbar ein neues Arbeitsverhältnis in Aussicht zu haben. Zum einen ist diesen Leuten bewusst, dass gutes Personal Mangelware ist und daher leistungsfähige Firmen, aber auch internationale Organisationen häufig Neueinstellungen vornehmen und dabei weit mehr als die Mindestlöhne zahlen. Zum anderen ist die Arbeitsstätte aber auch so etwas wie eine verlängerte Familie. Das Arbeitsklima muss angenehm sein, denn man möchte gerne zur Arbeit kommen. Dann ist es auch oft kein Problem, wenn Überstunden oder Wochenendarbeit anstehen. Stimmt das Betriebsklima, dann gehen nicht wenige Arbeitskräfte sogar so weit, auf den ihnen zustehenden Urlaub zumindest teilweise zu verzichten, wenn man dafür mit den Kollegen am Arbeitsplatz Spaß haben kann.

Wichtig ist auch der Aufbau eines Vertrauensverhältnisses zu seinen Mitarbeitern. Sie mögen dem ausländischen Manager fachlich unterlegen sein, sind aber meist besser mit den landesspezifischen Verhältnissen und Usancen vertraut. Allerdings scheuen sie sich oft, dem Vorgesetzten ihre Meinung zu einem Thema zu sagen oder gar seine Entscheidungen – und mögen sie aus laotischer Sicht noch so hoffnungslos falsch sein – in Zweifel zu ziehen. Somit kann sich der ausländische Chef, der keine Kommunikation mit seinen Mitarbeitern fördert, ganz leicht in eine aus Landessicht völlig abwegige Richtung verrennen.

Laos hat seit 1994 ein Arbeitsgesetz, das Fragen wie Arbeitszeitschutz, Mutterschaftsurlaub, Abfindungen und Kompensationen regelt. Zunehmend bemüht man sich auch um die Einhaltung der entsprechenden Standards der Internationalen Arbeitsorganisation. Es gibt einen Gewerkschaftsverband, der von der Partei beherrscht wird, und mit dem alle Gewerkschaften beziehungsweise Betriebsräte, die in Privatunternehmen gebildet werden dürfen, zusammenarbeiten müssen.

Streiks sind im Prinzip erlaubt, aber äußerst rar, denn die Regierung verbietet sowohl subversive Aktivitäten als auch Demonstrationen, die destabilisierend wirken könnten. Der Mindestlohn beträgt etwa 45 US-Dollar im Monat zuzüglich Zulagen im Wert von rund einem US-Dollar pro Woche und bewegt sich damit am untersten Ende der Skala in Südostasien.

Kein unabhängiges Rechtssystem

Insgesamt setzt Investieren in Laos in der Regel eigene Geschäfts-
erfahrung in Südostasien oder anderen Entwicklungsländern voraus,
bietet dem »alten Hasen« aber viele interessante Möglichkeiten. Nicht
ganz umsonst wird Laos allerdings in der Liste des »Ease of Doing
Business«-Index der Weltbank am unteren Ende geführt. Informationen über Branchen, Märkte, Marktstrukturen oder Wettbewerber
sind nicht ganz einfach zu bekommen, und Verwaltungsabläufe sind
in der Regel relativ intransparent. Dies alles führt dazu, dass es
für einen Geschäftsmann, wie in Asien üblich, nicht nur auf das
Know-how ankommt, sondern, wie Landeskenner sagen, auch auf das
Know-who.

Wie in anderen (nicht nur kommunistischen) Systemen auch gibt
es keine unabhängige Rechtsprechung; mithin ist das Land kein
Rechtsstaat im engeren Sinne. Primäre Aufgabe der Jurisdiktion ist
die Sicherstellung der Ausführung der Parteipolitik und nicht die unabhängige Auslegung der kodifizierten Gesetze. Man erzieht natürlich kommunistische Kader und nicht etwa moderne Juristen.

Bei einem vor Gericht ausgetragenen Rechtsstreit – eine Situation,
die nicht unbedingt erstrebenswert ist, auch wenn man sich im Recht
glaubt – kommen oft noch andere Gesichtspunkte ins Spiel, die in
westlichen Systemen meist weniger prominent sind. So gewinnt etwa
bei einem Verkehrsunfall die soziale Frage oft Vorrang vor der Frage,
wer denn eigentlich gegen die Verkehrsordnung verstoßen hat. Entsprechend ist oft der besser situierte (oder der schlechter vernetzte)
Kontrahent schuldig. So gewinnt dann oft der Rollerfahrer gegen den
Pkw-Fahrer, der Polizist außer Dienst gegen den Bauern, der Inländer
gegen den Ausländer und der hohe Parteifunktionär gegen den Rest
der Welt, unabhängig davon, wer denn nun eigentlich etwas falsch
gemacht hat.

Mühsamer Weg durch die Verwaltungsinstanzen

Verwaltungsverfahren sind oft kompliziert und für den Außenstehenden intransparent. Hinzu kommt, dass einmal festgelegte Abläufe immer neu definiert werden. Ein oft aufwendiger Verwaltungsprozess, etwa für die Erteilung eines Jahresvisums, kann im folgenden Jahr deutlich anders, nicht selten auch noch wesentlich komplizierter und langwieriger sein. Mithin schützen auch nicht immer persönliche Erfahrungen vor unangenehmen Überraschungen.

Verwaltungen handeln oft nur langsam, da wichtige Entscheidungen fast immer an Vorgesetzte, also »nach oben«, delegiert werden. Entsprechend sind die oberen Entscheidungsträger mit den an sie delegierten Aufgaben, ihrer eigenen Arbeitsroutine, zahlreichen Verpflichtungen, nicht selten mehrmonatigen Politschulungen und so weiter oft hoffnungslos überlastet.

Will man als Antragsteller den für einen Externen schwer nachzuvollziehenden Entscheidungsprozess beschleunigen, so lohnt es sich, am Ball zu bleiben, gegebenenfalls gemeinsam mit einem gut vernetzten und vertrauenswürdigen lokalen Partner, und genau zu verfolgen, wo sich die eigenen Dokumente (deren Anzahl mit fortschreitendem Prozess nicht selten exponentiell wächst) gerade befinden und wohin sie als Nächstes müssen. Tut man dies, so ergibt sich nebenbei ein interessanter Lerneffekt hinsichtlich des byzantinischen Verwaltungsprozesses in der Volksrepublik. So kann etwa der (zulässige) zollfreie Import eines Gebrauchtfahrzeuges durchaus mehrere Monate dauern und ein halbes Dutzend Ministerien – und in den jeweiligen Ministerien wiederum mehrere Abteilungen – in Atem halten.

Dass in einem solchen Umfeld ein gutes persönliches Netzwerk, dessen Aufbau nicht wenig Zeit und Mühe kostet, enorm hilfreich ist, dürfte evident sein. Alle wichtigen Unternehmen in laotischem Besitz unterhalten entsprechend auch enge Beziehungen zur Partei beziehungsweise zu wichtigen Politikern. Natürlich besteht in diesem Umfeld auch traditionell ein Nährboden für Korruption, die gleichermaßen weit verbreitet wie illegal und strafbewehrt ist. Gemäß einer Untersuchung der Weltbankgruppe aus dem Jahr 2008 rangiert Laos hinsichtlich der Korruptionskontrolle international auf Platz 190 von 201, was im Übrigen eine Verschlechterung zum Vorjahr bedeutet.

Somit ist die Zuwendungsmentalität im Windschatten der Wirtschaft gewachsen, was auch einer gewissen Logik entspricht, denn wo mehr hereinkommt, ist auch mehr zu holen.

BRANCHEN & MÄRKTE

Gelebter Mittelstand

Textilproduktion, Bergbau und Energie bilden den Reichtum des Landes

Laos verfügt über reiche Vorkommen an Rohstoffen, deren Preise sich nach der jüngsten Weltwirtschaftskrise rasant erholt haben: Kupfer, Gold, Bauxit, Eisen, Kohle und, neuerdings verifiziert, auch Gas sind ein Teil des Reichtums des Landes. Das Potenzial von geschätzt etwa 18.000 Megawatt an Energie durch Wasserkraft wartet auf seine Nutzung und seinen Export. Kaum 1.400 Megawatt waren bis Anfang 2010 in Wert gesetzt. Im Ressourcen- und Energiesektor findet man auch die meisten ausländischen Investitionen.

Die Industrie trägt derzeit etwa ein Drittel zum BIP des Landes bei und ist zwischen 2004 und 2009 um durchschnittlich 12,5 Prozent pro Jahr gewachsen, 2009 sogar um 17 Prozent. Insgesamt ist ihr Umfang allerdings noch bescheiden. Über 99 Prozent der Betriebe gehören mit weniger als 100 Beschäftigten zum Mittelstand. Die wenigen Großunternehmen, unter ihnen einige Bergbaubetriebe, aber auch eine gut gehende Brauerei, beschäftigen allerdings etwa 40 Prozent der gewerblichen Arbeitskräfte.

In der Textilindustrie, der mit über 20.000 Beschäftigten wichtigsten Branche der Industrie des Landes, produzieren sowohl laotische als auch ausländische Unternehmen. Die mit deutscher Unterstützung einst errichtete Textilfabrik TRIO wird heute von einem Thai geführt. Frau Engel, fränkische Betriebsleiterin, gelernte Näherin und einst die Seele des Unternehmens, lobt zwar die anhaltend hohe Qualität der Arbeitskleidung für Deutschland, bedauert aber, dass zunehmend Know-how verloren geht, weil das Interesse an der Entwicklung höchster Qualitäten in der Führung nicht da ist. Im Übrigen werden die meisten Textilien nach Thailand exportiert.

Wenngleich Laos über viele Rohstoffe verfügt, so gehen die meisten un- oder gering veredelt in den Export. Für ausländische Investoren könnte eine Weiterverarbeitung im Hinblick auf die geringen Energiekosten interessant sein, sofern die Produkte die hohen Transportkosten tragen. Ein Engagement in der Exportproduktion ist vor allem dann von Interessen, wenn die Zollvorteile innerhalb der ASEAN, mit China, aber auch im Hinblick auf die EU genutzt werden können.

Der Konsumentenmarkt ist noch im Aufbau

Laos ist als Konsumentenmarkt für Massenartikel nur von bedingter Attraktivität für europäische Investoren. Die Masse der Bevölkerung hat nur geringe Kaufkraft und lebt auf dem Lande, was aufwendige Distribution erfordert. Außerdem ist die thailändische, vietnamesische und chinesische Konkurrenz bereits etabliert. Anders ist die Lage für Luxusgüter einschließlich repräsentativer Fahrzeuge. Vor allem in Vientiane gibt es eine kaufkräftige Oberschicht, die durchaus willens und in der Lage ist, teure Mode, luxuriöse Häuser oder den gelegentlichen Ferrari oder Aston Martin zu erwerben.

Im Dienstleistungsbereich dominiert der Tourismus, der kontinuierliche Wachstumsraten aufweist. Die Masse der Touristen kommt aus Thailand, die ausgabefreudigsten Besucher kommen aus Europa und den USA. Ausländisches Engagement gibt es im Beherbergungs- und Restaurationswesen, aber auch bei Veranstaltern. Besonders im letztgenannten Feld dürfte noch erhebliches Potenzial liegen, da weite Landesteile trotz ihrer Attraktivität für den Fremdenverkehr noch praktisch unerschlossen sind.

Ein potenzielles Problem für ausländisches Engagement ist der Mangel an qualifiziertem Personal. Auf der anderen Seite ergeben sich dadurch Chancen für Bildungsanbieter.

Gute Chancen in der Landwirtschaft

Sowohl ausländisches als auch inländisches Engagement gibt es auch in der kommerziellen Landwirtschaft, zum Beispiel in der recht gut entwickelten Kaffeeproduktion, deren Erträge für 2010 auf 25.000 Tonnen geschätzt werden, was einem Gegenwert von etwa 30 Millionen US-Dollar entspricht. Vor allem Chinesen, aber auch Thais und Vietnamesen investieren in großem Umfang in Kautschukplantagen, die sich nunmehr auf fast 300.000 Hektar erstrecken, sodass nicht immer klar ist, wo die zum Zapfen benötigten Arbeitskräfte alle herkommen sollen, wenn die Bestände ertragsreif werden. Tee wird insbesondere im Norden angebaut und geht, teilweise als exotische Rarität, vor allem in den Export nach China. Mais wird ebenfalls produziert, teils mit ausländischem Engagement. Seide aus dörflicher Produktion wird vorwiegend im kleinen handwerklichen Maßstab verarbeitet.

Teakholz und andere Tropenhölzer bilden eine weitere wichtige Ressource. Die Holzfällerbranche wird von der Armee »inoffiziell« kontrolliert. Entsprechend schonungsfrei wird bisweilen mit dieser Ressource umgegangen. Offiziell ist der Export von Festholz verboten, doch sieht man immer wieder Lastwagen in militärischer Tarnfarbe, die ganze Teakstämme über die Grenze ins benachbarte Thailand bringen, wo sie illegal verarbeitet werden.

Anders als in den angrenzenden Ländern wie zum Beispiel Kambodscha gibt es in Laos übrigens keine nennenswerte Lederindustrie. Der Grund ist ganz einfach, aber bemerkenswert: Es gibt kein Leder, weil es die Laoten gerne essen! In der im Übrigen hervorragenden laotischen Küche wird auch die Haut der Tiere verwertet. Da bleibt für die Lederproduktion leider nichts übrig. Scherzhaft bezeichnet man die gegrillte Büffelhaut auch als »laotischen Kaugummi«. Allerdings ist diese Spezialität weitaus zäher als das allgemein bekannte Pendant. Für diejenigen, die es etwas weniger beißfest mögen, ist gelegentlich auch frittierte Froschhaut erhältlich ...

Bestimmte Branchen sind für Ausländer tabu

Über die zaghaften Anfänge bei der hindernisreichen Entwicklung von Sonderwirtschaftszonen haben wir bereits berichtet. Im Übrigen beschränken sich Fördermaßnahmen des Staates für ausländische Investoren oft auf moralische Unterstützung. Unmittelbare monetäre Anreize gibt es allenfalls in engen Grenzen, die Beibehaltung der pauschalen steuerlichen Vorzugsbehandlung (siehe oben) ist eher unwahrscheinlich.

Die meisten Branchen sind für Ausländer zugänglich, allerdings gibt es einige Bereiche, wo man Sondergenehmigungen braucht oder die »off limits« sind. Zu den beiden letzteren gehören Bereiche, welche die nationale Sicherheit betreffen, die umwelt- oder gesundheitsschädlich sind oder den nationalen Traditionen entgegenstehen.

Schutz geistigen Eigentums steht noch am Anfang

Laos hat kürzlich ein Gesetz zum Schutz gewerblichen geistigen Eigentums geschaffen, was über lange Jahre undenkbar war und allenfalls Kopfschütteln verursacht hätte. Der geplante Beitritt zur WTO und damit zu TRIPS lässt aber keinen zu entspannten Umgang mit diesem Thema zu. Es ist vermutlich noch zu früh, um zu beurteilen, inwieweit man dieses Gesetz auch tatsächlich durchsetzen will. Sofern es nicht zu größerem internationalen Druck kommt, und dafür ist Laos wahrscheinlich zu klein und unauffällig, werden die Behörden das Thema wohl eher gelassen sehen, denn laotische Patentinhaber, die Klage führen würden, gibt es nicht.

Somit sollten Auslandsinvestoren zwar entsprechende Vorkehrungen treffen, aber es dürfte auch kein Grund für übertriebene Sorge geben. Kaum vorhandene technische Analysekapazitäten, aber auch oftmals nicht ausreichende fachliche Kapazitäten und begrenzte Produktionsmöglichkeiten schieben in vielen Fällen der Produktion nicht autorisierter Güter wirkungsvoll einen quasi natürlichen Riegel vor.

Vertriebschancen vor allem im Lebensmittelbereich

Laos verfügt über keinen nennenswerten Maschinen- oder Anlagenbau. Entsprechend müssen die Geräte und Maschinen für den Bergbau, die Stromerzeugung, aber auch für andere Industriebetriebe importiert werden. So wird das beliebte Beer Lao aus der größten Brauerei des Landes mittels Anlagen eines Mittelständlers aus dem rheinland-pfälzischen Andernach abgefüllt. Ein größeres Zementwerk optimiert seinen Energieeinsatz mithilfe eines bremischen Unternehmens. Diese Beispiele mögen verdeutlichen, dass es im Zulieferbereich durchaus Potenzial für Lieferanten auch technologisch anspruchsvoller und innovativer Maschinen gibt.

Relativ gut verkaufen lassen sich billige Güter des einfachen Luxus – von Shampoopäckchen für die einmalige Haarpflege bis zu Küchenutensilien einschließlich der kleinen Grillherde für das beliebte Barbecue. Hier dürfte der Markt aber schon weitgehend aufgeteilt sein. Chinesen und Thais beliefern die Märkte in den Städten und größeren Ortschaften, und vietnamesische Kleinstgewerbetreibende sind auf ihren pittoresk mannshoch bepackten Rollern zu abgelegenen Dörfern unterwegs auf Straßen, die aus europäischer Perspektive allenfalls erprobte Enduro-Fahrer reizen.

Auf der anderen Seite findet man in den großen Städten relativ wohl mehr große Wagen und SUVs als in den meisten europäischen Metropolen. Hier wohnt, wie bereits beschrieben, die kaufkräftige Oberschicht relativ konzentriert.

Es gibt eine Reihe von Import-Export-Gesellschaften in Vientiane und an weiteren Orten in der Nähe der thailändischen Grenze, aber die wenigsten dürften in der Lage sein, größere Distributionsmaßnahmen durchzuführen, sodass sich, wie im Übrigen auch bei Investitionsvorhaben oder bei der Suche nach Geschäftspartnern, die Kontaktaufnahme mit der Nationalen Laotischen Industrie- und Handelskammer lohnt.

Öffnung erfordert Umdenken

Variable Abgaben und Gleichbehandlung für Investoren

Laos bietet Investoren die Möglichkeit, Joint Ventures, aber auch Unternehmungen mit 100-prozentig ausländischer Beteiligung zu gründen. Auch die Repatriierung von Erträgen stellt rechtlich und praktisch kein Problem dar. Gleiches gilt für den Währungsumtausch. Der thailändische Baht ist überall willkommenes Zahlungsmittel. An diesen ist die lokale Währung hinsichtlich des Wechselkurses angebunden.

Die Zahl der Banken ist in den letzten Jahren stark gestiegen, sodass sich neben den drei etablierten staatlichen Banken auch mehr als zwei Dutzend private und etwa ein Dutzend Niederlassungen ausländischer Geldinstitute finden. Die ursprünglich für Oktober 2010 geplante Eröffnung einer Börse wurde verschoben und dürfte erst 2011 stattfinden.

Anfang 2010 betrug der offizielle Steuersatz für die Körperschaftssteuer 35 Prozent für inländische und nur 20 Prozent für ausländische Betriebe, soll aber in Kürze vereinheitlicht werden. Die VAT (Mehrwertsteuer) beträgt zumindest theoretisch zehn Prozent vom Warenwert, ist aber bisher nicht wirklich implementiert worden. Das Steuerverfahren kennt wahlweise die Steuererklärung auf Basis von Buchhaltungszahlen oder auf Basis von Verhandlungen, also der (gemeinsamen) Schätzung mit dem Finanzbeamten. Dabei fällt die geschätzte Steuerschuld in der Regel umso niedriger aus, je besser man verhandelt beziehungsweise je positiver der Steuereintreiber das Ergebnis eventuell auch aus seiner privaten Sicht beurteilt. In jedem Fall variiert die tatsächliche Steuerlast so zwischen den Unternehmen beträchtlich.

Investitionsklima im Umbruch

Ein neues Investitionsgesetz wurde kürzlich verabschiedet und soll bald in Kraft treten. Hier geht es im Wesentlichen um die weitgehende Gleichbehandlung von in- und ausländischen Investoren. Auch soll es Fragen des Grunderwerbs durch Ausländer, der bisher nicht möglich ist, neu regeln. Da Laos den Beitritt zur WTO anstrebt, wird derzeit die Wirtschaftsgesetzgebung auf internationale Standards gebracht. Ob dann auch die Implementierung westlichen Vorstellungen entsprechen wird, bleibt abzuwarten.

Es gibt eine Special Economic Zone in Savanakhet, die nicht nur auf dem Papier besteht. Hier werden den Investoren vom malaysisch-laotischen Betreiber erschlossene Grundstücke zur Verfügung gestellt. Weitere Sonderwirtschaftszonen befinden sich in Erwägung, teilweise sogar in Planung.

MALAYSIA: ASIEN FÜR ANFÄNGER

Malaysia ist für den Mittelstand wie gemacht

Von Thomas Brandt

»Klein und fein«, so lässt sich Malaysia am besten beschreiben, vielleicht noch »verlässlich und geordnet« mit Blick auf die Rahmenbedingungen, sowie »mit bester Infrastruktur«, die übrigens mit der so wichtigen englischen Sprache beginnt und sich über den Personen- und Gütertransport fortsetzt. Eben ein Asien für Anfänger – und wie geschaffen für den Mittelstand.

Wer in Malaysia allerdings Erfolg haben will, sollte ein paar einfache Voraussetzungen erfüllen. Er sollte zum Beispiel bereit sein, in einer positiven, harmonischen Atmosphäre mit Menschen zusammenzuarbeiten, die eine andere Kultur, eine andere Religion und eine andere Hautfarbe haben. Er sollte in der Lage sein, sensibel mit den wichtigsten religiösen und ethnischen Befindlichkeiten umzugehen und sich in hierarchischeren Strukturen zurechtzufinden. Er sollte sich auf ein gutes Monitoring und Follow-up von Geschäftskontakten und Geschäftsgelegenheiten verstehen und immer genügend Visitenkarten dabei haben, die er mit Respekt überreicht. Er sollte die Ehrentitel seiner einheimischen Kontakte richtig aussprechen können und in der Lage sein, auf die so wichtigen persönlichen Beziehungen zum Geschäftspartner einzugehen. Wenn es doch mal hakt, sollte er bereit sein, Rechtsstreitigkeiten durch das Einschalten neutraler Dritter zu vermeiden. Ach ja, und er sollte grundsätzlich nichts gegen »Essen als Volkssport« haben.

SWOT-Analyse Malaysia

Strengths (Stärken)

Strengths (Stärken)

- Stabiles politisches System
- Englische Sprache sehr weit verbreitet
- Angelsächsisch geprägtes Rechtssystem
- Geringe Korruption
- Geistiges Eigentum relativ gut geschützt
- Gut entwickeltes Sozialsystem
- Ausgebaute Infrastruktur
- Strategisch gute Lage zwischen China und Indien
- Lebensqualität für Europäer

Weaknesses (Schwächen)

- Medien weitgehend von der Regierung gesteuert
- Land ist zu sehr vom Erdölgeschäft abhängig
- Fachkräftemangel
- Hohe Wechselbereitschaft der Mitarbeiter

Opportunities (Chancen)

- Ostmalaysia will gegen den Westteil des Landes aufholen
- Staatsplanung durch »Key Performance Indicators«
- Ausbau der IT- und Kommunikationsinfrastruktur geplant
- Reinraumtechnologie, Maschinenbau und Medizintourismus, »grüne« Technologien

Threats (Risiken)

- Wachsender Einfluss radikalislamischer Kräfte
- Religiös motivierter Terrorismus könnte sich ausbreiten
- Spannungen zwischen West- und Ostteil des Landes

Daheim in Asien

Warum Malaysia gerade für deutsche Unternehmen so reizvoll ist

Zum Ruf Malaysias als Wirtschaftsstandort von Weltrang trägt die ethnisch-geografische Situation entscheidend bei. Die Landesbevölkerung besteht zu 25 Prozent aus Bürgern chinesischer Abstammung, acht Prozent aus Indern. Der große Rest sind zu etwa 60 Prozent Moslems. Dazu kommen noch einige kleinere Minderheiten, darunter auch die Ureinwohner sowie die verschiedenen Stämme Ostmalaysias.

Geostrategisch liegt das Land im Herzen der ASEAN-Freihandelszone mit ihren rund 600 Millionen Einwohnern und genau zwischen den beiden größten Consumermärkten der Erde, nämlich China (1,3 Milliarden Einwohner) und Indien (1,1 Milliarden). Zählt man also alles zusammen, leben mehr als drei Milliarden überwiegend junge und konsumorientierte Nachfrager im unmittelbaren Einzugsgebiet Malaysias. Der südliche Nachbar Indonesien mit seinen über 240 Millionen Einwohnern zählt zu den »emerging giants«, die inzwischen in einem Atemzug mit den bekannteren BRIC-Staaten (Brasilien, Russland, Indien und China) genannt werden und als die weltweiten »Gewinner von morgen« gehandelt werden.

Englisch als Standortvorteil

Die in Malaysia allgemein weitverbreitete englische Sprache ist vielleicht sogar die wichtigste »Infrastrukturkomponente« für ausländische Investoren und Geschäftspartner.

Die englische Sprache beeinflusst den Lebens- und Geschäftsalltag in Malaysia und macht das Arbeiten für Ausländer äußerst angenehm. Wie in kaum einem anderen Land der Region ist es möglich, Informationen aus dem gesellschaftlichen und wirtschaftlichen Umfeld sozusagen »im Original« zu lesen oder erzählt zu bekommen. Websites malaysischer Firmen sind meistens in Englisch verfasst, sodass man problemlos Internetrecherchen und somit eigene Marktforschung betreiben kann.

Am wichtigsten ist Englisch im Geschäftsalltag. Die oft international erfahrenen einheimischen Geschäftsleute beherrschen sie in der Regel perfekt. Während in anderen Ländern Asiens Englisch meisten auf die Ebene der Geschäftsführer und Produktionsleiter beschränkt ist, sprechen es in Malaysia auch der Arbeiter am Band, die Verkäuferin hinterm Tresen und der Portier am Fabriktor fließend. Entsprechend »versickern« keine Informationen auf dem Weg nach unten, wie es andernorts in Asien leider allzu häufig der Fall ist.

Niedrige Operationskosten

Neben solchen Rahmenbedingungen spielten früher vor allem auch die niedrigen Operationskosten für den Aufbau einer Produktionsstätte in Malaysia für ausländische Unternehmen eine große Rolle. Das ist zum Teil auch heute noch so: Die Kauf- oder Mietpreise für Grundstücke oder Fabriken sind nach wie vor sehr niedrig, die Kosten für Elektrizität, Strom, Wasser, Telefon und Transportkosten sowie die Lohn- und Gehaltsstrukturen ebenfalls. Billiges Benzin aus Malaysia wird sogar regelmäßig in die Nachbarländer geschmuggelt und dort, abgefüllt in Plastikflaschen, auf den Märkten feilgeboten.

Ein Land im politischen Umbruch

Niedrige Operationskosten findet man aber auch in anderen Ländern der Region. Was Malaysia aber besonders auszeichnet, ist seine politische Stabilität. Davon sollten auch teilweise kritische Analystenmeinungen oder Berichte in der Presse nicht ablenken, etwa wenn die Oppositionsparteien in einzelnen Bundesstaaten wie Penang, Kedah, Kelantan, Perak und Selangor bei den Regionalwahlen im März 2008 erstmals seit 50 Jahren einen Machtwechsel herbeigeführt haben. Die heute 14 Parteien umfassende Regierungskoalition Barisan Nasional (BN, Nationale Front) verlor die Zweidrittelmehrheit und die drei wichtigsten ethnischen Bündnisparteien in der Regierung, die Gerakan, MCA und MIC wurden durch die Wahl am stärksten betroffen. Dass die Opposition heute fünf der 13 Bundesstaaten regiert, war ein für die meisten unerwarteter Wahlausgang.

Einige Politiker, die ihre bequemen, über Jahrzehnte gebildeten Machtpositionen bedroht sehen, agieren heute deshalb machtpolitischer als früher.

Dennoch ist Malaysia nach wie vor das vielleicht stabilste Land Südostasiens nach Singapur. Allerdings wird jetzt offener über Politiker und über Korruption gesprochen als früher, und zwar ohne Rücksicht auf ethnische Unterschiede. Das Erstarken der Opposition ist umso bemerkenswerter, als die Medienlandschaft bis heute noch weitgehend von den Regierungsparteien kontrolliert wird. Dafür haben aber deutlich mehr als 40 Prozent der Malaysier inzwischen Internetanschluss. Dementsprechend hat dies auch den Wahlausgang spürbar beeinflusst. Lediglich in Ostmalaysia, wo der Entwicklungsstand und entsprechend auch die IT-Durchdringung deutlich geringer sind, gewann die Regierungskoalition weiterhin haushoch. Das wirkt für Eingeweihte fast schon schizophren, denn die Vorregierungen haben gerade den Ostteil des Landes über Jahrzehnte hinweg stark vernachlässigt.

Im Osten viel Neues

In der Folge fließen heute viele Projektmittel der Regierung gezielt nach Ostmalaysia, was für internationale Partner entsprechende Chancen bietet, besonders im Infrastruktursektor. Das Gleiche gilt mit umgekehrtem Vorzeichen für Westmalaysia, wo die Opposition heute in den fünf wirtschaftlich wichtigsten Bundesstaaten das Sagen hat. Dort fließen die Regierungsmittel nicht mehr ganz so reichlich.

Immer im Mittelpunkt

*Die zentrale Lage macht Malaysia zum »Hidden Champion«
der Region*

Malaysia ist für die mittelständische Wirtschaft ein idealer Markt, um in sicherem, kalkulierbarem und verlässlichem Umfeld Erfahrungen zu sammeln. Politische und rechtliche Sicherheit verbunden mit der so häufig unterschätzten allerersten Infrastrukturkomponente, der englischen Sprache, machen Malaysia zum Hidden Champion der Region. Malaysia bietet im regionalen Vergleich eine der besten Kostenstrukturen. Dies gilt sowohl für die Operationskosten einer Niederlassung als auch für die Lebenshaltungskosten für Ausländer, die hier ihren beruflichen Lebensmittelpunkt haben. Da das Land zugleich ein denkbar angenehmes Lebensumfeld bietet, ist es auch für die Lebenspartner und die Familie attraktiv.

Wo will das Land hin?

Die Frage »Wo will Malaysia hin?«, zusammen mit der vielleicht noch spannenderen Frage »Wo geht es hin?«, wird in Expat-Kreisen gerne und heftig diskutiert. Natürlich hat jeder darauf eine andere Antwort. Der »Vision 2020« des langjährigen Premierministers Mahathir folgend, ist die Regierung jedenfalls mit Hochdruck daran, Malaysia in ein entwickeltes Industrieland zu verwandeln. Mahathirs Nachfolger Abdullah Badawi (2003 bis 2009) sowie der seit April 2009 amtierende Staatschef Najib Razak haben diese Strategie fortgesetzt. Ob und inwieweit dieses ehrgeizige Ziele tatsächlich erreicht werden kann, ist eine andere Frage. Experten sind sich ziemlich einig, dass es selbst bei höchstem Einsatz sehr schwer werden wird. Schuld daran ist die starke Abhängigkeit vom Öl. Zwar wurden die ersten Vorkommen bereits 1939 erschlossen, doch erst mit der Entdeckung des North Gas Field, des größten Erdgasfeldes der Welt Anfang der 70er-Jahre, ging der Boom so richtig los. Heute ist das Land zu rund

44 Prozent von den Einnahmen aus den Öl- und Gasressourcen abhängig, die jedoch vermutlich in den nächsten 20 bis 30 Jahren erschöpft sein werden. Da sowohl die Bevölkerung als auch die Investoren mit die niedrigsten Energie-, Transport- und Lebenshaltungskosten der Region genießen, steht der kommenden Generation vermutlich ein Schock ins Haus, wenn der Ölhahn eines Tages abgedreht wird. Viel wird davon abhängen, wie Regierung und Politik diese anstehende Herausforderung meistern werden.

Mit Multikulti zu Wachstum und Wohlstand

1971 startete der damalige Premier Tun Abdul Razak die »New Economic Policy«, kurz NEP genannt, die im Wesentlichen darauf abzielte, der damaligen Mehrheit der ethnischen Malaien (die heute rund 58 Prozent der Bevölkerung bilden) auch einen entsprechenden Anteil am Wirtschaftsprodukt im Land zu sichern. Damit sollte die wirtschaftliche Vormacht der rund 25 Prozent Auslandschinesen in Malaysia, die wie in vielen Ländern Südostasiens auch hier das Geschäftsleben dominieren, eingeschränkt werden.

Entsprechend der gesellschaftlichen Brisanz wurde die NEP in den letzten Jahren schrittweise liberalisiert. Nicht zuletzt aufgrund der Erstarkung Chinas als Leitnation in der Region sah sich die Regierung in Kuala Lumpur gezwungen, die restriktive Behandlung der ethnischen Chinesen im Land zu lockern. Die bunt gemischte ethnische Zusammensetzung der Landesbevölkerung wird nun eher als wichtiger »Zukunftswert« gesehen.

Vertrauen ist gut, Kontrolle ist besser

Einzigartig in der Region sind auch die politischen Kontrollmechanismen, die sogenannten Key Performance Indicators oder KPIs, nach denen in Malaysia selbst Staatsminister bewertet werden. Das System wurde vom Premierminister eingeführt und wird von ihm persönlich überwacht. Es soll das Einhalten der durch die mittel- und langfristige Staatsplanung gesteckten Ziele durch konsequentes Monitoring sowie strikte Ergebnisverantwortung sicherstellen.

Das Land muss künftig besondere Anstrengungen unternehmen, um mit den großen asiatischen Konkurrenten im Wettbewerb um die abzuschöpfende Kaufkraft in der Region mithalten zu können. Dazu gehört der Ausbau der Breitbandkapazitäten und der IT-Infrastruktur sowie der industriellen Energieversorgung, insbesondere der Gasversorgung. Wenigstens aber sind sich nicht nur die Taxifahrer in Malaysia einig mit ihrem Urteil, das sie immer wieder gerne ihrem Fahrgast auf dem Weg in die Hauptstadt mitteilen:»We are happy to be here.« Dem ist wohl nichts hinzuzufügen.

Malaysia: Verdammt lebenswert!

Neben all den»Hardcore-Kriterien« sind es vor allem die»Softfaktoren«, darunter an vorderster Front die Lebensqualität, die am Ende oft die Standortentscheidung beeinflussen. Der Expat schätzt das angenehme Lebensumfeld, das Klima und eine akzeptable Luftqualität, Exotik und kulinarische Vorzüge, die medizinische Versorgung und die Lebensqualität auch für den mitreisenden Lebenspartner und die Familie.

Vorteil »Weißnase«

Gute Geschäftsbedingungen erleichtern den Einstieg

Die Wirtschaft Malaysias prosperiert seit nunmehr über 30 Jahren. Deshalb wird es heute immer schwieriger, qualifizierte Ingenieure und Techniker in ausreichender Menge zu finden.

Nachholbedarf in der Qualifikation

Es gibt zwar reichlich Studienabgänger in den technischen Berufen, Unternehmen müssen sich aber darauf einstellen, selbst in die Qualifikation durch »Training on the Job« zu investieren. Die Regierung will zwar demnächst das Modell der dualen Ausbildung nach deutschem Vorbild einführen, allerdings gibt auch vonseiten des Staates in Sachen Ausbildung noch viel zu tun. Im Bereich der weniger qualifizierten Arbeitskräfte wird verstärkt auf ausländische Arbeiter gesetzt, die durch Arbeitsagenturen vermittelt werden. Engpässe sind zum Teil auch regional bedingt: In Penang herrscht zum Beispiel derzeit starker Wettbewerb um Mitarbeiter wegen der vielen ausländischen Produktionsstätten, die neu entstehen. Entsprechend hat die Wechselbereitschaft der Arbeitskräfte in Regionen mit hoher Nachfrage zugenommen.

Das Arbeitsrecht orientiert sich an englischen Vorbildern

Obwohl viele Firmen über die steigenden Gehaltskosten klagen (die Lohnkosten liegen nach wie vor vergleichsweise niedrig), sind sich alle einig: Malaysias Gehaltsstrukturen sind immer noch vergleichsweise günstig zum Beispiel im Vergleich zu China. Zu den arbeitsrechtlichen Vorschriften ist es anzuraten, sich rechtlich gut zu erkundigen, um die tendenziell sehr arbeitnehmerfreundliche Gesetzeslage mit englischem Rechtshintergrund einordnen zu können.

Für den deutschen Mittelständler, der Malaysia als Vertriebs- oder Investitionsstandort erwägt, hat die Religionszugehörigkeit seiner Mitarbeiter gewisse Auswirkungen. So sind Gebetsgewohnheiten, Feiertage und Besonderheiten der islamischen, der buddhistischen und der hinduistischen Religion im täglichen Umgang mit der Arbeitnehmerschaft zu beachten. Die Auslandshandelskammer Malaysia bietet hierzu Informationen sowie »interkulturelle Tagesseminare«.

Aktive und agile Partner in den Behörden

Mit der Malaysian Investment Development Authority (MIDA), der malaysischen Investitionsbehörde, und der Malaysian External Trade Development Corporation (MATRADE), verfügt das Land über sehr agile und aktive Partner zur Betreuung ausländischer Geschäftspartner. An Malaysia interessierte Investoren verfügen also über hervorragende Anlaufstellen, die die Erstfragen gut abdecken.

Malaysia landete so 2010 im Länderrating der Weltbank beim Kriterium »Ease of Doing Business« auf Rang 23, Deutschland lag auf Rang 25. Das spricht Bände! Tatsächlich kann es oft leichter sein, in Malaysia Geschäfte zu machen, als daheim in Bayern, Brandenburg oder Bremen.

Allerdings ist der Servicesektor in Malaysia vergleichsweise unterentwickelt. Das Land hat das Problem aber erkannt und unternimmt große Anstrengungen, durch Deregulierung Bewegung in den Markt für Dienstleistungen zu bringen. Erst kürzlich wurden 27 weitere Sektoren, die bislang für Ausländer tabu waren, geöffnet.

Korruptionsbekämpfung hat Vorrang

Die erste Frage, die Teilnehmer von Auslandsdelegationen stellen, ist in der Regel:»Wie sieht es aus mit der Korruption?« Tatsächlich ist Malaysia in den letzten Jahren in der weltweiten Rangliste, die seit 1995 von Transparency International herausgegeben wird, ein paar Plätze abgerutscht und lag 2009 auf Rang 56 (von 180), also im oberen Mittelfeld. Zum Vergleich: Deutschland belegt Platz 14! Im regionalen Vergleich ist Malaysia allerdings nach Singapur und Hongkong das »sauberste« Land Asiens. Außerdem werden vonseiten der Regierung große Anstrengungen gemacht, um die Bestechlichkeit weiter einzudämmen: Man nimmt das Thema ernst. Zur Korruptionsbekämpfung wurde eine eigene Behörde eingerichtet, die Malaysian Anti-Corruption Commission (MACC), die dem Dezernat des Premierministers zugeordnet ist und von fünf unabhängigen Gremien beaufsichtigt wird. Allerdings bleibt bei der (gerichtlichen) Verfolgung noch eine Menge Raum für Verbesserungen. Der einzige gute Tipp zur Korruption, den man Ausländern geben kann, lautet:»Hände weg!« Und es gibt auch viele gute Beispiele von Investoren und sogenannten»Old Hands«, die steif und fest behaupten,»niemals einen einzigen Cent« bezahlt zu haben.

BRANCHEN & MÄRKTE

Q-Cells und Kondome

Die Wirtschaft Malaysias boomt auf vielen Gebieten

»Man hat hier eine äußerst positive Einstellung gegenüber neu eingeführten Produkten und im Schnitt ist man viel geduldiger als bei uns im Mutterhaus. Dies zusammen mit einer besonderen Fingerfertigkeit hat dazu geführt, dass wir mehr und mehr Produkte aus unseren weltweiten Produktionsstätten und dem Mutterhaus nach Malaysia verlagert haben.« Dieses Zitat eines deutschen Mittelständlers, der Weltmarktführer in seinem Segment ist und seit einigen Jahren äußerst erfolgreich in Malaysia produziert, spricht für sich.

Wer »Billigproduktion« sagt, fliegt raus!

Die ehemalige Ministerin für Industrie und Handel, Rafidah Aziz, war berühmt dafür, dass sie potenziellen Investoren auch mal die Tür wies, wenn sie in ihrem Beisein Worte wie »Billigproduktion« oder »Billiglohnland« verwendeten. Man möchte ein »High Income«-Land werden, die Billigproduktionen soll zurückgefahren werden. Aus Sicht eines Auslandsinvestors dürfte der Elektro- und Elektroniksektor Malaysias dabei an erster Stelle zu nennen sein. Erdöl und Erdgas sind danach immer noch die wichtigsten Exportsektoren des Landes. Malaysia verfügt mit Petronas über das fünftgrößte Öl- und Gasunternehmen der Welt, das zudem das größte malaysische Unternehmen und eines der größten der islamischen Welt ist.

Wachstumsbranchen sind zum Beispiel die Reinraumtechnologie, die für die expandierende Chip- und Siliziumwafer-Herstellung sowie für andere Hightech-Produktionen benötigt wird. Aufsteigende Tendenz zeigt auch der Formenbau, zum Beispiel Gussformen für den Werkzeugmarkt. Die Produktqualität liegt hier auf hohem Niveau, die Produkte sind zu günstigen Preisen zu haben.

Kautschuk und Palmöl tragen heute erheblich zu den Einnahmen des Landes bei. Zusammen mit Thailand und Indonesien ist man weltführend bei Naturkautschuk. Gemeinsam mit Indonesien liefert Malaysia 85 Prozent der weltweiten Produktion von Palmöl, das in der Herstellung von Backwaren, Margarine und Süßwaren eine Schlüsselrolle spielt. Entsprechend der Verfügbarkeit dieser Rohstoffe siedeln sich »downstream« viele Wirtschaftssektoren im Land an, die diese Rohstoffe veredeln oder verarbeiten. So werden über 50 Prozent der weltweiten medizinischen Handschuhe und 60 Prozent der Nitrilhandschuhe in Malaysia produziert. Aufgrund der Kautschukvorkommen haben aber auch die relevanten deutschen Hersteller von Maschinen zur Produktion und Prüfung von Kondomen Malaysia als Standort entdeckt.

Maschinenbau und Medizintourismus

In den letzten Jahren ist die Zahl der ausländisch investierten Anbieter von Industrieprodukten rapide gestiegen. Zu den Hauptprodukten deutscher Hersteller zählen Maschinen, höherwertige Werkzeuge und Komponenten für die Automobil- und Elektronikindustrie. Aber auch in der Medizintechnik (Equipment und Instrumente) gehört Deutschland zu den Hauptlieferanten Malaysias. Die Medizinbranche profitiert in besonderem Maße vom bedeutenden Medizintourismus nach Malaysia, einer der Wachstumsbranchen schlechthin in den vergangenen Jahren: Laut dem Branchendienst PlanetMedix reisen jährlich fast 300.000 Medizintouristen alleine nach Malaysia, um sich vor allem im Bereich der Herz- sowie der plastischen Chirurgie einer Behandlung zu unterziehen. Prozesstechnik zum Abbau der Rohstoffvorkommen, von Öl, Gas, Kautschuk und Palmöl, findet einen attraktiven Absatzmarkt. Oleochemische Anlagen werden aus Malaysia für die gesamte asiatische Region gebaut.

Auf eine Besonderheit ist hinzuweisen: Nicht jeder kann frei an den staatlichen Giganten Petronas liefern. Ausländische Zulieferer müssen sich zunächst einen lokalen Vertriebspartner suchen, der dort offiziell gelistet ist. Dieser muss dann die Produkte registrieren lassen.

Deutschland gilt für die Malaysier als Heimat der »grünen« Technik

Auch im weiteren Zusammenhang mit »Green Technology« ergeben sich für deutsche Lieferanten Chancen. Für das Jahr 2011 ist die Einführung des Gesetzes zur Energieeinspeisung nach deutschem Vorbild (Erneuerbare-Energien-Gesetz, EEG) geplant und das Kabinett hat das Konzept schon verabschiedet. Malaysier wissen im Übrigen, dass modernste Techniken im Feld der erneuerbaren Energien wie Biomasse, Biokraftstoff und Fotovoltaik sowie die neusten Energieeffizienzmaßnahmen in Deutschland entwickelt werden. Aber auch in den Bereichen Abfallwirtschaft und Wasser stehen derzeit Gesetzesinitiativen mit Potenzial für deutsche Lieferanten ins Haus.

Mit den Investments von Q-Cells, Intersolar und Suntech im Fotovoltaiksektor könnte Malaysia ein Produktionshub auch für Südostasien werden. Schließlich ist noch ein ausgesprochen landestypischer Wachstumssektor in Malaysia zu nennen, nämlich die Halal-Industrie. »Halal bezeichnet im Islam alle Dinge, die nach islamischem Recht erlaubt sind. Da der *Koran* auch ausführliche Vorschriften über Lebensmittel und Speisen enthält, gibt es gerade in Malaysia einen blühenden Markt islamgerechter Produkte.

Raubkopierer entschuldigen sich per Zeitungsinserat

»In Malaysia steht der Chinese nicht morgens früh auf und überlegt, was er kopieren kann.« Diesen Satz verwende ich häufig in meinen Vorträgen über Malaysia vor deutschen Unternehmern. In den vergangenen acht Jahren haben ganze zwei konkrete Beschwerdefälle deutscher Unternehmen die Auslandshandelskammer in Kuala Lumpur erreicht. In einem Fall entschuldigte sich der Übeltäter übrigens später mit einer ganzseitigen Anzeige in der größten Tageszeitung!

Allerdings haben deutsche Anbieter es hin und wieder mit Kopien aus anderen Ländern zu tun, die heimlich nach Malaysia importiert werden. In diesen Fällen gibt es den Rechtsweg, über den die AHK oder internationale Anwaltsbüros aufklären.

WIRTSCHAFT & STEUERN

Den Instanzenweg vermeiden

Das Rechtssystem Malaysias ist angelsächsisch – und damit für Deutsche meist unvertraut

Malaysia erlangte erst im Jahr 1957 die Selbständigkeit, nachdem das Land über 200 Jahre von den Holländern und später mehr als 150 Jahre lang von England verwaltet wurde. Gerade die britische Kolonialherrschaft hat deutliche Spuren hinterlassen, vor allem im Rechtssystem. Neben den neu erlassenen Gesetzen (Acts) wird das englische

Fallrecht (Common Law) verwendet, das im Civil Law Act von 1956 geregelt ist. Die Richter greifen hierbei auf höher- und höchstrichterliche malaysische Gerichtsurteile, aber auch auf Entscheidungen anderer Länder mit angelsächsischer Rechtsprechung zurück, wie beispielsweise Großbritannien, Australien oder Indien. Im Familienrecht findet ferner islamisches Recht Anwendung, für die sogenannte Scharia-Gerichte zuständig sind. Welches Gericht in erster Instanz über Wirtschaftsfälle zu entscheiden hat, bestimmt sich nach dem Streitwert sowie nach dem Common Law. Grundsätzlich trägt zunächst einmal die Partei, die verloren hat, die Gerichtskosten. Für Ausländer ist zu empfehlen, in Streitfällen eine einvernehmliche Lösung über Vermittler zu suchen. Der Gang zum Gericht sollte nur als allerletzte Möglichkeit in Erwägung gezogen werden. Prozesse können Jahrzehnte dauern und helfen kurzfristig selten weiter.

Die Schweiz Südostasiens

Malaysias Bankensektor machte aufgrund der Asienkrise Ende der 90er-Jahre eine schmerzhafte Restrukturierung durch. Die Zahl der Banken wurde drastisch reduziert, die Kontrolle verschärft. Heute steht Malaysia im Bankenbereich für eine solide Politik: die Zentralbank-Gouverneurin Dr. Zeti Akhtar Aziz wurde über drei Jahre in Folge zur erfolgreichsten Zentralbankerin der Welt gekürt. Im Länderrating 2010 der Weltbank steht Malaysia in der Kategorie »Zugang von Krediten« weltweit an erster Stelle.

Eine Besonderheit stellt in Malaysia das »Islamic Banking« dar, das de facto eine stärkere Verantwortung der Bank für vergebene Kredite beinhaltet.

Steuerlich wurden in den letzten Jahren deutliche Verbesserungen beschlossen. So wurde die individuelle Besteuerung von 28 Prozent auf 26 Prozent gesenkt. Für Unternehmen beträgt sie heute maximal 25 Prozent. Das Länderrating der Weltbank 2010 brachte Malaysia auch in der Beurteilung des Steuersystems mit Rang 24 deutlich vor Deutschland (Rang 71).

Hilfe für internationale Investoren

Es gibt zahlreiche »Incentive-Pakete« für ausländische Investoren, die vom malaysischen Staat angeboten werden. Die MIDA, die gerade privatisiert wird, ist zentraler Ansprechpartner für die Investitionskonditionen im Land.

Interessant für Auslandsinvestoren sind in diesem Zusammenhang Industriegebiete (»Industrial Estates«) im Land, die ihre Standorte auch in Roadshows in Deutschland vermarkten. Eine Vielzahl an Gewerbegebieten buhlt dabei um die Investoren, wobei sich ein gutes halbes Dutzend in der Qualität und der Erfahrung mit Ausländern hervortut.

INDONESIEN: DIE VISION VON CHINDONESIA

Indonesien lebt das integrativste Gesellschafts- und Wirtschaftsmodell Asiens

Von Jochen Sautter

Die Geschichte der Republik Indonesien, gegründet 1945, ist untrennbar mit dem Namen eines Mannes verknüpft: Suharto. Mehr als 30 Jahre – von 1967 bis 1998 – regierte der ehemalige General, der durch einen Militärputsch an die Macht kam, das Land mit autoritärem Stil, und als er ein paar Jahre nach dem Ende seines Regimes wegen Korruption angeklagt wurde, warf ihm der Staatsanwalt vor, mindestens 571 Millionen US-Dollar öffentlicher Gelder veruntreut zu haben. Experten sagten nach seinem Abgang ein Chaos voraus, vom drohenden Zusammenbruch der Wirtschaft war die Rede, in Aceh, Papua und Osttimor schienen Separatisten auf dem Vormarsch zu sein, Anarchie schien zu drohen, da noch keine echten demokratischen Strukturen nach westlichem Verständnis erkennbar waren. Doch es kam zu einem beeindruckenden Wandel, nachdem Suharto 1998 abtrat, und es folgten, bis er 2008 verstarb, vier demokratisch gewählte Präsidenten. Dass Indonesien wie Phönix aus der Asche auferstanden ist, grenzt an ein Wunder. Wenn das Land heute eine stabile, demokratisch gewählte Führung und eine glänzende wirtschaftliche Zukunft besitzt, straft es vor allem diejenigen Lügen, die den Vielvölkerstaat am Äquator schlagartig vor einem Jahrzehnt mitten in der Asienkrise abgeschrieben hatten. Ja, Osttimor ist heute selbständig, aber ansonsten ist Indonesien in glänzender innerer Verfassung. Dem islamischen Extremismus wurde keine Chance gelassen, sich zu einer breit getragenen Bewegung zu mausern, der Binnenmarkt mit seinen rund 240 Millionen Verbrauchern boomt infolge von beherzten Reformprozessen, und Indonesien ist dabei, sich als Drehkreuz der gesamten Region und als einer der attraktivsten Standorte für Auslandsinvestitionen in ganz Asien zu positionieren. Indonesien ist nunmehr zu den politisch stabilsten, wirtschaftlich aussichtsreichsten und trotzdem noch eher wenig entdeckten Märkten in der Welt zu zählen.

SWOT-Analyse Indonesien

Strengths (Stärken)
- Großer inländischer Absatzmarkt
- Zentrale Lage für ganz Asien und Ozeanien
- Reformfreudigkeit
- Freier Kapitalfluss
- Gesunde Bankenlandschaft

Weaknesses (Schwächen)
- Ineffiziente Bürokratie
- Mangelhafte Infrastruktur
- Korruption
- Restriktive Investitionsgesetze

Opportunities (Chancen)
- Attraktives Konjunkturpaket (30 Milliarden Euro)
- Natürliche Ressourcen
- Förderung ausländischer Investoren

Threats (Risiken)
- Armutstendenzen
- Terrorismus
- Rechtsunsicherheit
- Arbeitsbedingungen

Indonesiens bewegte Geschichte

Von versunkenen Königreichen zur modernen Republik

Auch wenn Indonesien immer wieder ein immenses Entwicklungspotenzial zugesprochen wird, so ist doch klar, dass die volkswirtschaftliche Entwicklung in Nachbarländern wie Singapur und Malaysia schneller und nachhaltiger verlaufen ist. Mit seinen 238 Millionen Einwohnern im Mai 2010 ist Indonesien allerdings schon von seiner Bevölkerungszahl her das Schwergewicht innerhalb der ASEAN-Freihandelszone. In den letzten Jahren ist es der viertgrößten Nation der Erde gelungen, zu den erfolgreicheren Nachbarn aufzuschließen.

Heute sprechen die Experten von Goldman Sachs von »Chindonesia«, das sie als Alternativentwurf zu dem Block der aufstrebenden BRIC-Staaten sehen. Das Kunstwort bezieht sich im Kern auf die engen wirtschaftlichen und politischen Verbindungen zwischen den drei Ländern China, Indien und Indonesien, die zusammen rund ein Drittel der Weltbevölkerung stellen und die dabei sind, sich womöglich als gigantische Rettungsmaschine für die krisengebeutelte Weltwirtschaft aufzustellen. Die Gemeinsamkeiten zwischen den drei Ländern sind in der Tat augenfällig. Erstens sind da die drei starken Binnenwirtschaften, die genügend Wachstum generieren, um nicht von der Exportnachfrage abhängig werden zu müssen. Zweitens ist es die Fähigkeit und Bereitschaft der jeweiligen politischen Führer, Reformen zu wagen und eine prozyklische Politik zu betreiben. Und drittens wächst in allen drei Ländern das Bruttoinlandsprodukt rasant. Gemeinsam erwirtschaften die Volkswirtschaften von China, Indien und Indonesien ein BIP von 6,4 Milliarden US-Dollar – fast halb so viel wie die USA vor deren wirtschaftlichem Einbruch! 2010 sollen es 7,5 Milliarden Dollar sein.

Fast immer hatte Indonesien in der Vergangenheit die Nase vorne, doch nahm die Geschichte im letzten Jahrzehnt einen etwas anderen Verlauf. Während Indonesien sich mit tief greifenden Reformen beschäftigte, konnten China und Indien in einer immer stärker globalisierten Welt ungehindert durchstarten. Indonesien befindet sich mitten in einer Aufholjagd, die den Charakter von Chindonesia im laufenden Jahrzehnt erheblich prägen könnte.

Der verblüffende Wandel des Landes in den letzten Jahren ist zu einem großen Teil seinem aktuellen Präsidenten zuzuschreiben, Susilo Bambang Yudhoyono, im Lande kurz SBY genannt. Ein früherer Armeegeneral, der im September 2009 die erstmals direkte Präsidentschaftswahl deutlich gewann und seine zweite und gemäß Verfassung letzte Amtsperiode bis 2014 ausübt. Er formulierte nach Amtsantritt im Jahr 2004 schnell zwei Ziele, Armutsbekämpfung und Schaffung von Arbeitsplätzen, denen er konsequent treu blieb.

Erste Erfolge gegen Korruption

Zu seinen bedeutendsten Erfolgen ist eine solide Führung des Staatshaushaltes zu zählen. Ferner verfolgt SBY eine Politik der Modernisierung von Politik, Staat und Gesellschaft, welche sich an westliche Vorbilder anlehnt. Es gelang ihm, kompetente und für das Wohl der Nation engagierte Persönlichkeiten in Schlüsselpositionen seiner Regierung zu bringen. Auch die Bekämpfung von Korruption ist herauszuheben, die dazu führte, dass selbst hochrangige Politiker und Wirtschaftsführer zu langjährigen Haftstrafen verurteilt wurden.

Nachdem viel Zeit während der ersten Amtszeit zur Präzisierung, Liberalisierung und Reformierung zahlreicher für Investoren aus dem In- und Ausland bedeutsamer Gesetze notwendig war, sieht sich Präsident SBY nunmehr in der Lage, die Wachstumsraten in der zweiten Amtszeit auf erstmals seit 1996 wieder sieben Prozent zu steigern, beziehungsweise die Armutsquote auf zehn Prozent als auch die Arbeitslosigkeit auf fünf bis sechs Prozent zu senken.

Anschläge islamischer Extremisten, wie jene 2002 auf Bali, haben Indonesien in der Vergangenheit negative Schlagzeilen gebracht, weil sie Spekulationen darüber auslösten, ob dieses langjährig moderate, islamisch geprägte Land einer Radikalisierung zum Opfer fallen könnte. Diese Gefahr scheint jedoch gebannt dank des beherzten Durchgreifens der Regierung und einer erkennbaren Ausgrenzung gesellschaftlicher Randgruppen durch die friedliche Mehrheit der Bürger.

Indonesien gewinnt gerade in den letzten Jahren mehr und mehr an Ansehen, seit die G 6 um 14 weitere aufstrebende Länder der Welt zu den G 20 erweitert wurden. Als liberales islamisches Land soll Indonesien zukünftig eine Vermittlerrolle zwischen der westlichen und islamischen Welt einnehmen.

In der Weltwirtschaftskrise liegt Indonesiens Chance

Indonesien kämpft mit vielen Problemen, arbeitet aber hart daran

Die gegenwärtige Regierung verspricht ihrem Land eine verheißungsvolle Zukunft. Ob es ihr gelingt, wird unter anderem davon abhängen, welche der angekündigten Investitionen in die lange vernachlässigte Infrastruktur tatsächlich finanzierbar sind und welche nicht. Allein bis zu 34 Milliarden US-Dollar sollen in den Ausbau von Straßen, Häfen und Energieerzeugung bis 2017 fließen. Ein weiteres ehrgeiziges Ziel besteht darin, das Bruttoinlandsprodukt von 540 Milliarden US-Dollar Ende 2009 auf 800 Milliarden US-Dollar 2015 zu steigern. Die staatliche Verschuldungsquote liegt bei unter 30 Prozent des BIP, Währungsreserven von 56,9 Milliarden US-Dollar sind vorhanden und Indonesien ist eines der wenigen Länder in der Welt, das sein Budgetdefizit auf weniger als drei Prozent beschränken konnte. Dies erlaubt es Indonesien, ausländische Investoren als Partner einzuladen und selbst bis zu einem Drittel der Gesamtinvestition aus staatlichen Mitteln beizutragen.

Mit Schwung durch die Krise

Wichtig für den gegenwärtigen Aufschwung war das beherzte vorbeugende Eingreifen der Regierung während der jüngsten Weltwirtschaftskrise. Zur Bewältigung der Finanzkrise hat die Regierung durch Steuererleichterungen, Garantieversprechen an die Anleger und Subventionen (inklusive Direktzahlungen an arme private Haushalte) das Vertrauen der Wirtschaftsakteure gestärkt und den Konsum stimuliert. Weiter wurden die Ausgaben für arbeitsintensive Infrastrukturprojekte nochmals erhöht. Insgesamt waren die Staatsausgaben im von den Parlaments- und Präsidentschaftswahlen geprägten Jahr 2009 hoch. Erleichtert wurde die Situation durch den anhaltend starken Binnenmarkt.

Indonesien verfügt über einen großen und beständig wachsenden Binnenmarkt und hat eine breit diversifizierte Marktstruktur. Hieraus erwachsen in vielerlei Industrien ausgezeichnete Chancen für deutsche Unternehmer, insbesondere für Maschinen- und Anlagenbauer oder elektrotechnische Mittelständler. Internationale Unternehmen nutzen Indonesien seit einiger Zeit als Plattform für die Region, da das Land als Beschaffungsmarkt den strategischen Zugang zu den ASEAN-Nachbarn auf der einen, zu China und Indien beziehungsweise Ozeanien auf der anderen bietet.

Abenteuerreise im Behördendschungel

Investoren müssen sich leider immer noch auf diverse Abenteuerreisen durch den Behördendschungel einstellen. Unter Suharto wurde Indonesien auch zu einem Beamtenstaat und auch in Indonesien ist die Freisetzung von Beamten nicht einfach, obwohl sie eigentlich geringe Gehälter bekommen. Beamte verlangen eine Vielzahl von Dokumenten für Lizenzen, Steuern und Zoll, deren Sinn sich dem Außenstehenden oft nicht so recht auf Anhieb erschließt, doch für deren zügige Bearbeitung wird ein freiwilliges Bakschisch erwartet. Eine Abstimmung unter den Behörden ist auch oft kaum erkennbar. Der schleppende Umgang mit der Beamtenschaft kann somit nicht nur nervenzehrend, sondern auch mehr oder weniger kostspielig sein.

Infrastruktur schafft Stress

Das Hauptproblem Indonesiens liegt in der Infrastruktur. Das Land holt zwar Stück für Stück auf, doch führen überfüllte Straßen in Städten wie Jakarta und der Mangel an ausgebauten öffentlichen Verkehrsverbindungen täglich zu Megastaus. Unerfahrene Besucher und Neueinsteiger können Fahrzeiten in der Hauptstadt im Grunde gar nicht planen – auf Jakartas Straßen sind alle in der Hand Allahs. Gelegentliche Stromausfälle gibt es immer noch im ganzen Land, sie betreffen die Hauptstadt allerdings inzwischen etwas seltener. Die Energiepreise für Verbraucher werden als hoch empfunden und steigen alle zwei bis drei Jahre regelmäßig weiter an. In Wahrheit liegen die Verbrauchertarife allerdings deutlich niedriger als in den vergleichbaren Nachbarländern, insbesondere Singapur und Malaysia.

Bremsen für die Investition

Indonesien bemüht sich, das Klima für Auslandsinvestoren zu verbessern, bislang allerdings mit unterschiedlichem Erfolg. Grundsätzlich können indonesische GmbHs und Repräsentanzen jederzeit auch von Ausländern gegründet werden, jedoch unterliegen manche Sektoren hinderlichen Restriktionen. So benötigen ausländische Speditionen beispielsweise einen lokalen Partner und Pharmaunternehmen einen lokalen Distributor. Dafür können ausländische Firmen im Maschinen- und Anlagenbau sowie in der Elektrotechnik problemlos Tochtergesellschaften gründen und dabei 100 Prozent des Kapitals halten.

Indonesien ist längst kein klassisches Billiglohnland mehr, und Kündigungen können nicht mehr so einfach wie früher ausgesprochen werden. Das ist das Ergebnis arbeitnehmerfreundlicher Gesetze, die bereits unter Präsidentin Megawati Sukarnoputri verabschiedet wurden, die von 2001 bis 2004 regierte. Gewerkschaften spielen eine immer größere Rolle, auch wenn sie längst nicht so schlagkräftig und professionell wie in Europa sind, und sich daher des Öfteren aufs bloße Provozieren verlegen.

Protektionismus und Sonderbestimmungen

Ein überarbeitetes Investitionsgesetz ist seit 2007 in Kraft, welches in- und ausländische Investoren gleichstellt und eine Vielzahl an detaillierten Regularien umfasst. Das Investitionsgesetz schützt Investoren vor Enteignung und garantiert ausländischem Investmentkapital Dividendeneinnahmen, freizügigen Kapitalverkehr und vieles andere mehr. Neu in diesem Gesetz ist die Einführung einer One-Stop-Agency, die Lizenzierung und Serviceleistung aus einer Hand anbietet und bei der Investitionsbehörde BKPM im Jahr 2010 entsteht. Bislang als strategisch wichtig angesehene Wirtschaftssektoren, die infolge der

Negativliste für ausländische Investitionen größtenteils gesperrt waren (zum Beispiel im Gesundheitsbereich) werden nach einer Überarbeitung dieser Liste künftig auch für ausländische Investoren geöffnet. Immer wieder steht Indonesien auch in der Kritik, durch protektionistisches Verhalten Inlandsmärkte schützen zu wollen. Trotz der Liberalisierungstendenzen im ASEAN-Block und einigen Freihandelsabkommen werden Handelsbeziehungen und Investitionen dadurch behindert, dass die indonesische Regierung unter anderem eine restriktive Importpolitik zum Schutz der lokalen Industrie gegen ausländische Wettbewerber durchführt. Indonesien ist seit Anfang 2009 wieder zunehmend durch protektionistische Maßnahmen geprägt und rangiert im Hinblick auf den Aufbau von Handelsbarrieren nach Russland und Argentinien an dritter Stelle weltweit. Dekrete des Handelsministeriums sehen striktere Importregeln und Zulassungsbestimmungen für eine Vielzahl von Produkten wie Nahrungsmittel, Getränke, Textilien, Schuhe, Elektronik und Spielwaren vor. Spezifizierte Produktgruppen dürfen nur noch über den Flughafen Jakarta und fünf Seehäfen eingeführt werden. Eine Zertifizierung ausländischer Waren durch zwei zugelassene indonesische Zertifizierungsfirmen, die schon in den Versandhäfen zu erfolgen hat, wird künftig vorgeschrieben. Eine Halal-Zertifizierung nach den islamischen Reinheitsgeboten ist seit Anfang März 2010 verbindlich für alle auf dem indonesischen Markt vertriebenen Pharmazeutika, Kosmetika und Nahrungsergänzungsmittel. Derzeit bestehen über 40 handelsbeschränkende Regularien – Tendenz zunehmend. Gerade dieser Aspekt sollte berücksichtigt werden, wenn deutsche Firmen indonesische Märkte vom Standort Singapur aus bearbeiten wollen.

Auf dem Radar der Investoren

Dabei zu sein und vor Ort präsent zu sein ist alles in Indonesien wie Chindonesia. In dem »Doing Business«-Report der Weltbank von 2010 hat sich Indonesien zwar erst von Platz 129 im Jahr 2009 auf Platz 122 von insgesamt 181 untersuchten Ländern verbessert. Im Februar 2010 traf sich aber der Finanzmarktexperte George Soros mit Vizepräsident Boediono in Jakarta und erläuterte, dass Indonesien aufgrund der positiven Entwicklung der letzten Jahre nun zukünftig gemeinsam mit Indien und China auf dem Radar der ausländischen

Investoren stehen werde. Der kontinuierliche Wirtschaftswachstumstrend sei stabil und unumkehrbar.

Die Ratingagentur Moody's Investors Service hatte Mitte Juni 2010 die Krediteinstufung für Indonesien von bisher »stabil« auf »positiv« angehoben. Gleichzeitig wurde auch die Risikobewertung für indonesische Staatsanleihen auf »Ba2« mit stabilen Aussichten verbessert. Die Kreditratingagentur Japans stufte im Juli 2010 Indonesien erstmals auf »Investment Grade« (von BB+ zu BBB–) herauf. Infolge der Weltwirtschaftskrise sank auch in Indonesien das Handelsaufkommen deutlich, und zwar um rund 20 Prozent. Importen von 97 Milliarden US-Dollar standen 2009 rund 117 Milliarden US-Dollar an Exporten gegenüber. Mitte 2010 deutet alles darauf hin, dass die Niveaus von 2008 bereits wieder erreicht werden können. Deutschland ist und bleibt mit rund 30 Prozent des Handels mit der EU einer der bedeutendsten Handelspartner des Landes.

Expats leben so, wie sie es wünschen

Expatriates verschlägt es zumeist nach Jakarta, wo sich die meisten nach einer Eingewöhnungszeit gut zurechtfinden und dann auch sehr gerne leben. Gerade jene, die in einigen anderen Ländern vorher lebten, wirken besonders zufrieden. Entsandte leben mit ihren Familien gerne in den an die Tropen angepassten Häusern oder Appartements mit Swimmingpool, Hausangestellten und Fahrern. Wer gerne einkaufen geht, findet in Jakarta ein breites Spektrum von kleinsten Geschäften bis zu riesigen Shopping Malls, wo auch zahlreiche Kinos angesiedelt sind. Sportliche Aktivitäten aller Art sind auch vorhanden und im Umkreis von Jakarta gibt es etwa Golfplätze, die in maximal 1,5 Stunden Fahrzeit erreichbar sind. Viele private internationale Schulen sind in Jakarta schon seit Jahrzehnten etabliert und Schüler berichten oft über die besonders engen und lang anhaltenden Freundschaften. Deutsche Familien schicken ihre Kinder zumeist entweder an die Deutsche Internationale Schule (DIS) oder an die Jakarta International School (JIS) deren Schulgebühren mehrere Tausend Euro beziehungsweise Dollar betragen und in der Regel vom Arbeitgeber getragen werden. Doch es gibt auch für jene, die solche Kosten nicht selbst aufbringen können, einige preiswertere internationale und lokale Alternativschulen.

Trotz aller Stolpersteine realisiert man die vorhandenen Vorzüge beispielsweise sehr schnell, wenn Besuche von Expats aus Indien oder China nach Jakarta kommen, die über weit bedrückendere Lebensbedingungen und starke Einschränkungen von dort berichten und Jakarta daher sehr genießen. Wer sich für die Ethnien und Natur Indonesiens interessiert, dem ist eine scheinbar unerschöpfliche Vielfalt geboten. Der Flughafen Jakartas ist eine ideale Startbasis nicht nur für internationale Reisen, sondern gerade auch, um das gigantische Land von Aceh bis Papua zu besuchen.

GESCHÄFTSKULTUR & ARBEITSWELT

Ein Arbeitstag sagt mehr als tausend Worte

Respekt vor Ausländern und ein ausgeprägtes Harmoniebedürfnis machen das Arbeiten in Indonesien angenehm

Im Gegensatz zu vielen anderen asiatischen Ländern benötigt ein Neuling für erste Geschäftstermine in Indonesien selten einen Übersetzer. Die meisten Geschäftsleute sprechen Englisch, viele haben einen internationalen Hintergrund. Allerdings kann man sie auch mit kleinen Brocken ihrer Landessprache, Bahasa Indonesia, nachhaltig beeindrucken. Ein freundliches »selamat pagi« (»Guten Morgen« – ab zehn Uhr sagt man »selamat siang« oder »Guten Tag«) zaubert stets ein anerkennendes Lächeln auf die Gesichter indonesischer Gesprächspartner. Wer in einer Stadt wie Jakarta leben will, sollte sich auf jeden Fall Grundkenntnisse in der Landessprache aneignen, was relativ einfach ist, denn die Aussprache ist der deutschen Sprache sehr ähnlich.

Die Arbeitskultur Indonesiens ist durch die lange und wechselvolle Geschichte geprägt, die von starker ethnischer und religiöser Durchmischung und intensivem Handelskontakt mit dem asiatischen und europäischen Ausland gekennzeichnet war. Indonesier begegnen Ausländern in der Regel mit großem Respekt und ausgesuchter Höflichkeit. Hierarchieunterschiede werden als gegeben hingenommen und selbstverständlich als solche im Umgang beachtet. Das hat auch Auswirkungen auf die Arbeitskultur des Landes, die sich durch ein ausgeprägtes Harmoniebedürfnis und eine hohe Akzeptanz von Vorgaben auszeichnet – seien es Arbeitsanweisungen des Vorgesetzten oder Zertifizierungen offizieller Stellen.

Indonesien ist mit seinen über 300 Ethnien und über 350 Sprachen und Dialekten eines der multikulturellsten Länder der Welt. Die Präsenz einiger Zehntausend Ausländer, die sich zudem auf die wenigen Großstädte konzentrieren, scheint aus indonesischer Perspektive daher kaum aufzufallen. Dies wird umso klarer, wenn man weiß, dass Großstadtbewohner gerade mal ein Viertel der Bevölkerungszahl von 238 Millionen ausmachen. Indonesien ist also vorwiegend ein Land von einfachen Arbeitern, Handwerkern und Landwirten, die in ländlichen Gebieten leben und stark mit ihrem regionalen Lebensumfeld verwurzelt sind.

Rubber Time – die etwas andere Zeitrechnung

In Indonesien ticken die Uhren etwas anders als bei uns. Weitverbreitet ist die Vorstellung von Rubber Time, eine Art »Gummizeit«, die sich mit der zur Verfügung stehenden Arbeit dehnt. Dieser Hang zur Zeitlosigkeit kann einen Auftraggeber natürlich zur Weißglut treiben, auch wenn die Mitarbeiter dabei selbst nie die gute Laune zu verlieren scheinen. In den letzten zehn Jahren hat sich allerdings das Zeitgefühl auch in Indonesien etwas angepasst, und Pünktlichkeit wird zumindest auch von vielen Geschäftsleuten in den Städten mittlerweile als Zier empfunden.

Was die Vorstellung von rationalem Arbeiten angeht, klaffen aber nach wie vor Welten zwischen einem mitteleuropäischen Manager und seinem indonesischen Mitarbeiter. Gerade bei neu eingestellten Mitarbeitern ist es deshalb sehr wichtig, das Aufgabengebiet oder die Tätigkeit ganz klar abzusprechen, immer wieder zu kommunizieren, was als Leistung erwartet wird, und das Ergebnis selbst zu überprüfen. Viele Firmen greifen deshalb inzwischen zur ISO-Zertifizierung, da dieses Managementtool klare Vorgaben gibt und zur Ergebnissicherung beiträgt. In Produktionsanlagen ist häufig festzustellen, dass Mitarbeiter oft jahrelang dieselben Handgriffe erledigen und damit zufrieden sind. Sie genießen das positive Gefühl, eine Aufgabe zu beherrschen. Ein Positionswechsel am Fließband, der Abwechslung schafft, wäre einem durchschnittlichen Indonesier wahrscheinlich sogar eher unangenehm, da sich ihm die Frage, ob er im vorherigen Job versagte, leicht aufdrängen mag.

Frauen in Führungspositionen? Kein Problem!

Arbeitgeber sollten vor allem in den Großstädten auf eine ethnisch ausgewogene Zusammensetzung der Belegschaft achten. Die Gefahr besteht, dass chinesischstämmige Indonesier wegen ihres meist besseren Bildungsniveaus mit der Zeit im mittleren Management dominieren, was aber zu Ressentiments der Mitarbeiter aus anderen Gruppen führen kann. Die Einbindung von Frauen auf allen Ebenen des Unternehmens wird hingegen als normal empfunden, was ungewöhnlich ist für eine islamisch geprägte Gesellschaft, aber als weiteren Beweis dient für die Toleranz und hohe Integrationsfähigkeit, die generell in Indonesien vorherrscht.

Muslimische Mitarbeiter benötigen mehrmals am Tag Zeit und Gelegenheit, um sich für ein paar Minuten zum Gebet zurückzuziehen. Dafür bleibt man üblicherweise abends etwas länger im Büro. In Produktionsbetrieben sind so flexible Pausenregelungen natürlich kaum möglich, was aber auch von gläubigen Moslems klaglos hingenommen wird.

Meetings finden in Indonesien gerne in größeren Gruppen statt. Das liegt daran, dass die Ranghöheren gerne ihren Status demonstrieren, indem sie ausgewählte tiefer gestellte Mitarbeiter um sich herum versammeln. Das hat ganz nebenbei auch noch den Vorteil, dass die Gesprächsinhalte direkt zu den unteren Hierarchieebenen kommuniziert werden, wo das weitere Verfahren dann »unter Gleichen« besprochen werden kann.

Keine Trennung von Beruf und Privatleben

Themen und Intimität des Small Talks vor und nach einem Meeting verblüffen Indonesienneulinge wie auch Reisende immer wieder. Themen wie das Alter, die Religionszugehörigkeit, Herkunft, Wohnort und die Anzahl der Kinder werden auch zwischen gänzlich Unbekannten als Small Talk diskutiert. Es wäre unhöflich, auf solche Fragen nicht zu antworten, denn solche persönlichen Details bilden die Grundlage der gegenseitigen Einschätzung und fließen in den geschäftlichen Umgang miteinander ein. Das ist recht praktisch bei Einstellungsgesprächen, wo sehr persönliche Fragen gefragt werden dürfen und keineswegs als aufdringlich empfunden und entsprechend offen beantwortet werden.

In Indonesien gibt es ohnehin so gut wie keine Trennung zwischen Beruf und Privatleben. Mitarbeiter sehen in ihrer Firma so etwas wie eine erweiterte Familie, und der Arbeitgeber muss deshalb auch darauf gefasst sein, mit den privaten Problemen seiner Mitarbeiter konfrontiert zu werden. Diese können persönlicher oder finanzieller Natur sein. Deshalb haben sich übrigens private Gruppenkrankenversicherungen in den letzten Jahren in Indonesien sehr bewährt.

Ein dichtes soziales Netz

Das Arbeitsrecht in Indonesien wird von Firmenvertretern immer wieder als ausgesprochen arbeitnehmerfreundlich empfunden, von Gewerkschaften dagegen als zu arbeitgeberfreundlich kritisiert, wobei sich ihr Zorn vor allem gegen die Auslegung der bestehenden Gesetze durch die Gerichte richtet, denen man vorwirft, die Arbeitgeberseite bevorzugt zu behandeln. Tatsächlich besaß das Arbeits- und Gewerkschaftsrecht bis zu der durch Präsident Jusuf Habibie 1998 angestoßenen Liberalisierung eher Symbolcharakter. Viele sind heute erstaunt, wie ähnlich die Systeme in Indonesien und daheim in Deutschland geworden sind. Der Gesetzgeber hat auch seit Langem Mindestlöhne und Sozialabgaben definiert, macht Vorgaben zu Tarifverträgen und regelt sowohl Kündigungen als auch Streik- und Schlichtungsverfahren.

Arbeitsverträge müssen gesetzliche Vorgaben erfüllen. Es ist nicht zwingend notwendig, aber doch sehr zu empfehlen, schriftliche Arbeitsverträge auch in Indonesien aufzusetzen, um Streitereien später zu vermeiden.

Zeitarbeit durch die kalte Küche

Befristete Arbeitsverhältnisse, oft Jahresverträge, sind aus vielerlei Gründen in Indonesien durchaus üblich geworden. Ein befristetes Arbeitsverhältnis erstreckt sich zunächst einmal in der Regel auf ein Jahr mit drei Monaten Probezeit und kann sodann unmittelbar um ein weiteres Jahr verlängert werden. Dem Gesetzgeber schwebt dadurch vor, dass Arbeitgeber und -nehmer nach zwei Jahren des gegenseitigen Kennenlernens eine Entscheidung für die langfristige Zukunft fällen können sollten, um sodann einen unbefristeten Vertrag eingehen zu können. In der Praxis ist jedoch häufig zu beobachten, dass einfache Mitarbeiter und (Hilfs-)Arbeiter nach den ersten beiden Jahresverträgen einen Monat nicht beschäftigt werden, um sodann wieder auf Basis eines neuen Jahresvertrags angestellt zu werden. Diese Form der »Zeitarbeit durch die kalte Küche«, also Dauerbeschäftigung auf der Basis von Zeitarbeitsverträgen, wird bisher vom Gesetzgeber toleriert.

Die in Deutschland hitzig geführte Diskussion über die Einführung von Mindestlöhnen ist in Indonesien ein alter Hut. Diese werden jedes Jahr durch den Arbeitsminister beziehungsweise durch die zuständigen Provinzregierungen festgelegt und stellen eine Basis für Hilfsarbeiter, Fahrer und einfache Büroangestellte (Office Boy/Girl) dar. Der Mindestlohn in der Hauptstadt Jakarta und den umliegenden Landkreisen betrug im Jahr 2010 knapp 1,2 Millionen Rupiah, also Mitte 2010 umgerechnet etwa 100 Euro im Monat. Ein bereits erfahrener Sachbearbeiter erhält in der Regel zwischen drei und vier Millionen Rupiah Grundgehalt, was rund 350 Euro entspricht, und ein erprobter Firmenfahrer etwa zwei Millionen inklusive Überstundengeld. Akademiker, gute Verkäufer und Personal der zweiten Führungsebene verdienen weitaus besser und werden für gute Leistungen oft auch durch Provisionen belohnt.

Lohnende Investition in den Versicherungsschutz der Mitarbeiter

Tarifverträge in Indonesien enthalten einige landestypische Elemente. Der gesetzliche Urlaubsanspruch in Indonesien sind zwölf Tage, wobei der Arbeitnehmer in den ersten zwölf Monaten eigentlich keinen Anspruch auf Urlaub hat. Die meisten Unternehmen sehen hier allerdings Ausnahmen vor. Manche Firmen versuchen durch freiwillig eingeräumte Urlaubstage, die Anzahl der Tage, an den sich Mitarbeiter krankmelden, vorzubeugen, durchaus mit gemischtem Erfolg.

Zusätzlich zu Gehalt und Arbeitszeiten ist es in Indonesien durchaus üblich, auch einfachen Mitarbeitern die Fahrtkosten zur Arbeitsstelle sowie einen Essenszuschuss zu bezahlen.

Die Grundabsicherung per Kranken- und Rentenversicherung ist ebenfalls geregelt, in seiner wertmäßigen Ausgestaltung jedoch nicht mit dem Niveau in Deutschland zu vergleichen. Viele internationale Unternehmen haben sich in den letzten Jahren deshalb dazu entschlossen, private Gruppenkrankenversicherungen für ihre Mitarbeiterschaft abzuschließen. Da die medizinischen Behandlungskosten noch vergleichsweise niedrig sind und die Belegschaft dem Arbeitgeber einen solchen Versicherungsschutz hoch anrechnen, lohnt sich eine solche Investition in aller Regel. Ähnlich verhält es sich mit Betriebsrenten.

Das gesetzlich geregelte Renteneintrittsalter liegt bei 55 Jahren, kann jedoch auf Antrag bis 60 verzögert werden. Betriebsrenten erfolgen üblicherweise sodann als Einmalzahlung.

Über Gewerkschaften und wie man sich voneinander trennt

In Unternehmen mit zehn oder mehr Arbeitnehmern empfiehlt der Gesetzgeber, Betriebsgewerkschaften zu gründen, die die Interessen der Arbeitnehmer direkt oder indirekt über Dachorganisationen vertreten. Zudem muss der Arbeitgeber Unternehmensvorschriften (sogenannte »Company Regulations«) erlassen, in denen die Arbeitsbedingungen detailliert beschrieben werden und die von den Arbeitnehmern zumindest eingesehen, wenn nicht sogar aktiv mitgestaltet werden. Diese werden in der Regel alle zwei Jahre erneut behördlich überprüft und genehmigt. Zugeständnisse, die in den Unternehmensvorschriften über den gesetzlichen Rahmen hinausgehen, sollten möglichst auf Dauer angelegt sein.

Es überrascht wohl kaum, dass es auch in Indonesien gelegentlich zu Arbeitskonflikten kommt, vor allem wenn es um Kündigungen geht. Der Arbeitgeber ist per Gesetz verpflichtet, alles zu tun, um eine Kündigung zu verhindern und das Arbeitsverhältnis nicht zu belasten. Vertragliche Kündigungsfristen sind meistens ein paar Wochen oder Monate, in der Praxis verabschiedet sich jedoch ein Mitarbeiter typischerweise innerhalb von einem Monat und durch einen Aufhebungsvertrag. Eine Kündigung darf in der Regel erst nach dreimaliger Abmahnung erfolgen. Kündigungen sind mit der Betriebsgewerkschaft beziehungsweise den Betroffenen selbst zu besprechen. Das Arbeitsrecht zielt vor allem darauf ab, das Arbeitsverhältnis, wenn irgend möglich, weiter bestehen zu lassen. Eine Auflösung soll möglichst einvernehmlich erfolgen, was auch in der Praxis durchaus gut funktioniert. Kommt keine Einigung zustande, so kann der Arbeitgeber den Mitarbeiter nur entlassen, nachdem ein mehrmonatiges Genehmigungsverfahren unter Mitwirkung des Regionalbüros des Arbeitsministeriums als Schlichter oder vor den Arbeitsgerichten der betreffenden Provinz durchlaufen wurde. Erfahrungswerte der letzten Jahre zeigen, dass die offiziellen Stellen durchaus versuchen, das Schlichtungsverfahren oder den Arbeitsprozess fair zu Ende zu bringen, wobei kein Unterschied gemacht wird zwischen ausländischen und einheimischen Arbeitgebern.

Nach Beendigung des Arbeitsverhältnisses hat der ausscheidende Mitarbeiter Anspruch auf eine Abfindung, gestaffelt nach der Dauer der Betriebszugehörigkeit und entsprechend dem Kündigungsgrund. Wie auch im Westen üblich regeln Gesetze die Bedingungen für Abfindungsansprüche.

Ein Wirtschaftsvulkan bricht aus

Die Modernisierung bliebt in Indonesien immer wieder stecken

Der aktuelle Präsident Indonesiens, Susilo Bambang Yudhoyono, hat gleich zu Beginn seiner ersten Amtszeit 2004 einen sogenannten »Infrastructure Summit« einberufen, der Wege aufzeigen sollte, wie Indonesien seine chronisch vernachlässigte Infrastruktur den Anforderungen eines modernen Industrielands anpassen könne. Im Mittelpunkt standen damals die unzuverlässige Stromversorgung vor allem auf dem flachen Land sowie der schlechte Zustand der Straßen. Indonesien verfügt bis heute nur über rund 600 Kilometer Autobahnen. Der Einladung zum Infrastructure Summit folgten zwar über 1.000 Teilnehmer, unter denen aber kaum Unternehmen der Privatwirtschaft vertreten waren, geschweige denn echte Investoren.

Die Regierung war also erst einmal gezwungen, ihre Hausaufgaben zu machen, vor allem im Bereich der Landerwerbshindernisse, der Anpassung der Autobahngebühren sowie der Investitionsabsicherung durch den Staat. Inzwischen sind erste Pilotprojekte erfolgreich umgesetzt worden. Hierzu zählt beispielsweise die 35 Kilometer lange und 220 Millionen US-Dollar teure Autobahn von Kanci nach Pajagan, die West- und Zentraljava verbindet. Die Regierung wird häufig wegen der sehr komplizierten und überregulierten Ausschreibungsverfahren kritisiert, die immer wieder dazu führen, dass im Haushalt bereitgestellte Staatsmittel gar nicht erst abgerufen werden. Aktuell befinden sich ein Dutzend Autobahnprojekte im Gesamtwert von 3,5 Milliarden US-Dollar in konkreter Planung, Ausschreibung oder im Bau.

Ein zweiter weitaus erfolgreicherer Infrastructure Summit folgte Anfang 2009, und weitere sind in Aussicht gestellt.

Seit Jahrzehnten führt die Insel Java die Entwicklung der produzierenden Industrien des Landes an. 84 Prozent aller Auslandsinvestitionen wurden 2009 in Java getätigt, wo auch 58 Prozent des Bruttoinlandsprodukts erwirtschaftet werden. Ausländische wie inländische Investoren verhalten sich dabei grundsätzlich ähnlich und konzentrieren sich meistens auf die Bereiche Transport, Lagerhaltung und Kommunikation (38,6 Prozent), chemische und pharmazeutische

Produktion (10,9 Prozent), Handel und Reparatur (6,5 Prozent), Metall, Maschinen und Elektronik (6,1 Prozent), Fahrzeuge (5,4 Prozent), Nahrungsmittel (5,1 Prozent) sowie auf das Baugewerbe (4,7 Prozent). Neben den führenden ASEAN-Nachbarstaaten zählen vor allem Japan, Korea und die USA sowie in Europa die Niederlande und Großbritannien durch ihr Engagement in der Erdölförderung und im Gassektor zu den wichtigsten internationalen Investoren. Deutschland stellt im Vergleich nur rund ein Prozent der Auslandsinvestitionen in diesen Bereichen und ist damit eklatant unterrepräsentiert.

Das produzierende Gewerbe ist mit einem Anteil von 26,4 Prozent am BIP von zentraler Bedeutung für die indonesische Wirtschaft. Der reale Zuwachs auf diesem Gebiet lag 2009 mit 2,1 Prozent deutlich unter dem Wachstumsdurchschnitt. Weil größere Investitionen in Produktivität und Effizienz der Fertigungsbetriebe vernachlässigt wurden, litt die regionale Wettbewerbsfähigkeit des Landes. Der Wegfall von Zoll- und Handelsschranken innerhalb der ASEAN-Gruppe sowie durch die zunehmende Öffnung des chinesischen Markts wird es für örtliche Hersteller immer schwerer, ihren Anteil am einheimischen Markt erfolgreich zu verteidigen. Der Rationalisierungsbedarf in der Industrie ist groß: Es müssen neue Maschinen, Anlagen und Technologien sowie Managementmethoden her, gezielte Aus- und Fortbildungsmaßnahmen sind nötig, um die Qualität der Arbeitskräfte zu erhöhen.

Ein Markt mit vielen ungenutzten Möglichkeiten

Aus Deutschland bezieht Indonesien seit Langem vor allem Maschinen und Anlagentechnik, Telekommunikationstechnologie, Geräte und Anlagen zur Erzeugung und Verteilung von Elektrizität, chemische Erzeugnisse, Metalle und nicht zuletzt Automobile – alles Produktgruppen, die eine intensive Betreuung der Kunden vor Ort erfordern. Die Liste deutscher in Indonesien ansässiger Firmen, die regelmäßig von der deutschen Botschaft in Jakarta herausgegeben wird, zählt rund 250 Firmen auf, vorwiegend aus den genannten Sektoren.

Für den Maschinen- und Anlagenbau sind gute Chancen zu erwarten, vor allem aus den immensen und eingesessenen Industrieaktivitäten vom Primärsektor über das produzierende Gewerbe bis zur Dienstleistungsindustrie. Ein hoher Erneuerungsbedarf besteht auch in der Textil- und Bekleidungsindustrie sowie bei Pharma und Chemie.

Der ungebrochene Boom der Lebensmittelindustrie lässt auch in Zukunft eine starke Nachfrage nach Nahrungsmittel- und Verpackungsmaschinen erwarten. Deutsche Technologie gilt in diesem Bereich wegen ihrer Zuverlässigkeit und Geschwindigkeit als erste Wahl. Hier lassen sich häufig auch höhere Preise durchsetzen, da Stillstandszeiten teuer sind. Ähnliches gilt für Kunststoffmaschinen sowie Papier- und Druckmaschinen.

Die Absicht der Regierung, beim Ausbau der Infrastruktur durchzustarten, begünstigt auch die Hersteller von Baumaschinen, die in großer Zahl benötigt werden. Hier herrscht Nachfrage sowohl nach neuen wie gebrauchten Produkten – gerade Baumaschinen werden in Indonesien gerne aus zweiter Hand übernommen.

Die Automobilindustrie gibt kräftig Gas

Der indonesische Automobilmarkt wird traditionell von japanischen, seit ein paar Jahren aber auch von koreanischen Herstellern dominiert. Die Chancen für deutsche Exporteure von Klein- und Mittelklassewagen halten sich daher in überschaubaren Grenzen. Daimler, BMW, Audi und VW sind mit unterschiedlichen Strategien und Verweildauern in Indonesien erfolgreich engagiert und haben sich einen Marktanteil von rund 60 Prozent in der automobilen Oberklasse gesichert.

Nach dem landesweiten Absatzrückgang der Autofirmen von rund 25 Prozent im Jahr 2009 erwartet der Automobilverband ab 2010 eine deutliche Marktbelebung mit Wachstumsraten von mindestens zehn Prozent. Es wird erwartet, dass alleine 2010 bis zu 700.000 Neuwagen verkauft werden können. Die mittel- bis langfristigen Perspektiven für die Zulieferindustrie sind deshalb angesichts des enormen Marktpotenzials sehr günstig.

Die Chemiebranche wird weiter wachsen

In den verschiedenen Sparten der chemischen Industrie wird 2010 ein Nachfrageboom erwartet, ausgelöst durch das nachhaltige Wirtschaftswachstum des Landes. Der Bedarf an Ersatz- sowie an Neuinvestitionen der Chemieunternehmen dürfte in den nächsten Jahren deutlich steigen. Das gilt vor allem für die Lebensmittelbranche, wo die Nachfrage nach dem Grundnahrungsmittel Reis, bei dem Indonesien gerne Selbstversorger sein will, die biotechnische Weiterentwicklung des Saatguts sowie den verstärkten Einsatz von Agrarchemikalien und Düngemitteln notwendig macht.

Die Baubranche boomt

Die Vorzeichen für das Baugewerbe stehen nach Jahren der Flaute wieder generell recht gut. Vor allem in den Sektoren Verkehr, Transport, Energie und Umwelt wird mit reger Bautätigkeit gerechnet, sodass sich für deutsche Planungsleistungen und Technologie günstige Gelegenheiten ergeben. In den Großstädten entstehen laufend moderne Einkaufszentren und Bürokomplexe. Außerdem entstehen beinah täglich neue Wohnbauvorhaben. Die Nachfrage nach Kühltechnik, Gebäudesteuerung und Aufzugsystemen, gemeinsam mit dem auch in Indonesien immer mehr ins öffentliche Bewusstsein rückenden Thema »grüne Technologie«, könnte deutschen Spezialisten viele Türen in Indonesien öffnen.

Eine führende Rolle werden mittelfristig auch die erneuerbaren Energien spielen. Energiegewinnung erfolgt heute hauptsächlich über veraltete Kohlekraftwerke, sodass sich künftig ein Riesenpotenzial für Investitionen in alternative Energiequellen ergeben dürfte. Am aussichtsreichsten erscheinen Geothermik, Hydroanlagen und Biomasse, aber auch Fotovoltaik und Windkraft. Die Regierung stellt gerade ein »10.000-Megawatt-Programm« zusammen, das sich ausschließlich auf erneuerbare Energien stützen soll.

Die Medizintechnik krankt

Das Image indonesischer Ärzte und Krankenhäuser ist selbst bei Indonesiern schlecht. Das Interesse des Privatsektors an Investitionen im Gesundheitswesen, vor allem in den Bau von Kliniken und Krankenhäusern, ist in den letzten Jahren stark gestiegen, und es gibt auch schon erste Krankenhäuser, die modere Behandlungsmethoden bieten können. Deutsche Hersteller von Medizintechnik haben vor allem bei Hightech-Geräten gute Absatzchancen.

Kampf gegen Raubkopierer

Dem Schutz geistigen Eigentums wurde bis zur Asienkrise in Indonesien wenig Bedeutung beigemessen. Indonesien wurde zwar bereits 1979 Mitglied der Weltorganisation für geistiges Eigentum, verstand jedoch die Absicherung der Investoren angesichts hoher Wachstumszahlen als ein nachrangiges Thema.

Die Durchsetzung von Patentschutz und Markenrechten hat sich in Indonesien zwischenzeitlich infolge eines Gesetzes aus dem Jahr 2001 erheblich verbessert. Die inzwischen geltenden Gesetze definieren in klarer Form den Schutz geistigen Eigentums. Internationale Studien wie der »Consumers International IP Watchlist Report 2010« bestätigen das. Vor allem im direkten Vergleich mit China sind in Indonesien die Aussichten, erfolgreiche Gerichtsprozesse gegen Industriepiraten zu führen, heute sehr aussichtsreich.

Das soll nicht heißen, dass die Produktpiraterie in Indonesien ausgerottet ist. Immer wieder werden Verstöße durch lokale Kopierer, aber auch Fälschungen aus anderen asiatischen Regionen entdeckt, besonders aus China. Die Durchsetzung entsprechender rechtlicher Schritte erweist sich in solchen grenzüberschreitenden Fällen oft als schwierig, wenn nicht gar unmöglich. So sind CDs aller Art, die in China in Millionenauflagen raubkopiert werden, auch in Jakarta an quasi jeder Straßenecke zu bekommen.

Vorsichtige Öffnung

Konservativ bei Steuerrecht und Investitionsförderung

Das Klima für Auslandsinvestitionen in Indonesien ist nicht zuletzt aufgrund von Fortschritten in der rechtlichen Absicherung sowie durch umfangreiche Fördermaßnahmen der Regierung besser denn je. Allerdings bleiben einige Sektoren, die nach Ansicht des Staates von besonderem nationalem Interesse sind, wie beispielsweise Rüstungsindustrie und Flugsicherung, für ausländische Investoren unzugänglich. Und natürlich sind Import und Herstellung alkoholischer Getränke in diesem islamischen Land stark reglementiert.

Andere Bereiche sind mit einer maximalen Investitionsquote belegt, was die Einbeziehung lokaler Partner nötig macht. Diese Sektoren werden in der sogenannten »Negativliste« aufgeführt, dürften aber für deutsche Investoren und Handelsunternehmen ohnehin von eher nachrangigem Interesse sein. Trotzdem bemühen sich verschiedene Interessengruppen, darunter auch die Deutsch-Indonesische Auslandshandelskammer (EKONID) sowie die Europäische Handelskammer (EuroCham) durchaus mit Erfolg darum, weitere Bereiche zu liberalisieren. So wurden jüngst einzelne bislang als strategisch wichtig angesehene Wirtschaftssektoren wie zum Beispiel die Energiewirtschaft für ausländische Investoren weiter geöffnet. Ausländer können sich jetzt mit bis zu 95 Prozent an dem Bau von Kraftwerken mit einer Kapazität von mehr als zehn Megawatt beteiligen. Im Gesundheitssektor sollen ausländische Firmen mit einer zulässigen Höchstbeteiligung von bis zu 67 Prozent dazu motiviert werden, in Indonesien Krankenhäuser nach internationalem Standard zu errichten.

Die meisten ausländischen Investoren gründen eine Perseroan Terbatas (PT) mit Ausländerbeteiligung (PMA), was einer deutschen GmbH entspricht, allerdings um Organe und Anteilsverbriefungen einer Aktiengesellschaft mit einer ausländischen Beteiligung von bis zu 100 Prozent erweitert. Dies geschieht durch Genehmigung eines Investitionsantrages durch die Investitionsbehörde BKPM. Üblicherweise beauftragt man spezialisierte Agenten mit der Vorbereitung und Begleitung einer Gesellschaftsgründung sowie mit dem Einholen der nötigen Lizenzen, der Steuernummer sowie der notwendigen Arbeitsgenehmigungen. Das Verfahren ist immer noch mit bürokratischen Hürden über mehrere Ämter hinweg gespickt, da ist die Hilfe eines erfahrenen Einheimischen meist von unschätzbarem Wert. Allerdings empfiehlt es sich, den Agenten sehr sorgfältig auszuwählen. Nach Willen der Regierung sollen in Zukunft sogenannte One-Stop-Agencies den Gründungsprozess vereinfachen und beschleunigen. Erfahrungen der letzten Jahre besagen, dass es etwa drei Monate dauert, um eine PMA zu gründen, wenn alle Unterlagen eingereicht sind. Die BKPM erwartet eine Mindestinvestition im Rupiah-Gegenwert von 100.000 US-Dollar, die in Form von Kapital oder Sachwerten erbracht werden kann. Diese Anforderung mag bei einigen Investitionen zunächst abschreckend wirken, erweist sich aber meistens auch als notwendig, um die Geschäfte einer neuen Gesellschaft auf einer soliden Grundlage starten zu können.

Einfaches Steuersystem

Das indonesische Steuersystem ist im Vergleich zum deutschen sehr geradlinig und einfach aufgebaut. Allerdings wird das Steuerrecht alle paar Jahre reformiert, um insbesondere durch Steuersenkungen Anreize für zusätzliche Investitionen zu schaffen. Es gibt typischerweise keinen Unterschied in der Behandlung zwischen ausländischen und indonesischen Investoren bezüglich der Investitionsanreize wie zum Beispiel Steuerbefreiungen und Steuersenkungen oder bei den Zollsätzen.

Natürliche Personen sowie Gesellschaften unterliegen in Indonesien einer progressiven Steuer auf alle Einnahmen mit einem Spitzensteuersatz für natürliche Personen von 30 Prozent des zu versteuernden Einkommens beziehungsweise einem Körperschaftssteuersatzes von 25 Prozent. Werbungskosten und Betriebsausgaben sind aktivierungsfähig und können in der Regel linear abgeschrieben werden. Verluste können maximal bis zu fünf Jahre vorgetragen werden.

Die Mehrwertsteuer beträgt in der Regel zehn Prozent, auf bestimmte als Luxusgüter klassifizierte Waren sind jedoch oft erheblich höhere Steuern zusätzlich fällig. Einnahmen aus Dividenden, Zinsen, Vermietung oder Ähnlichem unterliegen einer Quellensteuer. Im Zuge einer Gesellschaftsgründung können Maschinen und Güter, die zur Ausführung des Gesellschaftszweckes notwendig sind, steuerfrei importiert werden. Ein Nachweis dieser Notwendigkeit ist beim Erstellen einer sogenannten »Masterlist« erforderlich und in angemessenem Rahmen auch durchsetzbar.

Zusätzliche Investitionsanreize werden immer wieder diskutiert, vor allem für arbeitsintensive Bereiche, bei staatlichen Infrastrukturprojekten, beim Technologietransfer, in Pionierindustrien, im ländlichen Raum, in der Zusammenarbeit mit kleinen und mittleren Unternehmen und in umweltfreundlichen Projekten – doch bisher meistens ohne konkrete Ergebnisse.

DIE PHILIPPINEN: DAS LAND DER JUGEND

Ein Stück Südamerika in Asien

Von Gunter Denk

Wahrscheinlich sind die Philippinen nur irgendwo durch ein glückliches Versehen des lieben Gottes nach Südostasien gerutscht. Eigentlich gehören sie nach Südamerika. In der heterogenen Welt Südostasiens mit seinen buddhistisch-indischen, islamischen und chinesischen Einflüssen stellt der Inselstaat mit seiner christlichen Kultur einen ganz besonderen Farbtupfer dar.

Spanisch beeinflusste Küche, christlicher Glauben, südländische Lebensleichtigkeit und englische Sprachkenntnisse selbst in tiefster Provinz lassen dem Europäer das Land schnell gewohnt und geliebt sein.

Natürlich gibt es für diese Eigenschaften auch weniger schöpfungsorientierte und recht handfeste Gründe. 300 Jahre »christliche Konvents« und fröhliche »Fiesta-Mentalität« mit den Spaniern und da_rauffolgend 50 Jahre »Hollywood« unter amerikanischem Einfluss haben die Kultur des Landes nachhaltig westlich geprägt. Das haben bislang nicht einmal die Chinesen spürbar ändern können, die als große Nachkriegssieger heute nach Schätzungen 70 Prozent der privaten Vermögen im Lande halten.

SWOT-Analyse Philippinen

Strengths (Stärken)

- Junge, gut ausgebildete Arbeitskräfte
- Von Spanien und den USA geprägte, christlich-westliche Kultur
- Englische Sprache weitverbreitet
- Rund 100 Industrieparks (PEZA-Zonen) für Produktions- und IT-Unternehmen mit Steuervergünstigungen und Möglichkeit zur Gründung einer 100-Prozent-Tochtergesellschaft (WFOE)
- Demokratischer Rechtsstaat mit Präsidialsystem
- Guter Schutz geistigen Eigentums auch durch US-Einfluss
- Große Freundlichkeit gegenüber westlichen Ausländern

Weaknesses (Schwächen)

- Schwacher Parlamentseinfluss durch fehlende Programmparteien
- Ausgeprägte Korruption im öffentlichen Bereich
- Schwerer Marktzugang für Ausländer durch beherrschende Familienclans in nahezu allen Branchen
- Schwieriges Wettbewerbsumfeld durch korrupte Justiz und klagefreudige US-Anwälte
- Starker gewerkschaftlicher Einfluss
- Kein Landbesitz für Ausländer und nur Minderheitsbeteiligung an Firmen außerhalb der PEZA-Zonen

Opportunities (Chancen)

- Der 2010 gewählte Präsident gilt als Hoffnungsträger des nationalen Fortschritts
- Auch gegen die Korruption
- Ideal für Outsourcing von innerbetrieblichen Prozessen (Entwicklung, Research etc.)
- Beste Bedingungen für Serviceorganisationen wie Callcenter oder Programmierung
- Guter Produktionsort für Elektronik und hochwertige, handwerkliche Produkte wie Möbel und Kunstgewerbe

Threats (Risiken)

- Schwierige Veränderungsprozesse in der Politik durch fehlende Programmparteien
- Politische Gewaltakte unter den um Einfluss konkurrierenden Familien
- Etwas periphere Insellage, nicht immer konkurrenzfähig zu »Hubs« wie Bangkok, Ho-Chi-Minh-Stadt oder Kuala Lumpur

100 Millionen und kein Ende

Die jüngste Altersstruktur Asiens: Segen und Fluch

Fragt man nach dem Besonderen des Landes, dann steht über allem die Jugendlichkeit. Deutlich über 35 Prozent der Bevölkerung sind unter 14 Jahre alt und das Bevölkerungswachstum lässt diese Altersgruppe weiter wachsen. In nur rund 30 Jahren hat sich die Anzahl der Filipinos von rund 40 Millionen auf offiziell 95 Millionen erhöht. Landeskenner behaupten, dass die 100-Millionen-Grenze längst überschritten ist, denn nicht jeder Bürger hat eine Geburtsurkunde, was verlässliche Statistiken unmöglich macht.

Ob diese Besonderheit Fluch oder Segen für das Land und Vorzug oder Nachteil für Investoren ist, bleibt offen. Einerseits sind die meisten der jungen Leute gut ausgebildet und die englische Sprache wird – nach einigen Jahren staatlicher Nachlässigkeit – wieder verstärkt als Verkehrssprache akzeptiert und gelehrt. Diese gut ausgebildeten Jungen sind für das Land deshalb auch das wichtigste »Exportgut«. Mehr als zehn Millionen im Ausland lebende Filipinos überweisen jährlich insgesamt zweistellige Milliardenbeträge zurück zu ihren Familien. Die Bauwirtschaft profitiert, denn so manches Familienheim entstand gerade durch diese Gelder.

Wer daheimbleibt, tut nichts

Andererseits gilt auch hier der Satz »Stütze macht faul«. Viele Familien verlassen sich auf die Finanzierung durch den unter härtesten Bedingungen in den arabischen Ländern schuftenden Bruder oder die als Maid bei reichen Hongkong-Chinesen unter fast sklavenartigen Umständen arbeitende Schwester. Die Folge: Die Daheimgebliebenen tun hauptberuflich nichts. Der langjährig vernachlässigte Wirtschaftssektor Landwirtschaft ist auch nicht groß genug, um – wie zum Beispiel in Vietnam – die unbeschäftigten jungen Leute aufzunehmen und sozial zu integrieren. Sie enden schließlich in den Slums und Gangs von Manila und anderen Großstädten des Landes.

Für Investoren sind gut ausgebildete junge Leute jedoch eine großartige Ressource. Zahllose Call- und Servicecenter weltweit nutzen diese denn auch. Die Philippinen stellen so den einzig ernst zu nehmenden Konkurrenten zu Indien im Dienstleistungs- und IT-Sektor dar. Auch für die Konsumgüterindustrie stellen 100 Millionen Menschen und damit die nach Indonesien größte Bevölkerung Südostasiens einen attraktiven Binnenmarkt dar. So ist die bis heute ungehemmte Vermehrungsfreude der Philippinen Last und Segen zugleich.

Keinen Zweifel aber gibt es darüber, dass die Menschen und die Kultur des Landes höchste Lebensqualität für den Ausländer mit sich bringen. Man bekommt als Europäer hierzulande fast alles zu kaufen, was man sich wünscht. Man kann englisch kommunizieren und trifft auf offene, lebenslustige, kulturell verwandte und dazu noch gut ausgebildete Menschen. Von der kulturellen Verzweiflung im beruflichen Alltagsumgang mit Einheimischen, die Expats in Thailand, Vietnam oder gar China bisweilen befällt, bleiben sie auf den Philippinen verschont.

CHANCEN & RISIKEN

Abstieg einer Wirtschaftsmacht

Die Philippinen zwischen Clanwirtschaft und Aufbruchstimmung

Wir erinnern uns, dass noch vor 20 Jahren Japan eine nicht aufzuhaltende wirtschaftliche Vormachtstellung vorausgesagt wurde. Mittlerweile und nach zwei Jahrzehnten des Abstiegs sind die Chinesen als neuer »Taste of the Month« der Wirtschaftspropheten längst an Japan vorbeigezogen.

Der Abstieg der Philippinen war ungleich dramatischer, aber kaum einer erinnert sich in Europa daran. Lange Jahre stand der Inselstaat klar auf Platz zwei der asiatischen Wirtschaftsmächte hinter Japan und weit vor China, Thailand oder Malaysia.

Opfer des Protektionismus

Diese Vorrangstellung hat das Land verspielt. Ein falscher Weg des Protektionismus, der verfassungsrechtliche Ausschluss ausländischer Investoren von der gesellschaftsrechtlichen Mehrheit in heimischen Unternehmen und ein politisch allzu korrumpiertes System brachten den Abstieg ins untere Mittelmaß der Region. Die negative Entwicklung begann schon unter der Diktatur Ferdinand Marcos' und setzte sich danach beschleunigt fort. Protektionismus nahm den Entwicklungsdruck von den eigenen wirtschaftlichen Kräften. Die Aufteilung der Binnenmärkte unter 200 bis 300 Familienclans verhinderte zusätzlich das Entstehen neuer, mittelständischer Unternehmen. Start-ups cleverer Mittelständler fanden sich zunehmend und besonders in den peripher gelegenen Provinzen bald bedroht von den mächtigen Familienclans, die keine Konkurrenz zuließen, und hatten die Wahl zwischen Aufgabe oder Unterwerfung vor den mächtigen Familien, die sie dann zu schlechten Bedingungen für das eigene »System« einspannten und die Profite in die eigene Tasche steckten.

Formulare, Formulare

Hinzu kommt eine umständliche und ausufernde Bürokratie. Das begünstigt natürlich die Korruption: Wenn jedes kleine Anliegen mit einem Wust an Formularen und Anträgen verbunden ist, erscheint eine »Verkürzung« solcher Verfahren nicht nur nervlich entlastend für den Antragsteller, sondern auch wirtschaftlich reizvoll für den Entscheider. Von der Pass-Erteilung bis zum Führerschein ergeben sich für bestechliche Beamte unzählige Gelegenheiten zum Abgreifen.

Betroffen von dieser Korruption sind selbst die Steuerbehörden, was die öffentliche Armut zugunsten der Bestechlichkeit noch intensiviert. Steuerprüfungen kommt man am besten vor deren Beginn durch die einfache Frage »How much?« zuvor. Bestechung am Anfang kommt zumeist billiger als die Verhandlung der Zahlung nach Abschluss der Prüfung.

Missstände politisch sanktioniert

Heute ist dieses ungute System perfektioniert, politisch untermauert und stellt gemeinsam mit der allgegenwärtigen Korruption ein schier unüberwindliches Hindernis des wirtschaftlichen Aufschwungs dar. Die großen Familien beherrschen das Land. In den von ihnen geprägten Machtstrukturen und durchaus in gegenseitiger Konkurrenz zocken sie das Land wechselweise ab und verhindern die Entwicklung einer Mittelklasse besonders auf dem flachen Land. Politische Programmparteien, die die Verhältnisse ändern könnten, gibt es nicht. Das Parlament setzt sich fast ausschließlich aus direkt gewählten Wahlkreiskandidaten zusammen, die von den jeweils örtlich herrschenden Familien mit massivem Einfluss bei den Wählern durchgesetzt werden. Die alten Parteien, Liberale und »Nationalistos«, die keine Mitgliederlisten oder Beiträge kennen, werden jeweils kurz vor Wahlen von den Clans finanziell »übernommen«, um dann als Reservoir für die nach der Machtübernahme zu verteilenden Verwaltungsposten zu dienen. Der Parlamentspräsident muss sich seine Mehrheiten durch Zusagen und »Zugaben« an möglichst viele, individuell gewählte Wahlkreisabgeordnete sichern. Das Präsidialsystem um den direkt gewählten Präsidenten tut ein Übriges, die Entwicklung von veränderungsfähigen Programmparteien zu verhindern.

Im Ergebnis dieses misslichen politischen und wirtschaftlichen Systems leben heute 40 Prozent der Filipinos unter der Armutsgrenze, während die herrschenden Familien einen Reichtum angesammelt haben, der im Vergleich selbst das Vermögen der Aldi-Gründer in Deutschland als nahe der Sozialhilfe erscheinen lässt.

Justitia trägt keine Augenbinde

Natürlich sind Gerichte und Behörden auf den Philippinen formal rechtsstaatlich organisiert. Dass in den Philippinen aber etwas andere Spielregeln gelten, musste sogar das deutsche Renommierunternehmen Audi erfahren. Als man vor einigen Jahren dem philippinischen Konzessionär kündigte und einen neuen ernannte, wehrte sich der Gekündigte gerichtlich gegen seinen Hinauswurf. Dies alleine ist nicht überraschend. Umso mehr aber war für Audi, dass die Gerichte angeblich Blanko-Haftbefehle gegen sämtliche Vorstandsmitglieder des deutschen Unternehmens erließen, denen beim nächsten Manila-Besuch denn auch ein Aufenthalt in einem philippinischen Gefängnis gedroht hätte. Die Angelegenheit konnte zwar letztlich geregelt werden, der Vorfall zeigt aber, dass »auf hoher See und vor philippinischen Gerichten« nun mal alle in Gottes Hand sind.

Justitia trägt auf den Philippinen keine Binde. Die Durchsetzung von Ansprüchen gegen Regierungs- und Verwaltungsapparate, denen Gewaltenteilung ein eher lästiges Hindernis beim Ausbau der eigenen Machtpositionen und Einnahmequellen bedeutet, ist kaum möglich. Zu offensichtlich werden unterschiedliche Interessen zum Leitfaden für Behörden- und Gerichtsentscheidungen. Politik und Korruption lassen keine wirkliche Rechtssicherheit zu. Die Gerichte sehen nicht anders aus. Politischer Einfluss und wirtschaftliche Interessen haben maßgebliche Auswirkungen auf ihre Entscheidung.

Dass es bei Geschäften mit Regierungen in Asien nicht selten auch um finanzielle Interessen der Entscheidungsträger geht und ebenso häufig das Recht fantasiereich umgangen wird, ist sicher dennoch nicht auf die Philippinen alleine beschränkt.

Das Besondere in den Philippinen aber ist, dass man gleichsam einen »rechtlichen Mehrkampf« mit wechselnden Regeln zu absolvieren hat. Wenn es einem erst einmal gelungen ist, die vielfältigen Interessen von Entscheidungsträgern zu »bedienen«, ist die Situation dadurch noch lange nicht geklärt.

Die langjährige Besatzung durch die Vereinigten Staaten beglückte das Land nämlich mit einer seiner ganz besonderen »Errungenschaften«, dem profitorientierten US-Anwaltssystem. Wenn man es also geschafft hat, den von Korruption durchsetzten Verwaltungsapparat wieder auf Linie zu bringen, stürzen sich sofort gierige Anwälte – oftmals von der Konkurrenz angeheuert – auf das Opfer, um auch ihren Teil der Beute zu erstreiten. Beide allein, Korruption und US-Anwaltssystem, stellen für sich schon recht unangenehme Spielverderber für Auslandsinvestoren dar. Beide zusammen machen ein Spiel mit rechtlichen Regelungen des Landes für Ausländer kaum beherrschbar.

Anpassungsfähigkeit schafft Stabilität

Ausufernde Korruption, eine sozial unausgewogene Verteilung der Einkommen des Landes, ein unzureichendes Rechtssystem und junge Menschen, die im eigenen Land keinen Arbeitsplatz finden: Das klingt nach Instabilität oder gar Revolution. Und dennoch, in den Philippinen ist das nicht so. Diese relative Stabilität ist auf die zumindest vordergründig demokratische Grundstruktur zurückzuführen. Demonstrationen gehören zum Alltag und werden von den Machthabern nicht als Vorboten einer Revolution empfunden. Anders als in Thailand oder in den kommunistischen Staaten Südostasiens werden Demonstrationen nicht als Terrorismus verteufelt. Auch das Wahlsystem zum Präsidenten trägt das Seine zu einer gewissen Beständigkeit bei. Die Begrenzung der Amtszeit auf drei Jahre und das Verbot der vielfachen Wiederwahl lassen Veränderung machbar erscheinen. Die Möglichkeit des politischen Wechsels zeigt, dass Demokratie eben auch ein praktikables Instrument staatlicher Organisation ist. Wer Einfluss auf die politische Entwicklung nehmen kann, muss keine Revolutionen veranstalten.

Auch die natürliche Anpassungsfähigkeit der Filipinos stabilisiert das Land. Veränderungen werden akzeptiert und man lebt mit ihnen. Filipinos wollen in aller Regel nicht für ihre politische Überzeugung sterben. Sie vertrauen auf die Möglichkeit der Veränderung durch demokratische Mehrheitsentscheidungen. Die Möglichkeit der politischen Diskussion und der Wahl schafft Hoffnung.

Die Hoffnung heißt Aquino

Etwas Hoffnung gibt es seit Anfang 2010 durch die Wahl von Noynoy Aquino zum Präsidenten. Der Sohn der als Volksheldin verehrten und von bis heute nicht gefassten Attentätern ermordeten Ex-Präsidentin hat die Bekämpfung der Korruption und die wirtschaftliche und demokratische Stärkung des Landes versprochen.

Zwar wurde seiner Mutter, der eher schwachen Nachfolgerin ihres seinerzeit ermordeten Mannes im Präsidentenamt, bald nach der Wahl vorgeworfen, sie habe ihrer eigenen Familie als Präsidentin den Großgrundbesitz gesichert, der im Rahmen der Landreform eigentlich hätte aufgeteilt werden müssen.

Dennoch ruhen auf Noynoy Aquino viele Hoffnungen. Selbst Skeptiker müssen einräumen, dass Aquino überraschend entschlossen begann und schnell gegen erkannte Auswüchse der Korruption vorging: Bei Zoll und Einwanderungsbehörden wurden schon kurz nach Amtsantritt reihenweise Beamte aus dem Amt geworfen, die gegen gutes Geld illegale Papiere und Dokumente ausstellten. In den letzten 90 Tagen vor der Wahl ausgesprochene Beförderungen seiner Vorgängerin widerrief er als verfassungswidrig. Dies war ein deutliches Zeichen des Bruchs mit den alten Verhältnissen und Machtkreisen.

Der neue Präsident gilt zudem als wirtschaftsfreundlich und will erklärtermaßen die Monopolstrukturen der 200 bis 300 herrschenden Familien brechen. Das wird nicht leicht sein, denn ohne Gesetzesänderung ist dieses Ziel nicht erreichbar. Für diese Änderungen allerdings eine Mehrheit im Parlament zu bekommen verlangt, große Gruppen von Abgeordneten auf seine Seite zu ziehen. In aller Regel geschieht dies allerdings dann durch wirtschaftliche Zusagen und damit letztendlich genau durch die Methoden, die durch die neuen Gesetze bekämpft werden sollen.

Die größte Sorge im Lande ist allerdings, dass Noynoy Aquino sein mutiges Vorgehen nicht überlebt. Politische Morde sind in den Philippinen leider an der Tagesordnung, und auch Aquinos Vater musste seine Reformbestrebungen im Präsidentenamt mit dem Leben bezahlen. Aber vielleicht hilft auch hier die Anpassungsfähigkeit der Filipinos. Der Anfangsschwung mag helfen zu überzeugen, dass es dieser Mann ernst meint mit Reformen. Vielleicht passt sich dann auch so mancher, der vom System der Korruption gelebt hat, den neuen Regeln an.

GESCHÄFTSKULTUR & ARBEITSWELT

»Easy go lucky!«

Als Ausländer in den Philippinen – über Freud und Leid

Der Begriff »easy go lucky« spiegelt das Lebensgefühl der Filipinos wider und ist am ehesten als »mit Leichtigkeit dem Glück vertrauen« zu übersetzen. Auf Ausländer wirkt es ansteckend und macht es angenehm, im Land zu leben. Natürlich spielt auch die Verbreitung der englischen Sprache eine große Rolle, ebenso wie die kulturelle Nähe, die uns die christlich-westlich geprägte Lebenskultur vermittelt. Sie ist eine Mischung aus der Fiesta-Mentalität der einstigen spanischen Besetzer und der ungebremsten Bereitschaft, über seine Verhältnisse zu leben, wie man sie von den Amerikanern übernommen hat.

Von Sicherheitsbedenken und Entführungsängsten, wie sie in der Presse gelegentlich verbreitet werden, muss man sich nicht verunsichern lassen. Entführt werden zumeist reiche Chinesen, die sich als Gewinner der Nachkriegszeit rund 70 Prozent des nationalen Vermögens sichern konnten.

Der »normale« Ausländer ist hiervon nicht betroffen. Er ist in der Regel gerne gesehen und findet alles vor, was er im Alltag gewohnt ist. Man muss auf nichts verzichten. Die Supermärkte sind westlich eingerichtet und das Unterhaltungsangebot steht westlichen Metropolen um nichts nach.

Bei der Verständigung ist nicht nur die verbreitete englische Sprache, sondern auch die durch die christliche Ausrichtung gemeinsame Werteordnung mehr als behilflich. Wenn man den richtigen Partner findet, was allerdings angesichts der Aufteilung der wirtschaftlichen Macht unter den Großfamilien und ihren gekauften Verwaltungen gar nicht so einfach ist, lässt es sich in den Philippinen als Unternehmer recht gut leben.

Wenig Rechtssicherheit und schlechte Infrastruktur

Schwierig ist die Infrastruktur. Speziell in der Metropole Manila sind die Straßen chronisch verstopft. U-Bahnen, Hochbahnen, Schnellstraßen und Umgehungen, wie sie zum Beispiel Thailand zur Lösung der Verkehrsprobleme gebaut hat, fehlen hier völlig. Die Mängel in der Infrastruktur stellen dann wohl auch eines der größten Hindernisse für mehr Auslandsinvestitionen dar.

Unabhängig von der Korruption insbesondere im Behördenapparat kann man private Geschäfte in den Philippinen ebenso sicher betreiben wie in allen anderen Staaten Südostasiens. Man steht im Grunde zu Verträgen und Vereinbarungen, denn man möchte Geschäfte machen. Vor der Bereitschaft der bereits erwähnten Anwaltschaft, gegen unliebsame Konkurrenten loszuziehen und nachträglich ungünstige Verträge anzufechten, ist man allerdings nicht gefeit.

Wer auf den Schutz geistigen Eigentums angewiesen ist, der wird eine verlässliche Justiz auch in diesem Bereich schmerzlich vermissen. Allerdings entspricht es auch nicht der philippinischen Geschäftskultur, ähnlich wie in China permanent Jagd auf fremdes Wissen zu machen, um es sich selbst anzueignen und wirtschaftlich zu nutzen. Die Anforderungen an den rechtlichen Schutz geistigen Eigentums werden natürlich dann umso höher, je mehr Gesellschaft und Wirtschaft die Verletzung dieser Rechte als normal betrachten. In den Philippinen ist dies jedenfalls nicht der Fall.

Lokale Manager ersetzen Expats

Ein besonderer Vorzug des Inselstaates darf nicht unerwähnt bleiben: Immer mehr ausländische Unternehmen gehen dazu über, auch Führungspositionen regional zu besetzen. Während es in den meisten südostasiatischen Ländern der »eigene Mann« vor Ort für das Funktionieren des Betriebs unerlässlich ist, sparen sich in den Philippinen mehr und mehr Investoren diese doch meist recht hohen Kosten. Lokale Manager führen das Unternehmen zuverlässig und sind zudem geschickt im Umgang mit den örtlichen Verhältnissen oder auch Schwierigkeiten.

Starke Gewerkschaften

Die Gewerkschaften im Lande sind weit links orientiert und kampfbereit. Sie scheuen sich nicht, betriebliche Abläufe intensiv und nachhaltig zu stören, um ihre Ziele zu erreichen. Der beste Weg, sich solche Auseinandersetzungen vom Hals zu halten, sind ein fairer Umgang mit den Mitarbeitern und Verständnis für die örtlichen Gegebenheiten. Etwas Großzügigkeit bei freiwilligen sozialen Leistungen, wie sie ohnehin der deutschen Geschäftskultur entspricht, zahlt sich hier aus. Zwar ist eine jährliche Untersuchung auf TBC und Hepatitis vorgeschrieben und es gibt auch eine Krankenversicherung für alle Mitarbeiter. Deren Leistungen aber sind sehr eingeschränkt. Freiwillige Zusatzversicherungen und andere Sozialleistungen in Notfällen bringen nicht nur dem Unternehmer Ansehen, sie sichern auch die Loyalität der Mitarbeiter und schützen vor Fluktuation. »Committees« ähnlich den deutschen Betriebsräten, sind ein weiteres, probates Mittel, den Betriebsfrieden zu sichern.

Das Arbeitsrecht selbst sieht einen Kündigungsschutz nach sechs Monaten Betriebszugehörigkeit vor. Bei nicht hinreichend begründeter Kündigung führt dies zu einer Abfindung für den Arbeitnehmer, die in der Regel ein halbes Monatsgehalt für jedes Jahr der Betriebszugehörigkeit umfasst.

Arbeitsrechtliche Auseinandersetzungen vor den Gerichten sollte man meiden. Unabhängig von der Rechtslage und zumeist mit der Begründung über die »sozialen Umstände des Einzelfalls« entscheiden die Gerichte in aller Regel zugunsten des Mitarbeiters. Dies gilt umso mehr, wenn der Arbeitgeber ein durch Ausländer investiertes Unternehmen ist. Darüber hinaus sind die Verfahren teuer und langwierig. Gerade die lange Dauer der Auseinandersetzung führt dann häufig zusätzlich zu ganz erheblichen Nachzahlungen an Lohn und Gehalt. In jedem Fall ist es ratsam, schon im Arbeitsvertrag eine Vermittlungsstelle zu vereinbaren, die dem Gerichtsverfahren vorgeschaltet wird.

Investitionen in Intelligenz

Direktinvestitionen: Anreize und Hindernisse

Wenn nur ein Prozent der gesamten Auslandsinvestitionen im Lande aus Deutschland stammt, dann spricht dies weniger gegen die Philippinen als vielmehr für den Nachholbedarf an global denkenden Mittelständlern hierzulande.

Zu den absoluten Billiglohnländern kann man die Philippinen nicht mehr zählen. Gegenüber Indonesien oder Vietnam als regionale Konkurrenten liegen die Löhne deutlich höher. Kaum ein anderes Land aber bietet so viele Chancen für den Auf- und Ausbau externer Intelligenz wie der Inselstaat. Einige deutsche Großunternehmen haben das sehr wohl erkannt. Tausende junger Filipinos unterstützen deutsche Firmen und Dienstleister im Aufbau ihrer asiatischen Wissens- und Dienstleistungspools.

So beschäftigt Bertelsmann 600 Mitarbeiter und Bosch über 300 Mitarbeiter in Zentralen für interne Geschäftsprozesse, und die Deutsche Bank baut in Manila ihr internationales »Knowledge Center« auf. Auch die Deutsche Lufthansa unterhält ein Ausbildungszentrum im Lande.

Diese Entscheidungen kommen nicht von ungefähr. Die Philippinen sind der ideale Investitionsstandort für Investitionen in Intelligenz. »Business Process Outsourcing« heißt das Erfolgskonzept des Standorts. Wo sonst fände man auch ein vergleichbares Angebot an jungen Menschen mit perfekten Englisch-Sprachkenntnissen und guter Ausbildung zu derart günstigen Anstellungsbedingungen? Alleine in der IT-Industrie arbeiten zurzeit 170.000 junge Filipinos in der Softwareentwicklung oder in Callcentern. Bis 2010 sollen in diesem Segment 500.000 Menschen Arbeit finden.

Internetkenntnisse als Vermögenswert

Die Geschicklichkeit der jungen Generation im Umgang mit Internet, Kommunikationstechnologie und Computerwesen, stellt ein kaum einschätzbares »Asset« der philippinischen Gesellschaft dar. Die Philippinen befinden sich in dieser Hinsicht auf Augenhöhe mit Indien, das von der Allgemeinheit viel mehr als Standort für intelligente Dienstleistungen wahrgenommen wird.

Dazu, dass die Philippinen auch über den Bereich Callcenter, Dienstleistungen und interne Geschäftsprozesse hinaus zu einem attraktiven Industriestandort geworden sind, trägt noch etwas Weiteres bei, nämlich die Fingerfertigkeit und eine westliche Arbeitsorganisation. Nicht nur die deutsche Continental fertigt ihre thermische Elektronik im Lande. Zahlreiche Elektronikunternehmen haben in den Philippinen ihren Standort gefunden und machen das Land darin zum ernsthaften Konkurrenten in der Region für Malaysia.

Auch wer handwerklich auf hohe Qualitäten angewiesen ist, ist in den Philippinen gut aufgehoben. Ein Beispiel ist die deutsche Edelmarke DEDON für geflochtene Gartenmöbel. Die in Lüneburg beheimatete Firma fertigt auf Cebu, der bekannten Ferieninsel des Landes, vermarktet ihre Produkte aber vorwiegend und erfolgreich in Europa.

Erwähnenswert scheint auch, dass immer mehr Baufirmen wie zum Beispiel die Münchner Wacker Baumaschinen GmbH in den Philippinen eine Heimat finden. Hier drücken sich die Erwartungen der Industrie auf einen Ausbau der doch recht mangelhaften Infrastruktur aus.

Auch die Philippinen als marktwirtschaftlich orientierter Staat fördern Direktinvestitionen. Die Förderung wird landeseinheitlich durch das philippinische Board of Investment und die Philippine Economic Zones Authority (PEZA) organisiert. Beide sind dem gleichen Ministerium unterstellt. Da sie weitgehend die gleichen Privilegien zu vergeben haben, sind sie sich gegenseitig nicht unbedingt »grün«. Sinn und Unsinn dieser Zweigleisigkeit bleiben dem Außenstehenden ohnehin verborgen und sind wohl nur durch die grundsätzliche Kompliziertheit des philippinischen Verwaltungssystems zu erklären.

Insgesamt gibt es über 100 PEZA-Zonen, von denen 65 sogenannte Manufacturing Economic Zones sind. Weitere 34 sind IT-Parks beziehungsweise IT-Zentren und zwei der Einrichtungen sind auf den Medizintourismus spezialisiert. Die PEZA Economic Zones, die als Industrieparks mit allen Infrastrukturen ausgestattet sind, verstehen sich zumeist als exportorientierte »Free Zones«. Die Ansiedlung in diesen Parks erfolgt unter der Auflage, dass die produzierten Waren in den Export fließen müssen. Dafür dürfen betriebsnotwendige Maschinen, Komponenten und Rohmaterialien zollfrei importiert werden. Das BOI kann genehmigen, dass bis zu 30 Prozent der Produktion auch im philippinischen Binnenmarkt abgesetzt werden dürfen. In diesem Fall sind entsprechend anteilige Einfuhrzölle und Steuern zu leisten.

Vergünstigungen auf Einfuhrabgaben

Das philippinische BOI gibt jährlich einen »Investment Priorities Plan« heraus, in dem Sonderförderungen für bestimmte Industriezweige oder Regionen ausgelobt werden. Zu den Fördermöglichkeiten auf den Philippinen gehören im Wesentlichen Vergünstigungen bei den Einfuhrabgaben und auf die Körperschaftssteuer von regelmäßig 30 Prozent. Anreize im Einzelnen sind:

- Befreiung von der Einkommenssteuer für vier Jahre beziehungsweise sechs Jahre für sogenannte »Pionierunternehmen«, die unter Verwendung einheimischer Rohstoffe Waren herstellen, die zum Beispiel bislang in den Philippinen nicht produziert wurden;
- anschließend über einen weiteren Zeitraum fünf Prozent Pauschalsteuern als Ersatz für alle anderen staatlichen und regionalen Steuern;
- Befreiung von Zoll und Einfuhrsteuern für importierte Maschinen, Ersatzteile und Materialien;
- Genehmigung von lokalen Verkäufen bis zu 30 Prozent des Umsatzes;
- Ausnahmen für Verschiffungsgebühren und Ausfuhrsteuern;
- Visa und Arbeitsgenehmigungen für Investoren und deren Familienangehörige – ein »Resident Visa« gibt es bereits für Investoren von mindesten 75.000 US-Dollar;
- vereinfachte Import- und Exportverfahren.

Bei den Anträgen bemühen sich beide Behörden um eine möglichst unbürokratische Abwicklung. In den Vorschriften für das BOI ist festgeschrieben, dass die Genehmigung einer Investition und die damit verbundenen Vorteile als genehmigt gelten, wenn ein vollständig eingereichter Antrag nicht innerhalb von 20 Tagen beschieden wird. Festgeschrieben ist allerdings nicht, wann ein Antrag »vollständig« ist. Hier ergibt sich ganz sicher ein Beurteilungsspielraum für die Behörde.

WIRTSCHAFT & STEUERN

Keine Mehrheit für Ausländer

Ohne Partner läuft auf den Philippinen gar nichts

Die Verfassung der Philippinen verbietet Mehrheitsinvestitionen von Ausländern im Lande. Die sogenannte Wholly Foreign Owned Enterprise (WFOE), also Gesellschaft mit 100 Prozent ausländischer Beteiligung, ist aber in den PEZA-Zonen zulässig. Überall sonst sind Auslandsinvestoren auf lokale Partner angewiesen. Die eigene Beteiligung ist regelmäßig auf 40 Prozent begrenzt.

Eine Umgehung dieser Regelung ist mit hohen Risiken verbunden. Die Fraport AG, Betreiber des Flughafens in Frankfurt, hat dies leidvoll erfahren müssen. Der Terminal 3 des internationalen Flughafens von Manila wurde von dem deutschen Unternehmen in den 90er-Jahren gebaut und bezahlt. Zugesagte Gegenleistung war, dass man den Terminal über einen Zeitraum von 25 Jahren betreiben dürfte – genug Zeit, um gemeinsam mit dem rechtlich unumgänglichen lokalen Partner die Investitionen zu amortisieren. Als der Terminal fertig war, wollte die neue Präsidentin Gloria Macapagal-Arroyo allerdings von den Vereinbarungen nichts mehr wissen. Nicht nur, dass der Fraport die Betriebsrechte entzogen wurden, das ganze Gebäude wurde kurzerhand enteignet.

Enteignung mit dem Segen des Gerichts

Diese Enteignung wurde auch durch das oberste Gericht in den Philippinen bestätigt, die Sicherheitsbeamten, die das leere Terminal im Auftrag der Fraport bewachten, wurden 2004 von der Polizei vertrieben. Bis heute wurde über die vom Gericht zugesagte angemessene Entschädigung keine abschließende Entscheidung getroffen. Eine Klage der Fraport vor der Weltbank wurde gar nicht erst angenommen. Die deutsche Gesellschaft habe bei den Vertragsverhandlungen gegen Landesrecht verstoßen. In diesem Falle sei eine rechtliche Unterstützung ausgeschlossen. Hintergrund des Vorwurfes war es, dass nach philippinischem Recht ausländische Gesellschaften höchstens 40 Prozent der Anteile an einer Unternehmung halten dürfen. Formell hat sich Fraport an diese Abrede gehalten. Vorgeworfen wurde dem Unternehmen allerdings, dass es sich durch vertrauliche Nebenvereinbarungen mit den Partnern einen stärkeren Einfluss gesichert habe.

Unter dem Strich macht diese Beschränkung jeder ausländischen Beteiligung auf maximal 40 Prozent die Suche nach einem entsprechenden philippinischen Partner erforderlich. Dessen Auswahl ist spielentscheidend. Darüber ergeben sich weitere Beschränkungen aus einer »Negativliste« von wirtschaftlichen Tätigkeiten, von denen Ausländer gänzlich ausgeschlossen sind oder ihre Beteiligung noch geringer als 40 Prozent sein darf. Hierzu gehören fast alle Beratungs- und Serviceleistungen von Selbständigen, sei es technischer oder auch kaufmännischer Art. Wer sich am Einzelhandel im Land beteiligen möchte, muss zuvor nicht weniger als 2,5 Millionen US-Dollar an Kapital aufbringen.

Auch vom Landeigentum sind Ausländer ausgeschlossen. Wie in kommunistischen Ländern stehen als Alternative langwierige Mietverträge von 50 Jahren mit einer möglichen Verlängerung von weiteren 20 Jahren zur Verfügung. Im Gegensatz zu den meisten kommunistischen Ländern sind diese Verträge aber frei übertragbar, was praktisch eigentumsähnliche Verfügbarkeit über das Land bedeutet.

Das Geld kommt zurück

Die Repatriierung von Gewinnen ist grundsätzlich möglich. Die dafür notwendige Registrierung bei einer Zentralbank ist in Asien üblich. Eine Repatriierungssteuer von bis zu 15 Prozent stellt allerdings nicht gerade einen Anreiz für Auslandsinvestoren dar, die die Erträge ihres Fertigungsunternehmens in den Philippinen teilweise zurück in die Muttergesellschaft führen wollen.

Die Abschaffung der Einschränkung ausländischer Kapitalbeteiligungen stellte sicher eine der Gesetzesänderungen dar, mit der sich eine wirtschaftsfreundliche Regierung befassen sollte. Die Festschreibung dieser Beschränkungen in der Verfassung macht dieses Vorhaben allerdings nicht unbedingt wahrscheinlich.

Vorsicht vor Investitionen außerhalb der PEZA-Zonen

Grundsätzlich sind Investitionen mit einem geeigneten Partner natürlich ohne Weiteres auch außerhalb der PEZA-Zonen möglich. Ihr Vorzug ist der freie Zugang zum großen, heimischen Verbrauchermarkt. Allerdings braucht es für ein solches Vorhaben eine sogenannte »Mayors Permit«, also eine Zulassung durch den jeweils örtlich zuständigen Bürgermeister. Je nach Interessenlage sind solche Genehmigungen entweder mit Geldleistungen verbunden, oder aber die Gemeinden schaffen sogar ihre eigenen Industriezonen mit reizvollen Sonderrechten für Investoren, um diese anzulocken.

Beiden Optionen ist gemeinsam, dass jede Genehmigung oder Vereinbarung nur noch ihr Papier wert ist, wenn sich die Machtverhältnisse im Ort ändern. Der neue Bürgermeister wird Voraussetzungen für die einstmalige Genehmigung finden, die seinerzeit nicht erfüllt waren, und diese Art »Rechtsmängel« nur gegen angemessene Vergütung beheben. Die im Industriegebiet gemachten Zusagen werden häufig »vergessen«, sobald die neuen Herren im Amt sind. Wer da nicht mitmachen möchte, sollte bedenken, dass in den Philippinen die Polizei den örtlichen Behörden unterstellt ist. Sehr schnell findet sich der Investor direkt von den Ordnungskräften bedroht, wenn er nicht nach den örtlichen Regeln spielen will.

AUTORENPORTRÄTS

DR. HANNE SEELMANN-HOLZMANN

(China)

Dr. Hanne Seelmann-Holzmann gehört zu den renommiertesten Culture-Competence-Experten für den asiatischen Raum. Die Soziologin und Wirtschaftswissenschaftlerin spezialisierte sich auf den Kulturvergleich zwischen Asien und Europa. Von 1982 bis 1993 leitete sie zahlreiche Forschungsprojekte in internationalen Projektgruppen in verschiedenen Ländern Asiens. Seit 1994 ist sie als Beraterin selbständig. Zu ihren Kunden zählen bekannte Global Player sowie Hidden Champions mittelständischer Unternehmen. Sie veröffentlichte zahlreiche Fachartikel und mehrere Bücher rund um das Thema »Geschäftserfolg in Asien« und ist heute eine gefragte Rednerin auf vielen nationalen und internationalen Tagungen. Das von ihr entwickelte Instrument der Cultural Intelligence verbindet die Elemente Culture Codes, Intercultural Competence und Cultural Diversity und stellt ein strategisches Werkzeug für den Erfolg auf asiatischen Märkten dar. Dr. Seelmann lehrt als Dozentin im Fach Intercultural Management an der International Business School in Nürnberg.
www.seelmann-constultants.de

RICHARD HOFFMANN

(China)

Richard Hoffmann berät für Dezan Shira & Associates ausländische Investoren in China zum Thema Unternehmensgründung und Führung in rechtlichen und steuerlichen Fragen. Große internationale, an der Börse notierte Unternehmen gehören genauso zu seinem Kun-

denkreis wie auch verschiedene Botschaften und Regierungen. Er ist der Hauptansprechpartner in komplexen Fragen mit internationalem Bezug, sowohl bei Kunden als auch innerhalb der Firma. Hoffmann spricht fließend Englisch, Französisch und Chinesisch. Der Volljurist legte an der Ruprecht-Karls-Universität in Heidelberg und in Frankfurt am Main sein Erstes Juristisches Staatsexamen ab. In Deutschland sammelte er erste Erfahrungen bei der Staatsanwaltschaft und unterstützte danach renommierte Kanzleien beim Insolvenz-, Wirtschafts- und Arbeitsrecht, bevor es ihn nach New York in die Vereinigten Staaten zog. Dort arbeitete er in einer kleinen, aber sehr exklusiven Rechtsanwaltskanzlei. Im Jahr 2006 entdeckte ihn Dezan Shira & Associates und stellte ihn als Ansprechpartner und Berater für ausländische Firmen in Peking ein. Dort ist Hoffmann ein Experte für rechtliche und steuerliche Fragestellungen in China. Er wird im internationalen Fernsehen als Gastredner zu den Hauptsendezeiten eingeladen, und gibt häufig Radio- und Zeitungsinterviews. Mittlerweile hat er mehr als 50 Fachartikel in internationalen Magazinen publiziert. Er ist ein gern und häufig gesehener Sprecher in China, Europa oder auch den USA.
www. dezshira.com

KLAUS MEIER
(Indien)
Klaus Meier studierte, nach seiner Ausbildung zum Bankkaufmann, europäische Betriebswirtschaft und Internationales Management in Deutschland, Frankreich, Großbritannien und Singapur. 1996 begann Herr Meier bei der Messe Frankfurt Singapore Pte. Ltd. als Regional Manager für die Region Südostasien, leitete die Marketingaktivitäten der Auslandsvertreter vor Ort und organisierte mit seinem Team einige der ersten Messen, die die Messe Frankfurt im Ausland veranstaltete. Im Jahr 1999 wechselte Herr Meier zur Kölnmesse International, wo er Messen für die Kölnmesse im Ausland aufbaute. Im Jahr 2003 wechselte Meier zu ATC-Asia Trade Center, das in Köln asiatische Unternehmen berät und ansiedelt. 2008 begann er dann als Senior Project Manager bei Maier + Vidorno und ist zuständig für den Vertrieb, das Marketing und die PR. Darüber hinaus entwickelt er das Geschäft für M+V in Europa.
www.mv-group.com

THOMAS BRANDT
(Malaysia)
Seit 1993 ist der in Hamburg geborene Volkswirt Thomas Brandt in Asien geschäftlich in der Förderung und Ansiedlung kleiner und mittelständischer Unternehmen tätig – bis 2001 bei der AHK Indonesien und seit 2001 Leiter der Dienstleistungsabteilung der AHK, DE-International (malaysia.ahk.de), seit 2005 als Geschäftsführer. In dieser Funktion gehören Markteintritts- und Markterschließungsmaßnahmen, Vertriebspartnersuchen, Joint-Venture-Verhandlungen, die Erstellung von Marktstudien sowie weitere Beratungsfelder zu seinem Tagesgeschäft. Er verfügt über weitreichende Veranstaltungs- und Projekterfahrung. Durch und durch Asienspezialist publizierte er vier Asienbücher, drei davon erreichten Bestsellerstatus (www.io.com/go asia): *Geschäfte in Indonesien – Der kulturelle Schlüssel zum Erfolg* wurde Bestseller in deutscher und englischer Sprache, *AsiaComic* gibt amüsante Einblicke in das Expat-Leben in Asien und bringt so manchen »Asia Old Hand« zum Schmunzeln. Das opulente *Asia in Those Days* und sein Megawerk *China in Those Days* zählen zu den exklusivsten und umfangreichsten Werken über Asien. Seine Abendvortragsshows sind zu finden unter www.io.com/goasia.veranstaltungen.
malaysia.ahk.de

JOCHEN SAUTTER
(Indonesien)
Jochen Sautter ist Geschäftsführer für das German Centre in Indonesien, wo er bereits seit Ende 1995 als Projektmanager tätig war. Ihm gelang es, das speziell auf Indonesien zugeschnittene Gebäude- und Servicekonzept trotz Asienkrise zu realisieren. Seit Eröffnung im Februar 1999 war und ist er als Business Coach zur Marktentwicklung gefragt. Aktuell fungiert er auch als Schatzmeister und Leiter der Arbeitsgruppe »Immobilien« für die EuroCham in Indonesien (www. eurocham.or.id). Ferner engagierte er sich zuvor als Vorstandsmitglied der Deutsch-Indonesischen Industrie- und Handelskammer (www. ekonid.com) und war Leiter der Projektgruppe »Medizin und Kinder« von INDOGERM-direct, einem Zusammenschluss von rund 40 Unternehmen, die den durch den Tsunami vom 23. Dezember 2005 Geschädigten in Aceh Hilfestellung leisteten. Jochen Sautter ist Jahrgang

1967, studierte BWL an der Universität Mannheim und war seinerzeit Gründungsmitglied der studentischen Unternehmensberatung integra (www.integra-ev.de).
www.germancentre.co.id

RAMON BRÜSSELER
(Laos)
Dr. Ramon Brüsseler lebt als Experte des Centrum für Internationale Migration und Entwicklung (CIM) in Laos und berät das Präsidium der Nationalen Laotischen Industrie- und Handelskammer in Strategie-, Organisations- und Managementfragen. Er hat zahlreiche Expertisen zur Wirtschaftsentwicklung des Landes verfasst. 2001 übernahm er die Geschäftsführung der Eurasia Managing Agency, eines internationalen Beratungsunternehmens, das sich auf Strategieentwicklung und Topmanagementschulung für den asiatischen Markt spezialisiert hat. Zu den wichtigsten Kunden gehörten neben Unternehmen wie DaimlerChrysler, RKWC, Huawei etc. Ministerien aus Asien und Europa. Er studierte an der Universität Bonn und der RWTH Aachen Wirtschaftsgeografie, Wirtschaftswissenschaften und Internationale Technische und Wirtschaftliche Zusammenarbeit. Er ist Träger der Borchers-Plakette der Gesellschaft der Freunde und Förderer der RWTH Aachen.
www.laocci.com

ANDREAS RICHTER
(Thailand)
Andreas Richter ist Rechtsanwalt und Managing Partner der Kanzlei Blumenthal Richter & Sumet in Bangkok, Thailand, wo er seit 1994 Mandanten aus den verschiedensten Branchen berät, insbesondere Automobil- und Automobilzulieferer, Dienstleistungsunternehmen sowie Fertigungsbetriebe aus dem Chemie-, Konsumgüter- und Maschinenbaubereich. Neben der allgemeinen Beratung zum unternehmerischen Engagement in Thailand betreut er die Ansiedlung von ausländischen Tochterunternehmen in Thailand und begleitet diese von der Planung bis hin zur Fertigstellung und Inbetriebnahme. Seine Arbeit umfasst ferner Joint Ventures, Mergers & Acquisitions so-

wie die Beratung überwiegend europäischer und japanischer Rechtsanwaltskanzleien zu spezialisierten Rechtsfragen in Thailand. Andreas Richter ist Mitglied der Hanseatischen Rechtsanwaltskammer in Hamburg und der Inter-Pacific Bar Association sowie Absolvent des Thai Institute of Directors, einer Institution der thailändischen Zentralbank und Börsenaufsichtsbehörde. Außerdem ist er seit Jahren Vorstandsmitglied der Deutsch-Thailändischen Handelskammer in Bangkok.
www. brslawyers.com

DR. GUNTER DENK
(Thailand, Vietnam, Philippinen)
Dr. Gunter Denk ist der Gründer von Sanet – Strategic Alliance Network. Er konzentriert sich auf Strategieberatung und Projektmanagement für Direktinvestitionen und Vertriebsaufbau in Asien. Als Autor des Fachbuchs *Asien für den Mittelstand – Strategien statt Illusionen* ist Denk anerkannter Referent bei Veranstaltungen und begehrter Kolumnist für verschiedene Fachveröffentlichungen. Der promovierte Jurist verfügt über umfangreiche eigene Erfahrung als Leiter eines Fertigungsbetriebs in China und lebt seit über 15 Jahren in Bangkok. Er ist ASEAN-Koordinator des Deutsch-Asiatischen Wirtschaftskreises e. V. (DAW), Mitglied im Pool of Experts der Schweizer Außenhandelskammer OSEC und bei der IHK Gießen-Friedberg akkreditierter Außenwirtschaftsberater.
www.sanet.co.th

TIM COLE
(Kambodscha)
Als Amerikaner mit internationaler Berufserfahrung lebt und arbeitet Tim Cole seit über 30 Jahren in Deutschland als Analyst, Publizist und erfolgreicher Buchautor (*Unternehmen 2020 – das Internet war erst der Anfang*). Er bereist Asien häufig, um mit einheimischen und deutschen Geschäftsleuten über ihre Erfahrung in den Dialog zu treten und zugleich seine Leidenschaft für die vielfältigen Küchen der Region auszuleben. Einem breiteren Publikum in Deutschland ist er als Moderator der Fernsehshow »eTalk« auf n-tv ein Begriff. Gemein-

sam mit seinem Kollegen Martin Kuppinger gründete er 2004 die Analystengruppe Kuppinger Cole, die sich auf Themen rund um digitale Identität sowie Risk Management und Compliance spezialisiert hat. Derzeit pendelt er zwischen München und Boston, wo er das US-Büro vom Kuppinger Cole leitet.

www.cole.de

REGISTER

7-Eleven 75

Abdullah Badawi 244
Abhisit Vejjajiva 150
Aceh 255, 264
ACI 123
ADB 91 f., 145
AFTA 151, 164, 216
Agreement on Trade-Related Aspects of
    Intellectual Property Rights. *Siehe* TRIPS
AHK 82 f., 252
Airports Council International. *Siehe* ACI
Alibaba.com 70
Anand Panyarachun 150
APA 80
APK 21
Aquino, Noynoy 286 f.
ASEAN 4, 18, 21 f., 81, 87 f., 143 f., 148, 151,
    164, 166, 181, 184, 201, 206, 216, 221 ff., 233,
    241, 257, 260, 262, 272
ASEAN Free Trade Area. *Siehe* AFTA
Asia Bridge 80
Asia Development Bank. *Siehe* ADB
Asien-Pazifik-Ausschuss der Deutschen Wirt-
    schaft. *Siehe* APA
Asien-Pazifik-Konferenz der Deutschen Wirt-
    schaft. *Siehe* APK
Audi 5, 50, 273, 284
Außenhandelskammer. *Siehe* AHK
Aziz, Dr. Zeti Akhtar 253

Bahasa 264
Baidu 70
Bank of Thailand 150 f.
Barisan Nasional Front 242
Bertelsmann 291
Besserer, Patrick 12, 15
Bhumibol Adulyadej 152
Birla 43
BKPM 81, 261, 276 f.
Blumenthal Richter & Sumet 300
BMW 50, 53, 92, 165, 273

Board of Investment of Thailand. *Siehe* BOI of
    Thailand
BOI of Thailand 81, 166 f., 173 ff.
BOI of the Philippines 81, 293
Bosch 19, 192, 194, 291
BRIC-Staaten 241, 257
Buddhismus 88, 152
Bumiputera 43
ByIndia.com 70

Catcha.co.id 70
Central World 148
Chalta hae 127
Chea Vichea 211
Chevron Texaco MOECO-LG 208
China 91
    – Automarkt 106
    – Bürokratie 110
    – Cleantech 107 ff.
    – Energiewirtschaft 108 f.
    – Gewinnrückführung 114
    – Investitionsförderung 115
    – Jobhopping 102
    – Produktpiraterie 110 f.
    – Rechtssicherheit 97, 112
    – Schienennetz 98 f.
    – Sozialabgaben 105
    – Special Economic Zones 108, 110
    – Steuersystem 112 f.
    – Straßennetz 98 f.
    – Tarifautonomie 103
    – Umweltprobleme 107 f.
    – Wanderarbeiter 96, 103
China.org 81
Chindonesia 255
Cisco 68
Common Law 118 f., 253
Comscore 71
Continental 292
Continental AG 158
Corruption Perception Index. *Siehe* CPI

CPI 124
Cultural Intelligence 28, 53, 70, 74

Daimler 19, 29, 49 f., 273, 300
Datuk Seri Najib Abdul Razak 244
DAW 80, 301
Deng Xiaoping 95, 97, 102
Deutsch-Asiatischer Wirtschaftskreis.
  Siehe DAW
Deutsch-Chinesische Auslandskammer 115
Deutsche Bank 291
Deutscher Industrie- und Handelskammertag.
  Siehe DIHK
Deutsch-Thailändische Außenhandels-
  kammer. *Siehe* GTCC
Dezan Shira & Associates 297 f.
DIHK 20
DIS 263
Doi Moi 180, 195
Dong Tao 91
Doppelbesteuerungsabkommen 138 f., 220
Double A 75

EPCG-Scheme 141
Espada 169
EuroCham 276, 299
Europäische Handelskammer.
  Siehe EuroCham

Faktor Mensch 27
FIIA 81
Foreign Investment Implementation Authority.
  Siehe FIIA
Fraport 294 f.
Friedensnobelpreis 100
Füssinger, Harald 69

German Asia-Pacific Business Association.
  Siehe OAV
German-Thai Chamber of Commerce.
  Siehe GTCC
globaler Mittelstand 8, 11, 15, 18, 46, 49, 52
Goods and Service Tax *Siehe* GST
Google 70, 72
Great Chinese Firewall 96
Greater Mekong Region 87, 145, 222
Grzanna, Marcel 92 f.
GST 140
GTCC 151
Guanxi 42, 48

Häfele 24 ff.
Halal 54, 252, 262
Han-Nationalismus 96

harmonische Umsiedlung 93
Hella 4 f.
HEPZA 194
Herrenknecht 96
Herrenknecht, Martin 96
Ho Chi Minh Export Processing and Industrial
  Zone. *Siehe* HEPZA
Ho-Chi-Minh-Stadt 178, 186, 194 f., 280
Huawei 300
Huckepack-Effekt 4

Indien 117
  – Einfuhrverbote 133
  – IT-Sektor 131
  – Korruption 124
  – Kündigungsschutz 129 f.
  – Minimum Wages Act 128 f.
  – Produktpiraterie 134
  – Schienennetz 122
  – Sonderwirtschaftszonen 122, 141 f.
  – Steuersystem 138
  – Straßennetz 122
  – Stromversorgung 121, 123
Indonesien 255
  – Arbeitskultur 264
  – Arbeitsrecht 267, 270
  – Automobilindustrie 273
  – Baubranche 274
  – Chemiebranche 274
  – Deutsche Internationale Schule.
    Siehe DIS
  – Energiewirtschaft 274, 276
  – Geschlechtergleichstellung 266
  – Gewerkschaften 269
  – Importregeln 262
  – Industrie 272 f.
  – Investitionsgesetz 261
  – Jakarta International School. *Siehe* JIS
  – Kreditrating 263
  – Landerwerbshindernisse 271
  – Landessprache 264
  – Medizintechnik 275
  – Pausenregelungen 266
  – Produktpiraterie 275
  – Sozialversicherung 269
  – Steuersystem 276 f.
  – Verschuldung 259
Internationaler Währungsfonds. *Siehe* IWF
Investment Coordinating Board. *Siehe* BKPM
Investment Priorities Plan 293
IWF 151, 213

Jawaharlal Nehru 123
JIS 263
JPMorgan 150

Kambodscha 199
- Arbeitsgesetze 211
- Industriesektor 214
- Investitionsförderung 206
- Korruption 209 f.
- Labor Code 212
- Landwirtschaft 205, 214
- Produktpiraterie 215
- Rechtssystem 203, 213
- Special Economic Zones 207
- Steuersystem 216
- Textilindustrie 208, 214 f.
- Tourismus 205, 214 f.
- Währungen 206 f.
Keiretsu 43
KfW-Bank 212
Khmer Rouge 199 f., 209
Killing Fields 199 f., 202, 209
Kommunismus 178, 180, 221
kreng jai 159 ff.
Kuppinger Cole 302

Lao Issara 221
Laos 219
- Bürokratie 231
- Energieversorgung 220, 224, 232
- Landnutzungsrechte 222
- Landwirtschaft 234
- Produktpiraterie 235
- Rechtssystem 223, 226, 230
- Rohstoffe 232 f.
- Sonderwirtschaftszonen 235, 238
- Steuersystem 237
- Straßennetz 224
- Textilindustrie 228, 232
LDC 213
Least Developed Countries. *Siehe* LDC
LG 166
Liu Xiaobo 100
Lok Sabha 134

MACC 249
Mahathir bin Mohamad 244
Malaysia 239
- Arbeitsrecht 247
- Bankensektor 253
- Energieversorgung 246, 251
- Industrial Estates 254
- Key Performance Indicators 240, 245

- Korruption 249
- Liberalisierung 242
- Medizintourismus 251
- New Economic Policy. *Siehe* NEP
- Ostmalaysia 240 f., 243
- Produktpiraterie 252
- Rechtssystem 240, 252
Malaysian Anti-Corruption Commission.
  Siehe MACC
Malaysian Industrial Development Authority.
  Siehe MIDA
Marcos, Ferdinand 181, 283
Marxer, Dieter 12, 14 f.
Maurer, Reinhard 12, 15
Megawati Sukarnoputri 261
Mehrwertsteuer 140, 142, 176, 217, 237, 277
Messe Frankfurt 298
Microsoft 72
MIDA 81, 248, 254
Mittal 43
Moo Baans 154
Moody's Investors Service 263

National Highways Development Project.
  Siehe NHDP
NEP 245
Nestlé 11, 13, 15
Nhava Sheva 123
NHDP 122
Nielsen 71
Norodom Sihamoni 200
North Gas Field 244
Noventa AG 11 ff., 15 f.
Nürnberg International Business School 297

OAV 10, 18, 79, 80
Offshoring 131
Ohse, Kay 67 f.
Olympiade 93
Osttimor 255 f.

Papua 255, 264
Pathet Lao 219, 221, 223
Perseroan Terbatas 276
Petronas 250 f.
PEZA 81, 280, 292, 294, 296
Philippine Board of Investment. *Siehe* BOI of
  the Philippines
Philippine Economic Zone Authority.
  Siehe PEZA
Philippinen 279
- Arbeitsrecht 290
- Bürokratie 283

- Gewerkschaften 290
- Gewinnrückführung 296
- Investitionsbeschränkungen 296
- IT-Sektor 282, 291
- Korruption 280, 283 ff., 289
- Rechtssystem 284, 286, 289

Pitsuwan, Dr. Surin 21
Pol Pot 202, 205
Polycom 67
Premji 43
Pribumi 43

Rafidah Aziz 250
Razak *Siehe* Datuk Seri Najib Abdul Razak
Regional Operating Headquarters. *Siehe* ROH
RhönSprudel 54
Rod Ben 50 f.
ROH 174
Rubber Time 35, 265
RWTH Aachen 300

Saha-Gruppe 45
Sanet 14, 51, 64, 301
sanuk 160
Schmid, Karl-Heinz 92
Seelmann-Holzmann, Hanne 28
Siebenwurst 63 ff.
Siemens 19, 49, 156, 186, 213
Sify.com 70
Sihanoukville 203
Siphana, Dr. Sok 202 ff.
Sommer, Guido 68 f.
Soros, George 262
Stärk, Monika 10
Stiftung für Wissenschaft und Politik.
  Siehe SWP
Süddeutsche Zeitung 91
Suharto 255, 260
Susilo Bambang Yudhoyono 258, 271
Suvarnabhumi 157, 170
SWP 187

Tata 43, 119
Thailand 147
- Arbeitsrecht 162
- Automobilindustrie 164 f.
- Doppelbesteuerungsabkommen 175
- Energiewirtschaft 158, 166
- Foreign Business Act 167, 172 f.
- Industrieparks 158

- Investitionsförderung 166 f., 173 f.
- Korruption 170
- Patent Cooperation Treaty 169
- Produktpiraterie 168
- Schienennetz 157
- Seehandel 157
- Social Security Act 163
- Straßennetz 156
- Unruhen 149 f.

Thaksin Shinawatra 21, 148 ff., 156
Tom Yam Gung-Krise 21
Transparency International 124, 184, 249
Trautmann, Dr. Uwe 5
TRIPS 169, 235

Unternehmensberater 73

VDR 68
Verband Deutsches Reisemanagement.
  Siehe VDR
Verband Südostasiatischer Nationen.
  Siehe ASEAN
verlängerte Werkbank 3, 17, 20, 208
Vietnam 177
- Energieversorgung 179, 192
- Industrie 191 ff., 195
- Infrastruktur 182 f., 186, 192, 195
- Investitionsförderung 183, 195
- Korruption 179, 182, 184 f.
- Law of Foreign Investment 183
- Rechtssicherheit 183, 185
- Steuersystem 196 ff.
- Zahntechnik 193 f.

Vietnamese German Small and Medium
  Enterprises Association. *Siehe* VIGEA
VIGEA 81
VW 4, 19, 273

Wacker Baumaschinen GmbH 292
Weltwirtschaftskrise 6, 8, 28, 96, 103, 117,
  120, 259, 263
Wenglor Sensoric 69
WIPO 169
Wirtschaftskrise 106
Wirtschaftsnation Nummer eins 95
World Intellectual Property Organization.
  Siehe WIPO
World Trade Organization. *Siehe* WTO
WTO 26, 134, 195 ff., 201 f., 204, 216, 235,
  238

Die Inside-Story des Unternehmens, das die Welt verbindet

Kirkpatrick
Der Facebook-Effekt – Hinter den Kulissen des Internet-Giganten
414 Seiten
ISBN 978-3-446-42522-4

Facebook ist die wahrscheinlich rasanteste Internet-Story der letzten Jahre: Nur wenige Jahre nach der Gründung des Unternehmens zählt Facebook inzwischen über 500 Millionen Nutzer. Viele bejubeln Facebook als ultimatives Social Media Tool, andere warnen vor dem Missbrauch, der droht, wenn die Daten der Facebook-Nutzer in falsche Hände geraten. Alle sind neidisch auf den immensen Erfolg dieses Unternehmens, das sich in kürzester Zeit gegenüber allen Konkurrenten durchgesetzt hat – und das international.

Der »Facebook-Effekt« zeigt, wie ein 19-jähriger Harvard Student ein Unternehmen aufbauen konnte, das heute die am zweithäufigsten besuchte Website nach Google ist, wie Facebook unser Leben verändert und in welche Richtung sich der Internet-Gigant in Zukunft entwickeln wird.

Was uns Schwarze Schwäne lehren

Taleb
**Der Schwarze Schwan – Konsequenzen
aus der Krise**
136 Seiten
ISBN 978-3-446-42410-4

In seinem neuen Buch zeigt Nassim Taleb in seiner gewohnt nachdenklichen und kenntnisreichen Prosa, dass es vier verschiedene Arten von Ereignissen gibt, die unser Leben prägen. Drei davon sind unproblematisch: sie sind entweder unerheblich oder in ihren Folgen beherrschbar.

Teuflisch ist nur eine einzige Art von Ereignissen – Schwarze Schwäne: Mit zerstörerischer Gewalt reißen sie die Welt in ihren Strudel – das hat die schwerste Wirtschaftskrise seit 80 Jahren mit drastischer Deutlichkeit gezeigt.

Doch die gute Nachricht lautet: Wer Schwarze Schwäne erkennen kann, kann sich auch vor ihnen schützen. Und so bietet Taleb in seinem neuen Buch erstaunlich praktische Ratschläge, wie Privatpersonen, ganze Unternehmen und Gesellschaften robuster werden können gegenüber der Macht der Schwarzen Schwäne.